土木建筑工人职业技能考试习题集

测量放线工

麦 丽 主编

中国建筑工业出版社

图书在版编目（CIP）数据

测量放线工/麦丽主编．—北京：中国建筑工业出版社，
2014.6

（土木建筑工人职业技能考试习题集）

ISBN 978-7-112-16654-1

Ⅰ.①测…　Ⅱ.①麦…　Ⅲ.①建筑测量—技术培训—
习题集　Ⅳ.①TU198-44

中国版本图书馆 CIP 数据核字（2014）第 061430 号

土木建筑工人职业技能考试习题集

测量放线工

麦　丽　主编

*

中国建筑工业出版社出版、发行（北京西郊百万庄）

各地新华书店、建筑书店经销

北京永峥印刷有限公司制版

北京市密东印刷有限公司印刷

*

开本：850×1168 毫米　1/32　印张：11⅝　字数：310 千字

2014 年 9 月第一版　2014 年 9 月第一次印刷

定价：**36.00** 元

ISBN 978-7-112-16654-1

（25444）

本习题集根据现行职业技能鉴定考核方式，分为初级工、中级工、高级工三个部分，采用选择题、计算题、简答题、实际操作题的形式进行编写。

　　本习题集主要以现行职业技能鉴定的题型为主，针对目前土木建筑工人技术素质的实际情况和培训考试的具体要求，本着科学性、实用性、可读性的原则进行编写。可帮助准备参加技能考核的人员掌握鉴定的范围、内容及自检自测，有利于建筑工程工人岗位等级培训与考核。

　　本书可作为土木建筑工人职业技能考试复习用书。也可作为广大土木建筑工人学习专业知识的参考书。还可供各类技术院校师生使用。

＊　　　＊　　　＊

责任编辑：胡明安
责任设计：张　虹
责任校对：陈晶晶　赵　颖

前　言

随着我国经济的快速发展，为了促进建设行业职工培训、加强建设系统各行业的劳动管理，开展职业技能岗位培训和鉴定工作，进一步提高劳动者的综合素质，受中国建筑工业出版社的委托，我们编写了这套《土木建筑工人职业技能考试习题集》，分10个工种，分别是：《木工》、《瓦工》、《混凝土工》、《钢筋工》、《防水工》、《抹灰工》、《架子工》、《砌筑工》、《建筑油漆工》、《测量放线工》。本套习题集根据现行职业技能鉴定考核方式，分为初级工、中级工、高级工三个部分，采用选择题、判断题、简答题、计算题、实际操作题的形式进行编写。

本套书的编写从实践入手，针对目前土木建筑工人技术素质的实际情况和培训考试的具体要求，以贯彻执行国家现行最新职业鉴定标准、规范、定额和施工技术，体现最新技术成果为指导思想，本着科学性、实用性、可读性的原则进行编写，本套习题集适用于各级培训鉴定机构组织学员考核复习和申请参加技能考试的学员自学使用，可帮助准备参加技能考核的人员掌握鉴定的范围、内容及自检自测，有利于建筑工程工人岗位等级培训与考核。本套习题集对于各类技术学校师生、相关技术人员也有一定的参考价值。

本套习题集的内容基本覆盖了相应工种"岗位鉴定规范"对初、中、高级工的知识和技能要求，注重突出职业技能培训考核的实用性，对基本知识、专业知识和相关知识有适当的比重分配，尽可能做到简明扼要，突出重点，在基本保证知识连贯性的基础上，突出针对性、典型性和实用性，适应土木建筑工人知识与技能学习的需要。由于全国地区差异、行业差异及企业差异较大，使用本套习题集时各单位可根据本地区、本行业、本单位的具体情况，适当增加或删除一些内容。

本书由广州市市政职业学校的麦丽主编。广州市市政职业学校的田凯、中山大学综合地理信息研究中心的陈凯参加编写。

在编写过程中参照了部分培训教材，采用了最新施工规范和技术标准。由于编者水平有限，书中难免存在若干不足甚至错误之处，恳请读者在使用过程中提出宝贵意见，以便不断改进完善。

编者

目 录

第一部分 初级测量放线工

1.1 选择题

1. 图幅的规格就是图纸幅面的长宽尺寸，根据国标规定，基本幅面分为（B）。

A. 4 种　　　　B. 5 种　　　　C. 3 种　　　　D. 6 种

2. A3 图幅的规格是（B）。

A. 420mm×210mm　　　　B. 420mm×297mm

C. 841mm×594mm　　　　D. 1189mm×841mm

3. 工程图纸的（C）、图号、比例、审核人姓名、日期等要集中制成一个表格栏放在图纸的右下角，此栏称为图纸的标题栏，简称（C）。

A. 图名、图号　　　B. 图标、图例

C. 图名、图标　　　D. 图名、图框

4. 图样中汉字应写成（B）体，采用国家正式公布的简化字。

A. 宋体　　　B. 长仿宋　　　C. 隶书　　　　D. 楷体

5. 制图国家标准规定：字体的号数，即字体的高度，单位为（C）。

A. 分米　　　B. 厘米　　　C. 毫米　　　D. 微米

6. 在三面正投影图中，侧立面图能反映形体的尺寸是（C）。

A. 长和高　　B. 长和宽　　C. 高和宽　　D. 长、宽和高

7. 点的 Y 坐标，反映了该点到（D）的距离。

1

A. OY 轴　　　B. H 投影面　C. V 投影面　D. W 投影面

8. 点的投影仍然是点，直线的投影是（C）。

A. 点　　　　B. 直线　　　　C. 点或直线　　D. 平面

9. 三视图中的左视图应画在主视图的（B）位置。

A. 左边　　　B. 右边　　　C. 上边　　　D. 下边

10. 图样中的尺寸一般以（D）为单位时，不需标注其计量单位符号，若采用其他计量单位符号时必须标明。

A. km　　　　B. dm　　　　C. cm　　　　D. mm

11. 表明建筑红线、工程的总体布置及其周围的原地形情况的施工图是（C）。它是新建建筑物确定位置、确定高及施工场地布置的基本依据。

A. 基础平面图　　　　　　B. 建筑平面图

C. 总平面图　　　　　　D. 建筑施工图

12. 建筑物外廓尺寸，轴线间距尺寸，门窗洞及墙垛的尺寸，墙厚，柱子的平面尺寸，图纸比例等在（B）中表示。

A. 总平面图　　　　　　B. 建筑平面图

C. 立面图　　　　　　　D. 剖面图

13. 表示建筑物局部构造和节点的施工图是（C）。

A. 标准图　　B. 剖面图　　C. 详图　　D. 平面图

14. 表示房屋承受荷载的结构构造方法、尺寸、材料与构件的详细构造方式的施工图是（B）。

A. 建筑施工图　　　　　　B. 建筑结构施工图

C. 平面图　　　　　　　D. 立面图

15. 基础施工图一般包括（C）、基础详图和文字说明三部分组成。主要作为测量放线、挖槽、抄平、确定井点排水部位、打垫层、做基础和管沟用。

A. 总平面图　　　　　　B. 建筑平面图

C. 基础平面图　　　　　　D. 结构施工图

16. 建筑平面图中，外墙尺寸应标注三道，最外处为总包尺寸，中间为（C）尺寸，最里处为细部尺寸。

A. 结构　　　B. 做法　　　C. 轴线　　　D. 局部

17. 建筑物的定位轴线是用（D）绘制的。

A. 粗实线（b）　　　　　B. 中实线（b/2）

C. 细实线（b/4）　　　　D. 细点画线（b/4）

18. 民用建筑工程施工图由建筑总平面图、建筑施工图、结构施工图、（C）五个基本部分组成。

A. 基础施工图和水暖、空调设备施工图

B. 剖面图和水暖、空调设备施工图

C. 水暖、空调设备施工图和电气施工图

D. 基础施工图和电气施工图

19. 建筑总平面图中标注的尺寸是以（B）为单位，一般标注到小数点后2位；其他建筑图样（平面、立面、剖面）中所标注的尺寸则以（B）为单位；标高都以（B）为单位。

A. 米、毫米、毫米　　　B. 米、毫米、米

C. 毫米、毫米、米　　　D. 米、米、毫米

20. 图 1.1-20 题图符号的含义是（C）。

A. 2 号轴线之后附加的第 3 根轴线

B. 3 号轴线之前附加的第 2 根轴线

C. 3 号轴线之后附加的第 2 根轴线

D. 通用轴线

图 1.1-20　题图

21. 地形图的比例尺是 1∶500，则地形图中的 1mm 表示地上实际的距离为（B）。

A. 0.05m　　　B. 0.5m　　　C. 5m　　　D. 50m

22. 要求地形图上表示实地地物最小长度为 0.2m，则选择（C）测图比例尺为宜。

A. 1∶500　　B. 1∶1000　　C. 1∶2000　　D. 1∶5000

23. 总平面图上矩形建（构）筑物，位置宜标注其三个角点的坐标，如建（构）筑物与坐标轴平行，可注其（D）坐标。

A. 北侧两个角点　　　　B. 南侧两个角点

C. 东侧两个角点　　　　D. 对角两个角点

24. 道路与管道的平面图包括地形部分和（D）。

A. 比例尺与指北针　　　　B. 比例尺与地名

C. 线路部分　　　　　　　D. A + C

25. 公路平面图上均注明各交点（JD）的里程桩号与曲线要素（R、T、L），相邻两个交点间的距离就是（D）。

A. 两交点的里程桩号差

B. 两交点的里程桩号差，再减去前一交点处的校正值（$J = 2T - L$）

C. 两交点的里程桩号差，再减去前一交点处的半个校正值（$J/2$）

D. 两交点的里程桩号差，再加上前一交点处的半个校正值（$J/2$）

26. 道路与管道的纵断面图分上下两部分。上面是纵、横不同比例尺的图形部分，下面是（B）部分。

A. 说明　　　B. 资料　　　C. 图例　　　D. 标高与水准点

27. 水塔、烟囱、管道支架等属于（B），大多数不是直接为人们使用。

A. 民用建筑物　　　　　　B. 民用构筑物

C. 工业建筑物　　　　　　D. 工业构筑物

28. 沿建筑物宽度方向设置的轴线为（B）。其编号方法采用阿拉伯数字（B）编写在轴线圆内。

A. 纵向轴线，从左至右　　B. 横向轴线，从左至右

C. 横向轴线，从右至左　　D. 纵向轴线，从上至下

29. 沿建筑物长度方向设置的轴线为（D）。其中字母（D）不用作其编号。

A. 纵向轴线，I、O、A　　B. 横向轴线，I、O、Z

C. 横向轴线，I、O、A　　D. 纵向轴线，I、O、Z

30. 某综合大楼共29层，建筑高度为92.7m，则其为（C）。

A. 多层建筑　　　　　　　B. 中高层建筑

C. 高层建筑　　　　　　　D. 超高层建筑

31. 纪念性建筑的设计使用年限是（C）以上。

A. 25 年 　　 B. 50 年 　　 C. 100 年 　　 D. 150 年

32. 建筑面积是指（D）。

A. 使用面积×层高 　　　　　 B. 交通面积×层高

C. 结构面积×层高 　　　　　 D. 外廓面积×层高

33. 从室外设计地坪至基础底面的垂直距离称为（C）。

A. 基底标高 　　　　　　　　 B. 地基深度

C. 基础埋深 　　　　　　　　 D. 基础高差

34. 工业建筑物一般由基础、柱子、吊车梁、屋盖体系、支撑系统及围护结构 6 部分组成。工业构筑物一般均少于以上 6 部分，且不是直接为（C）。

A. 人们居住 　　　　　　　　 B. 工作人员办公

C. 生产使用 　　　　　　　　 D. 贮存物品

35. 工业建筑物的跨度是指两条（D）之间的距离，跨度在18m 以上时取（D）倍数。

A. 纵向轴线，3m 　　　　　　 B. 横向轴线，3m

C. 横向轴线，6m 　　　　　　 D. 纵向轴线，6m

36. 施工测量放线应遵守（B）、高精度控制到低精度的工作程序进行建筑物的定位、放线和测图。

A. 先局部后整体

B. 先整体后局部

C. 先审核测量起始依据后施测

D. 省工、省时、省费用

37. 市政工程施工测量前的准备工作包括：仪器检定、检校；了解设计意图、学习与校核图纸；勘察施工现场；（A）；建立平面与高程控制；实测现场地面高程。

A. 编制施工测量方案

B. 人员培训与学习

C. 与业主洽谈听取意见

D. 排除施工测量障碍

38. 测量学是研究如何确定地面点之间的相对位置,将地球表面的地形及其信息绘成地形图,以及确定地球形状与大小的(B)。

A. 学术　　　B. 科学　　　C. 课题　　　D. 问题

39. 测量学按研究对象和应用范围的不同,可分为大地测量学、普通测量学、摄影测量学和(C)等科学。

A. 建筑测量　　B. 地理　　C. 工程测量学　　D. 物理学

40. 测量学的主要任务,对工程建设而言,就其性质可分为测定与(A)。

A. 测设　　　B. 测角　　　C. 测高　　　D. 测水平

41. 测量学在工程中应用广泛。包括工程规划和(B)阶段;施工阶段;施工过程中和管理阶段等。

A. 测绘　　B. 设计　　C. 计算　　　D. 估计

42. 工程测量学是研究测量学的理论、技术和方法在各种(D)中的应用。

A. 市政建设　　　　　B. 航道建设

C. 城乡建设　　　　　D. 工程建设

43. 测定就是用测量仪器和工具;通过实地测量和计算,以各种测量方法测出地球表现的地物和(B)的位置,按一定的比例尺缩绘成地形图。

A. 房屋　　B. 地貌　　C. 河流　　　D. 山丘

44. 测设是把图纸上设计好的建筑物、构筑物的平面和高程位置,按设计要求把它们标定在地面上作为(B)的依据。

A. 精度　　B. 施工　　C. 建筑物　　D. 场地

45. 在工程建设中,测量精度和速度直接影响到整个工程的质量和(D)。

A. 精度　　B. 检验　　C. 规模　　D. 进度

46. 测量工作中有内业、外业之分,下列答案中(C)不属于外业工作。

A. 测角　　B. 量距　　C. 高程计算　　D. 高差计算

47. 测量工作中不论外业或内业，都必须坚持（B）。

A. 从整体到局部　　　　　　B. 边工作边校核

C. 先控制后碎部　　　　　　D. 边测边记录

48. 测量工作的顺序是（A）。

A. 从整体到局部　　　　　　B. 边工作边校核

C. 先碎部后控制　　　　　　D. 边测边记录

49. 以下比例尺中，（A）为大比例尺。

A. 1∶500　　B. 1∶10000　　C. 1∶50000　　D. 1∶100000

50. 测量的三项基本工作，包括高程测量、距离测量和（B）。

A. 三角测量　　　　　　　　B. 水平角测量

C. 外业测量　　　　　　　　D. 导线测量

51. 将拟建地区的地形形状测出，用数字或按一定比例尺缩绘成图，作为工程规划、设计的依据，这项工作称为（C）。

A. 测设　　B. 施工测量　　C. 地形测绘　　D. 地物测量

52. （D）是通过地面上一点指向地球南、北极的一条方向线。

A. 磁子午线方向　　B. 坐标子午线方向

C. 纬线方向　　　　D. 真子午线方向

53. 子午线北端或南端与直线间所夹的锐角，称为（D）。

A. 正方位角　　B. 反方位角　　C. 方位角　　D. 象限角

54. 子午线北端顺时针转到直线间的夹角，称为（C）。

A. 正象限角　　B. 反方位角　　C. 方位角　　D. 象限角

55. 已知直线 AB 的坐标方位角为 186°，则直线 BA 的坐标方位角为（C）。

A. 96°　　　　B. 276°　　　　C. 6°　　　　D. 16°

56. 测量平面直角坐标系与数学直角坐标系有 3 点不同：①测量坐标系以过原点的子午线为 X 轴。②测量坐标系以 X 轴正向为始边（C）。③测量坐标系原点坐标为两个大正整数。

A. 逆时针定方位角与象限　　B. 逆时针定象限角与象限

C. 顺时针定方位角与象限　　D. 顺时针定象限角与象限

57. MN 之间的坐标增量为 $\Delta y_{MN} = -162.535\text{m}$，$\Delta x_{MN} = -63.228\text{m}$，则水平距离 d_{MN} 和方位角 α 为（C）。

A. 225.763m，158°44′36″　　B. 174.400m，21°15′14″

C. 174.400m，248°44′36″　　D. 174.400m，68°44′36″

58. AB 的水平距离 $d_{AB} = 145.128\text{m}$，方位角 $\alpha_{AB} = 97°42′34″$，则对应的坐标增量 Δy_{AB}、Δx_{AB} 为（B）。

A. +143.816m，+19.469m　　B. +143.816m，-19.469m

C. -143.816m，-19.469m　　D. -19.469m，+143.816m

59. 测量数据的凑整规则正确的是（C）。

A. 舍去部分首位大于等于 5，保留位加 1

B. 舍去部分首位小于 5，保留位加 1

C. 舍去部分首位等于 5，保留位可能加 1 可能不加 1

D. 全部舍去

60. 测量数据的凑整规则是舍去部分首位等于 5，（A）。

A. 保留位为奇数则加 1，如为偶数则不变

B. 保留位为偶数加 1，如为奇数则不变

C. 保留位无论是奇数或偶数增多加 1

D. 全部舍去

61. 测量用的计算器应能（D）。①显示 10 位数。②数值 10 进位与 60 进位换算。③三角函数运算。④直角坐标与极坐标换算。⑤计算精度高。⑥统计计算。

A. ①②③④⑤　　　　　　B. ②③④⑤⑥

C. ①②③⑤⑥　　　　　　D. ①②③④⑥

62. 使用函数型计算器进行坐标正算与反算时，当角度采用度分秒制，则必须选择在 "DEG" 状态，如果在 "RAD" 或 "GRAD" 状态下将造成计算结果的（D）错误。

A. 坐标增量　　B. 距离　　C. 角度　　D. A＋B＋C

63. 某建筑物首层地面相对高程为 ±0.000m，其绝对高程为 46.000m；室外散水相对高程为 -0.550m，则其绝对高程为

（B）m。

A. -0.550　　B. 45.450　　C. 46.550　　D. 46.000

64. 两点绝对高程之差与该两点相对高程之差应为（A）。

A. 绝对值相等，符号相同

B. 绝对值不等，符号相反

C. 绝对值相等，符号相反

D. 绝对值不等，符号相同

65. 已知 A、B 两点的高程分别为 $H_A = 125.777\text{m}$，$H_b = 158.888\text{m}$，则 B 点对 A 点的高差 $h_{AB} = $（C）m。

A. +33.111　　B. -33.111　　C. +33.111　　D. 284.665

66. 距建筑物 30m 处的路面某点 M 高程为 $H_M = 44.800\text{m}$，建筑物散水上 N 高程为 $H_N = 45.400\text{m}$，则 M 至 N 坡度 i_{MN} 为（B）。

A. -2%　　　B. +2%　　　C. -2‰　　　D. +2‰

67. 工程项目完成后，（C）必须归档该项目竣工资料保存。

A. 所有测量成果资料　　　B. 所有外业测量原始资料

C. 规定的测量成果资料　　D. 测量成果

68. 测绘成果、测量成果资料档案的保管归档应按《中华人民共和国测绘法》、《中华人民共和国保守国家秘密法》及（C）法律法规进行。

A.《中华人民共和国宪法》

B.《中华人民共和国合同法》

C.《中华人民共和国档案管理法》

D. 国家测绘局《测绘资质管理规定》

69. 测量的国际单位有：（D）①力的单位：N。②质量的单位：g。③长度的单位：mm。④高程的单位：m。

A. ①③④　　B. ②③④　　C. ①②③　　D. ①②④

70. DS3 水准仪数字"3"的含义是（A）。

A. "3"表示水准仪每公里往返测高差中数的中误差为 ±3mm。

B. "3"表示水准仪每公里往测高差中数的中误差为±3mm。

C. "3"表示水准仪每公里返测高差中数的中误差为±3mm。

D. "3"表示水准仪每公里任意高差中数的中误差为±3mm。

71. 水准仪能测量出两点间的（C）。

A. 高程　　　B. 水平角　　C. 高差　　　D. 竖直角

72. 下列型号的水准仪，精度最高的是（A）。

A. DS05　　B. DS1　　　C. DS3　　　D. DS20

73. 用脚螺旋定平水准气泡时，螺旋的转动与气泡的移动关系是（D）。

A. 左手拇指转动定平螺旋的方向与气泡移动方向一致

B. 左手拇指转动定平螺旋的方向与气泡移动方向相反

C. 右手拇指转动定平螺旋的方向与气泡移动方向相反

D. A + C

74. 视准轴是指（B）的连线。

A. 目镜中心与物镜中心

B. 十字线中央交点与物镜光心

C. 目镜光中心与十字线中央交点

D. 十字线中央交点与物镜中心

75. 消除视差的目的是（B）。

A. 调节望远镜亮度

B. 使目标成像正落在十字线平面上

C. 使十字线清晰

D. 使目标成像放大

76. 目镜对光和物镜对光分别与（C）有关。

A. 目标远近、观测者视力

B. 目标远近、望远镜放大率

C. 观测者视力、目标远近

D. 观测者视力、望远镜放大率

77. 从观察窗中看到符合水准气泡影像错动间距较大时，需（A）使符合水准气泡影像符合。

A. 转动微倾螺旋　　　　B. 转动微动螺旋

C. 转动脚螺旋　　　　　D. 转动调焦螺旋

78. 根据《水准仪检定规程》（JJG 425—2003）规定：水准仪检定周期为（C）。

A. 3 个月　　B. 6 个月　　C. 1 年　　　D. 2 年

79. 自动安平水准仪的特点是（C）使视线水平。

A. 用安平补偿器代替管水准仪

B. 用安平补偿器代替圆水准器

C. 用安平补偿器和管水准器

D. 用自动补偿器代替微倾螺旋

80. 微倾式水准仪在检定周期内，应每隔 2 ~ 3 月对其（A）进行检校。

A. 视准轴 $CC /\!/$ 水准管轴 LL

B. 水准盒轴 $L'L' /\!/$ 竖轴 VV

C. 十字线横线 $/\!/$ 竖轴 VV

D. 十字线纵线 $/\!/$ 竖轴 VV

81. 关于水准尺，以下说法不正确的是（B）。

A. 双面尺黑面尺均由零开始分划和注记

B. 双面尺红面尺均由零开始分划和注记

C. 双面尺红面尺由 4.687m 开始分划和注记

D. 双面尺红面尺由 4.787m 开始分划和注记

82. 普通双面水准尺，一般可以估读到（C）。

A. 分米　　　B. 厘米　　　C. 毫米　　　D. 微米

83. 尺垫在水准测量时用于支承标尺。在（C）上才用尺垫，（C）上不能用尺垫。

A. 水准点、转点　　　　B. 转点、水准点

C. 转点、控制点　　　　D. 水准点、控制点

84. 关于尺垫，以下说法正确的是（C）。

A. 尺垫是在对中点处放置水准尺用的，以固稳防动

B. 尺垫是在置镜点处放置水准尺用的，以固稳防动

C. 尺垫是在转点处放置水准尺用的，以固稳防动

D. 尺垫是在观测点处放置水准尺用的，以固稳防动

85. DJ6 经纬仪精度指标的含义，以下正确的是（C）。

A. "6" 表示一测回方向观测中误差为 "6′"

B. "6" 表示一测回方向观测中误差为 "6°"

C. "6" 表示一测回方向观测中误差为 "6″"

D. "6" 表示一测回方向观测中误差为 "6mm"

86. 经纬仪主要用途就是测量（D）。

A. 高程   B. 水平角   C. 高差   D. 水平角和竖直角

87. 光学经纬仪由（A）、度盘和基座 3 部分组成。

A. 照准部   B. 望远镜   C. 水准管   D. 读数装置

88. 光学经纬仪各轴线间应满足的主要几何条件是（C）。

①$LL \perp VV$。   ②$L'L' // VV$。   ③$CC \perp HH$。

④$LL // HH$。   ⑤$HH \perp VV$。

A. ①②③   B. ③④⑤   C. ①③⑤   D. ①③④

89. 经纬仪等偏定平与等偏对中，其目的是达到（C）。

A. VV 轴铅直   B. 消除对中器误差

C. VV 轴铅直并对准测站点   D. 对准测站点

90. 光学经纬仪的检定项目共 15 项，其检定周期为（B）。

A. 2 年   B. 1 年   C. 6 个月   D. 3 个月

91. 下列（B）不属于全站仪主要功能。

A. 面积测量   B. 方向测量

C. 对边测量   D. 悬高测量

92. 我国《计量法实施细则》第 25 条规定："任何单位和个人不准在工作岗位上使用无（B）或者超过检定周期以及经检定不合格的计量器具。"

A. 检校合格证   B. 检定合格印、证

C. 维修合格证　　　　　　D. 检修合格证

93. J6 经纬仪在检定周期内，应每隔 2~3 月对其（B）进行检校。

A. 十字纵线⊥横轴 *HH*　　　B. 视准轴 *CC*⊥横轴 *HH*

C. 横轴 *HH*⊥竖轴 *VV*　　　D. 十字线横线⊥竖轴 *VV*

94.（A）是指水平视线在已知高程点上水准尺读数。

A. 后视读数　　　　　　　B. 前视读数

C. 水准尺读数　　　　　　D. 中视读数

95. 用 DS3 微倾式水准仪进行测量的操作步骤为：（A）。

A. 仪器安置—粗平—照准—精平—读数

B. 仪器安置—粗平—精平—照准—读数

C. 仪器安置—精平—粗平—照准—读数

D. 仪器安置—精平—粗平—读数—照准水准仪

96. 测两点的高差，后视读数为 1.587，前视读数为 1.011，测得两点的高差为（C）。

A. +1.587　　B. +1.011　　C. +0.576　　D. +2.698

97. 水准仪测量一点的高程，后视已知点读数为 1587，前视未知点读数为 1211，已知点高程为 27.334m，测得未知点的高程为（D）。

A. 1.587m　　B. 1.211m　　C. 27.798m　　D. 27.710m

98. 水准测量时，水准尺向前倾斜，观测读数与正确读数比（A）。

A. 变大　　B. 变小　　C. 不变　　D. 先变大后变小

99. 水准测量中，同一组读数用视线高法和高差法计算高程结果，互差值为（B）才能使用。

A. 常数　　B. 0　　C. ±3mm　　D. 随机变化

100. 水准测量安置一次仪器，测出多个欲求点高程，这些点具备（B）的特点，为中间点。①只有前视读数。②高程相同。③求自身高程。④前视读数相同。⑤不传递高程。

A. ①②③　　B. ①③⑤　　C. ②③⑤　　D. ③④⑤

101. 水准高程引测中，立水准尺应注意的事项是：检查水准尺、视线等长、（A）、扶尺铅直、起终点用同一尺。

A. 转点牢固　　　　　　B. 注视观测者
C. 协助记录　　　　　　D. 注意安全

102. 水准测量测站校核的方法有（C）。①高差法。②附合测法。③双镜位法。④闭合测法。⑤双面尺法。⑥视线高法。⑦双转点法。⑧往返测法。

A. ①③⑤　　B. ②④⑧　　C. ③⑤⑦　　D. ②③⑧

103. 水准测量成果校核的方法是（B）。①高差法。②附合测法。③双镜位法。④闭合测法。⑤双面尺法。⑥视线高法。⑦双转点法。⑧往返测法。

A. ①③⑤　　B. ②④⑧　　C. ③⑤⑦　　D. ②③⑧

104. 用双面尺法作测站检核时，在一测站上，仪器高度不变，分别用双面水准尺的黑面和红面两次测定高差。若两次测得高差之差未超过（B），则取其平均值作为该测站的高差，否则需要重测。

A. ±6mm　　B. ±5mm　　C. ±4mm　　D. ±3mm

105. 测得四个测站的一条闭合水准路线，各站高差依次为 $+1.226\text{m}$、-1.008m、0.774m 和 -1.002m，如允许误差 $f_{h容} = \pm 6\sqrt{n}$ mm，则实测闭合差和允许闭合差为（A）。

A. -10mm、$\pm 12\text{mm}$　　　　B. $+10\text{mm}$、$\pm 12\text{mm}$
C. -10mm、-12mm　　　　D. $+10\text{mm}$、$+12\text{mm}$

106. 自水准点 M（$HM = 50.000\text{m}$）经 3 个测站测至待求点 A，3 站高差依次为 $+2.350\text{m}$、-0.405m 和 -0.604m；再由 A 测至另一水准点 N（$HN = 52.348\text{m}$），仅一测站高差为 $+0.999\text{m}$。则 A 点高程 HA 为（D）。

A. 51.341m　B. 51.351m　C. 51.349m　D. 51.347m

107. 已知高程点 A（$HA = 100.000\text{m}$）经过 4 个测站到达另一已知点 B（$HB = 105.745\text{m}$），每站高差依次为 $+2.405\text{m}$、-0.470m、$+1.274\text{m}$ 和 $+2.546\text{m}$。若 $f_{h容} = \pm 6\sqrt{n}$ mm，则该水准路线的实测

闭合差和允许闭合差为（A）。

　　A. + 10mm、± 12mm　　　　B. + 10mm、+ 12mm

　　C. − 10mm、± 12mm　　　　D. − 10mm、+ 12mm

　　108. 水准测量中，（A）计算式是错误的。

　　A. 改正数总和（ΣV 站）等于实测闭合差（f_{h}）

　　B. V 站 $= -f_{\mathrm{h}}/n$

　　C. 调整后值 = 观测值 + 改正数

　　D. $\Sigma h = \Sigma a - \Sigma b$

　　109. 水准测量中减弱（C）的方法有校正仪器和前后视距相等。

　　A. 偶然误差　　　　　　　B. 观测误差

　　C. i 角误差　　　　　　　D. 尺长误差

　　110. 水准测量中，同一测站，当后尺读数大于前尺读数时说明后尺点（B）。

　　A. 高于前尺点　　　　　　B. 低于前尺点

　　C. 高于测站点　　　　　　D. 都不对

　　111. 水准测量中要求前后视距离相等，其目的是为了消除（D）的误差影响。

　　A. 水准管轴平行于视准轴

　　B. 圆水准器轴不平行于仪器竖轴

　　C. 十字丝横丝不水平

　　D. 水准管轴不平行于视准轴

　　112. 在进行水准测量时，由 A 点向 B 点进行测量测得 A、B 两点间的高差为 0.678m，且 B 点水准尺的读数为 2.382m，则 A 点水准尺的读数为（A）。

　　A. 1.704m　B. 1.678m　C. 3.060m　D. 2.346m

　　113. 水准仪整平后测读 A 点标尺的数值为 1.3m，B 点标尺的数值为 2.5m，则 A 点高程较 B 点（B）。

　　A. 低 1.2m　B. 高 1.2m　C. 低 3.8m　D. 高 3.8m

　　114. 根据某站水准仪测得地面四点的水准尺读数，可以判断出最高点的读数为（A）。

A. 0. 688m　　B. 1. 246m　　C. 1182m　　D. 2. 324m

115. 水准点高程为20. 231，放样点高程为21. 524，后视读数为1. 533，前视读数应为（C）。

A. 1. 713　　B. 1. 533　　C. 0. 210　　D. 1. 524

116. 在多层或高层建筑施工中，为控制各施工层标高，一定要以首层 ±0. 000 水准线为准，至少由（C）处大角或楼梯间向上传递标高，以便于施工层校核后，方可使用。

A. 1　　　　B. 2　　　　C. 3　　　　D. 4

117. 场地平整绘制方格网时，各方格交点上除标注交点编号在左下方外，左上方填（B）；右上方填（C）；右下方填（D）。

A. 高程　　　　B. 高差　　　　C. 地面标高

D. 设计标高　　E. 等高线高程

118. 场地平整绘制方格网的方格大小，应根据（A）而定。
①要求的精度。②地形复杂程度。③地形图比例尺。④地形的走势。⑤地形坡度。

A. ①②③　　B. ①③⑤　　C. ②③⑤　　D. ③④⑤

119. 场地平整绘制方格网，其方格的方向尽量与（B）一致。
①施工坐标方向。②主要建筑物方向。③要求的精度。④边界方。⑤地形的走势。

A. ①②③　　B. ①②④　　C. ②③⑤　　D. ③④⑤

120. 测设已知高程的操作要点包括镜位居中，后视两个已知高程点，测得视线高差不大于 2mm 时取平均值，抄测前要先校测已测完的高程线（点），误差 <（C）3mm 时，确认无误。

A. 1　　　　B. 2　　　　C. 3　　　　D. 4

121.（D）称为水平角。

A. 地面一点到两目标点的方向线，垂直投影到竖直面上的夹角

B. 地面一点到一目标点的方向线，与水平线的夹角

C. 地面一点到一目标点的方向线，与正北方向的空间夹角

D. 地面一点到两目标点的方向线，垂直投影到水平面上的夹角

122. 观测水平角的常用方法有测回法和（A）。

A. 方向观测法　　　　　　B. 盘左、盘右法

C. 正倒镜法　　　　　　　D. 目估法

123. 测回法适用于观测（C）间的水平角。

A. 两个方向　　　　　　　B. 三个方向

C. 三个以上方向　　　　　D. 单方向

124. 置镜于 O 点，用测回法观测 A、B 两目标的顺序为（B）。

A. $A—B—A—B$　　　　　B. $A—B—B—A$

C. $B—A—B—A$　　　　　D. $B—B—A—A$

125. 经纬仪的安置工作包括（C）。

A. 对中　　　　　　　　　B. 整平

C. 对中和整平　　　　　　D. 仪器置于测站上

126. 对中的目的是使仪器中心与（A）中心位于同一铅垂线上。

A. 测站点　　B. 水平度盘　　C. 目标　　D. 竖直度盘

127. 经纬仪水平度盘注记方式是（A）。

A. 经纬仪水平度盘将圆周等分为 360 等分，采用顺时针注记

B. 经纬仪水平度盘将圆周等分为 180 等分，采用顺时针注记

C. 经纬仪水平度盘将圆周等分为 270 等分，采用顺时针注记

D. 经纬仪水平度盘将圆周等分为 90 等分，采用顺时针注记

128. DJ6 型光学经纬仪分微尺的最小刻划值是 1′，则读数时可估读到（A）。

A. 6″　　B. 1″　　C. 2″　　D. 10″

129. 关于垂球的作用，错误的说法是（D）。

A. 用垂球可以进行经纬仪对中

B. 用垂球可以进行水平角度观察时对点

C. 用垂球可以进距钢尺量距时投点

D. 用垂球可以进行经纬仪整平

130. 用 DJ6 经纬仪观测某一方向，以下读数可能正确的是（B）。

A. 91°10′14″　B. 91°10′12″　C. 91°10′10″　D. 91°10′08″

131. 用 DJ6 经纬仪观测某一方向，以下读数一定不正确的是（D）。

A. 71°10′36″　B. 71°20′06″　C. 71°20′18″　D. 71°10′20″

132. 在 O 点置镜，盘左观测，照准目标 A，读数为 30°40′00″，照准目标 B，读数为 60°40′00″，测得的半测回角值为（C）。

A. 30°40′00″　B. 60°40′00″　C. 30°00′00″　D. 91°20′00″

133. 置镜于 O 点，用测回法观测 A、B 两目标，盘左观测 A 读数为 31°20′06″，盘左观测 B 读数为 71°30′10″，盘右观测 A 读数为 211°20′16″，盘右观测 B 读数为 251°30′22″，测得的水平角为（A）。

A. 40°10′05″　B. 40°10′04″　C. 40°10′06″　D. 139°50′06″

134. 采用 J6 经纬仪测回法观测水平角时，当两个半测回的角值差小于（A）时，才能取其平均值，作为该角的最后成果。

A. ±30″　　B. ±40″　　C. ±50″　　D. ±60″

135. 在同一竖直面内，视线方向与（B）的夹角称为竖直角。

A. 竖直线　　B. 水平线　　C. 垂直线　　D. 铅垂线

136. 用经纬仪测竖直角，盘左观测读数为 50°00′22″，竖盘为顺时针刻划，测得的竖直角为（A）。

A. 39°59′38″　B. 50°00′22″　C. −39°59′38″　D. −50°00′22″

137. 用经纬仪测竖直角的步骤为：置镜—（D）—盘左观测—盘右观测—计算。

A. 确定仪器高度　　　　B. 确定竖盘指标差

C. 确定对中误差　　　　D. 确定计算公式

138. 当视线（B），竖盘水准管气泡居中时，竖盘读数与正确起始读数之差称为竖盘指标差。

A. 垂直　　　　　　　　B. 水平

C. 垂直或水平　　　　　D. 照准任意目标

139. 竖盘指标差等于［盘左竖盘读数＋盘右竖盘读数－（D）］÷2。

A. 90°　　　B. 180°　　　C. 270°　　　D. 360°

140. 检校经纬仪竖盘指标水准管时测得某点竖盘盘左读数为97°15′24″，盘右读数为262°46′48″，则该仪器竖盘盘左读数为85°27′12″时正确的竖直角为（C）。

A. ＋4°32′48″　　　　　B. －4°32′48″

C. －4°32′12″　　　　　D. ＋4°32′12″

141. 经纬仪竖盘在盘左位置望远镜仰起时读数减小，若盘左观测某点竖盘读数为93°17′36″，则望远镜视线的竖直角是（B）。

A. 3°17′36″　　　　　　B. －3°17′36″

C. 7°42′24″　　　　　　D. －7°42′24″

142. 在测量竖直角时，用盘左、盘右测得竖直角的平均值可以消除（C）的影响。

A. 度盘偏心差　　　　　B. 照准误差

C. 竖盘指标差　　　　　D. 对中偏差

143. 已知经纬仪测得某点竖盘盘左读数为97°13′24″，盘右读数为262°46′48″，则竖盘指标差 X 为（D）。

A. ＋12″　　　B. －12″　　　C. －6″　　　D. ＋6″

144. 规范规定，竖直角观测时，DJ2 型经纬仪指标差互差不得超过（B）。

A. 15″　　　B. 18″　　　C. 25″　　　D. 36″

145. 当经纬仪的望远镜上下转动时，竖直度盘（A）。

A. 与望远镜一起转动　　B. 与望远镜相对运动

C. 不动　　　　　　　　D. 竖直制动时不动

146. 当经纬仪竖轴与目标点在同一铅垂线时，仪器架设的不同高度会使水平度盘读数（A）

A. 相等   B. 不相等

C. 有时不相等   D. 水平制动时相等

147. 在全圆测回法中，同一测回不同方向之间的 $2C$ 值为 $-18''$、$+2''$、$0''+10''$，其 $2C$ 互差应为（A）。

A. $28''$ B. $-18''$ C. $12''$ D. $-16''$

148. 微倾式水准仪能够提供水平视线的主要条件是（A）。

A. 水准管轴平行于视准轴

B. 视准轴垂直于竖轴

C. 视准轴垂直于圆水准轴

D. 竖轴平行于圆水准轴

149. 测量仪器的望远镜是由（B）组成的。

A. 物镜、目镜、十字丝、瞄准器

B. 物镜、调焦透镜、目镜、瞄准器

C. 物镜、调焦透镜、十字丝、瞄准器

D. 物镜、调焦透镜、十字丝、目镜

150. 国产水准仪的型号一般包括 DS05、DS1、DS3，精密水准仪是指（B）。

A. DS05、DS3   B. DS05、DS1

C. DS1、DS3   D. DS05、DS1、DS3

151. 微倾式水准仪视准轴和水准管轴不平行的误差对读数产生影响，其消减方法是（C）。

A. 两次仪器高法取平均值

B. 换人观测

C. 测量时采用前后视距相等的方法

D. 反复观测

152. 在水准仪中，若竖轴和水准盒轴不平行且未能校正，在实际测量作业中的处理方法是（B）。

A. 每次观测前，都要调节水准盒气泡使气泡居中

B. 在每一站上采用等偏定平法

C. 每站观测时采用两次仪器高法

D. 采用前后视距等长法

153. 水准仪各轴线之间的正确几何关系是（A）。

A. 视准轴平行于水准管轴、竖轴平行于水准盒轴

B. 视准轴垂直于竖轴、水准盒轴平行于水准管轴

C. 视准轴垂直于水准盒轴、竖轴垂直于水准管轴

D. 视准轴垂直于横轴、横轴垂直于竖轴

154. 从自动安平水准仪的结构可知，当水准盒气泡居中时，便可达到（B）。

A. 望远镜视准轴垂直

B. 获取望远镜视准轴水平时的读数

C. 通过补偿器使望远镜视准轴水平

D. 通过补偿器运动在磁场中产生电流

155. 测设的基本工作包括测设（C）、已知水平角和已知高程。

A. 已知线路长度   B. 已知构筑物形状

C. 已知水平距离   D. 已知构筑物大小

156. 测设水平角的常用方法有正倒镜分中法和（B）。

A. 方向观测法   B. 归化法   C. 测回法   D. 目估法

157. 正倒镜分中法测设水平角的步骤为：置经纬仪于水平角的顶点；盘左照准（B），旋转照准部，使度盘读数改变放样角度，在视线方向定出一点；盘右照准已知方向，旋转照准部，使度盘读数改变放样角度，在视线方向定出一点；置镜点与两点的中点方向和已知方向的夹角即为测设的水平角。

A. 任意方向   B. 已知方向   C. 任意一点   D. 正北方向

158. 实测四边形内角和为 $359°59'24''$，则四边形闭合差及每个角的改正数为（B）。

A. $-9''$、$+36''$ B. $-36''$、$+9''$

C. $+36''$、$+9''$ D. $-9''$、$-36''$

159. 经纬仪视准轴检验和校正的目的是（A）。

A. 使视准轴垂直横轴

B. 使横轴垂直于竖轴

C. 使视准轴平行于水准管轴

D. 使水准管轴垂直于竖轴

160. 采用盘左、盘右的水平角观测方法，可以消除（C）误差。

A. 对中　　　　　　　　B. 十字丝的竖丝不铅垂

C. 2C　　　　　　　　　D. 水准管轴不垂直于竖轴

161. 用测回法观测水平角，测完上半测回后，发现水准管气泡偏离2格多，这时应（D）。

A. 继续观测下半测回

B. 整平后观测下半测回

C. 继续观测或整平后观测下半测回皆可

D. 整平后全部重测

162. 在经纬仪照准部的水准管检校过程中，大致整平后使水准管平行于一对脚螺旋，把气泡居中，当照准部旋转180°后，气泡偏离零点，说明（C）。

A. 水准管不平行于横轴

B. 仪器竖轴不垂直于横轴

C. 水准管轴不垂直于仪器竖轴

D. 视准轴不平行于水准管轴

163. 测量竖直角时，采用盘左、盘右观测，其目的之一是可以消除（B）误差的影响。

A. 对中　　　　　　　　B. 视准轴不垂直于横轴

C. 指标差　　　　　　　D. 水准管轴不垂直于竖轴

164. 用经纬仪观测水平角时，尽量照准目标的底部，其目的是为了消除（C）误差对测角的影响。

A. 对中　　　　　　　　B. 照准

C. 目标偏离中心　　　　D. 读数

165. 经纬仪对中误差属（A）。

A. 偶然误差　B. 系统误差　C. 中误差　D. 粗差

166. 观测成果中主要是存在（A）。

A. 偶然误差　B. 系统误差　C. 绝对误差　D. 相对误差

167. 为了消除经纬仪视准轴不垂直于水平轴、水平轴不垂直于竖轴及照准部偏心差等的影响，可采用（C）取平均值的方法。

A. 往返观测　　　　　　B. 改变仪器

C. 盘左、盘右观测　　　D. 连续多次观测

168. 用经纬仪在多层或高层建筑竖向轴线投测中要特别注意 3 点：①要以首层轴线为准。②仪器要校正好，安置时要严格定平。③（A）。

A. 取盘左、盘右观测平均值　　B. 取盘左观测

C. 取二次盘左平均　　　　　　D. 取盘右观测

169. 用经纬仪在多层或高层建筑竖向轴线投测中取盘左、盘右观测平均可以抵消（D）误差。

A. *CC* 不垂直 *HH*　　　B. *HH* 不垂直 *VV*

C. *LL* 不垂直 *VV*　　　D. A + B

170. 钢尺量距常用的工具有（D）。①经纬仪。②钢尺。③皮尺。④标杆。⑤测钎。⑥垂球。

A. ①②④⑤　B. ①②③⑤　C. ①③④⑥　D. ②④⑤⑥

171. 对钢尺进行检定改正是由于钢尺上的刻划与注字是表示钢尺（B）的长度。

A. 实长　B. 名义长　C. 绝对　D. 理想

172.《钢卷尺检定规程》（JJG 741—2005）规定：钢尺检定有 3 项，检定周期为（C）。

A. 3 个月　B. 6 个月　C. 1 年　D. 2 年

173.《钢卷尺检定规程》（JJG 741—2005）规定：Ⅰ级和Ⅱ级 30m 钢尺长允许误差为（D）mm。

A. +3. 1、6. 3　　　　　B. +5. 1、 +10. 3

C. ±5.1、±10.3　　　　D. ±3.1、±6.3

174. 用钢尺丈量两点的水平距离，在这两点所处的直线上定出若干个点的工作称为（A）。

A. 直线定线　　　　　　B. 直线定向

C. 钢尺量距　　　　　　D. 点的放样

175. 直线定线工作可用（D）完成。

A. 水准尺　　B. 尺垫　　　C. 钢尺　　　D. 经纬仪

176. 钢尺量距一般方法，在困难地区，量距的相对误差至少不应大于（A）。

A. 1/1000　　B. 1/2000　　C. 1/3000　　D. 1/4000

177. 由 30m 长的钢尺往返丈量 A、B 两点间的距离。丈量结果分别为往测 77.813m，返测 77.795m，则量距相对误差为（D）。

A. 1/2000　　B. 1/2500　　C. 1/3200　　D. 1/4300

178. 当量距精度要求较高时，数应读至毫米，并以不同起点读三组读数，三组读数算得的长度之差应不超过（C）mm。

A. 3　　　　B. 4　　　　C. 5　　　　D. 6

179. 已知某钢尺的尺长方程式为 $L_t = 30 + 0.0037 + 1.25 \times 10^{-5} \times 30 \times (t - 20)$，用该钢尺测得 AB 之长度为 26.856m，钢尺丈量时的温度为 27.5℃，则 AB 实际长度为（B）。

A. 26.772m　B. 26.862m　C. 26.832m　D. 26.882m

180. 钢尺量距的一般方法精度不高，相对误差一般只能达到（D）。

A. 1/1000 ~ 1/2000　　　　B. 1/1000 ~ 1/3000

C. 1/2000 ~ 1/3000　　　　D. 1/2000 ~ 1/5000

181. 钢尺检定时的温度，一般为（C）。

A. 10℃　　　B. 15℃　　　C. 20℃　　　D. 25℃

182. 钢尺量距往返丈量直线 AB 的长度为：$D_{往} = 126.72\text{m}$，$D_{返} = 126.76\text{m}$，其相对误差为（B）。

A. $K = 1/3100$　　　　　B. $K = 1/3168$

C. $K = 1/4000$ D. $K = 1/3200$

183. 钢尺量距的三项改正内容为（B）。

A. 尺长改正、温度改正、气压改正

B. 尺长改正、温度改正、倾斜改正

C. 尺长改正、温度改正、大气折光改正

D. 尺长改正、温度改正、地球曲率改正

184. 一根名义长度为 30m 的钢尺，经检定得实际长度为 29.994m，用这把钢尺丈量两点距离为 64.592m，则改正后的水平距离为（A）。

A. 64.579m   B. 64.605m   C. 64.598m   D. 64.586m

185. 下列情况哪一项会使尺丈量结果比实际距离减少（D）。

A. 定线不准   B. 钢尺不水平

C. 钢尺比标准尺短   D. 温度比检定时高

186. 测量一距离，往测 $D_{往} = 175.834$m，返测 $D_{返} = 175.822$m，则其对应的较差 d、平均值、精度 k 为（B）。

A. ± 0.012m、175.828m、1/14600

B. 0.012m、175.828m、1/14600

C. -0.012m、175.828m、6.8×10^{-5}

D. 0.012m、175.828m、1/15000

187. 量得 EF 斜距为 $D_{EF} = 47.598$m，两点间坡度均匀，高差 $h_{EF} = 0.694$m，则倾斜改正数与水平距离为（D）m。

A. $+0.010$、47.608   B. $+0.005$、47.603

C. -0.010、47.588   D. -0.005、47.593

188. 钢尺量距的操作要点是（D）。①定线要直。②尺身要平。③记录要对。④拉力要准。⑤读数要快。⑥配合要齐。

A. ①②④⑤   B. ①②③⑤   C. ①③④⑥   D. ①②④⑥

189. 钢尺量距的下列误差中，属于系统误差的有（D）。①尺长不准。②定线不直。③读数有错。④风吹尺弯。⑤尺端对 0m 不准。⑥气温过高。

A. ①②③⑥　B. ②④⑤⑥　C. ①②④⑤　D. ①②④⑥

190. 钢尺量距中，拉力过大、拉力过小、温度过低等，将对应产生（A）符号的累积误差。

A. "－"、"＋"、"＋"　　B. "－"、"－"、"－"

C. "＋"、"－"、"＋"　　D. "＋"、"＋"、"＋"

191. 已知三条边的丈量结果及中误差分别为：$D_1 = 75.254m \pm 0.010m$、$D_2 = 121.332m \pm 0.012m$ 和 $D_3 = 196.126m \pm 0.012m$，现按精度从高到低的顺序排列为（C）。

A. D_1、D_2、D_3　　　　B. D_1、D_3、D_2

C. D_3、D_2、D_1　　　　D. D_3、D_1、D_2

192. （A）是钢尺使用中的五防一护。①防折。②防踩。③防轧。④防晒。⑤防潮。⑥防电。⑦保护尺面。⑧保护尺身。

A. ①②③④⑤　　　　　　B. ①②③④⑤⑧

C. ①③④⑤⑥⑧　　　　　D. ①②④⑤⑥⑦

193. 测量误差的来源是（D）。

A. 仪器不可能绝对精良　　B. 人的感官能力有限

C. 外界环境的影响　　　　D. A＋B＋C

194. 随机误差具备的特性有（C）。①小误差的密集性。②同性质误差的累积性。③大误差的有界性。④正负误差的对称性。⑤大小正负误差的随机性。⑥全部误差的抵偿性。

A. ①②③④　　　　　　　B. ①③⑤⑥

C. ①③④⑥　　　　　　　D. ②④⑤⑥

195. 中误差也称为（B）。①中间误差。②均方误差。③真误差。④标准差。⑤似真误差。⑥平均误差。

A. ①⑤⑥　　B. ②④　　C. ①②④　　D. ④⑥

196. 视距测量可以测定测站点和观测点的（B）。

A. 水平距离　B. 水平距离和高差　　C. 坐标　D. 高差

197. 根据视距读数、中丝读数和竖直角同时测定水平距离和高差的测量方法称为（A）。

A. 视距测量　　　　　　B. 坐标测量

C. 距离测量　　　　　　　D. 角度测量

198. 钢尺使用过程中接触泥、水后错误的保养方式是（C）。

A. 应尽早擦干净，使用完毕后，尺面需涂凡士林油，再收入卷盘中

B. 应尽早擦干净，使用完毕后，把钢尺放入煤油中浸泡

C. 应尽早擦干净，使用完毕后，把钢尺放入有机溶液中浸泡

D. 应用抹布擦干净

199. 钢尺上的污渍处理中不恰当的是（D）。

A. 清水洗净　　　　　　　B. 煤油洗净

C. 用稀释剂清洗　　　　　D. 用利物刮除并水洗

200. 全站仪测角标称精度 2″的含义是（C）。

A. "2″" 表示二测回水平方向中数中误差为 "±2″"

B. "2″" 表示一测回水平方向中数中误差为 "±2″"

C. "2″" 表示一测回水平方向中误差为 "±2″"

D. "2″" 表示四测回水平方向中数中误差为 "±2″"

201. 全站仪测距标称精度 $2mm + 2ppm″$是 $2mm + 2ppm \times D$ 的缩写，其中 D 的含义是（A）。

A. 实测的距离　　B. 标称的距离　　C. 仪器的高度　　D. 测点的标高

202. 测量误差按其性质可分为（A）和系统误差。

A. 偶然误差　　　B. 中误差　　　C. 粗差　　　D. 平均误差

203. 偶然误差出现在 3 倍中误差以内的概率约为（D）。

A. 31.7%　　B. 95.4%　　C. 68.3%　　D. 99.7%

204. 下面不是作为评定测量精度标准的选项是（B）。

A. 相对误差　　　　　　　B. 似真误差

C. 允许误差　　　　　　　D. 中误差

205. 建筑工程施工测量的准备工作主要包括：检定、检校仪器与钢尺，校算与校测定位依据（红线桩与水准点），（C），

制定施工测量方案。

A. 检查场地情况

B. 检查电力、自来水与供热等来源情况

C. 校核设计图纸

D. 检查木桩、铁桩、油漆等材料是否够用

206. 建筑工程施工测量主要包括：（C），建筑物定位放线与基础放线，±0.000以下与±0.000以上标高控制，多层、高层建筑的竖向控制，变形观测，竣工测量。

A. 三通一平测量　　　B. 暂设工程测量

C. 现场场地高程复测　　D. 场地平面与高程控制测量

207. 建筑工程施工测量的准备工作主要包括：（C），校算与校测定位依据（红线桩与水准点），校核设计图纸，制定施工测量方案。

A. 检查场地情况

B. 检查电力、自来水与供热等来源情况

C. 检定、检校仪器与钢尺

D. 检查木桩、铁桩、油漆等材料是否够用

208. 测量记录的基本要求除原始真实、内容完整外，还要求（B）。

A. 誊写清楚、数字正确　　B. 数字正确、字体工整

C. 字体工整、记录洁净　　D. 数字正确、不许涂改

209. 测量记录的基本要求包括前提、途径、目的三个方面。其前提是依据正确，目的是结果正确，途径是（D）。①计算有序。②4舍6入5凑偶。③步步校核。④总和校核。⑤正确判断符号。⑥预估结果。⑦方法科学。

A.①②③　　B.③④⑤　　C.①③⑤　　D.①③⑦

210. 测量作业常用的校核方法有：复测校测，几何条件校测，（B），概略估测校核。

A. 附合校测　　　　　B. 变换测法校测

C. 往返校测　　　　　D. 闭合校测

211. 常用的计算校核方法有：复算校核，几何条件校核，（B），总和校核，概略估算校核。

A. 步步校核 　　　　　B. 变换算法校核

C. 换人校核 　　　　　D. 变换次序校核

212. 测量计算校核一般只能发现计算过程中的问题，而不能发现（A）。

A. 原始依据是否有误　　B. 用错公式

C. 用错小数位数　　　　D. 计算漏项

213. 沉降观测中，为保证精度要采取三固定措施：人员固定，仪器固定，（C）。

A. 记录方法固定　　　　B. 立尺方法固定

C. 观测路线与方法固定　D. 计算方法固定

214. 用内控法做竖向投测的方法有：吊线坠法，激光铅直仪法，经纬仪天顶法，（C）。

A. 激光经纬仪法　　B. 正倒镜法

C. 经纬仪天底法　　D. 盘左、盘右取平均

215. 建筑施工场地平面控制网的布网原则是：要匀布全区，控制线的间距以（D）为宜，要尽量组成与建筑物平行的闭合图形，控制桩之间应通视、易量。

A. 50～100m 　　　　　B. 100m

C. 100～200m 　　　　 D. 30～50m

216. 一般民用建筑场地平面控制网的精度为（C）。

A. 1/3000　　B. 1/5000　　C. 1/10000　　D. 1/20000

217. 建筑施工场地高程控制网的布网原则是：要匀布全区，主要幢号附近要设（B）高程控制点或±0水平线，相邻点间距100m左右，构成闭合图形。

A. 1个　　　B. 2～3个　　C. 4个　　　D. 5～6个

218. 一般民用建筑场地高程控制网的精度为（B）。

A. ±3mm　　B. ±6mm　　C. ±9mm　　D. ±12mm

219. 常用建筑物定位的基本方法有：根据原有建筑物定位，

（A），根据场地平面控制网定位。

A. 根据建筑红线或定位桩定位

B. 根据临时道路定位

C. 根据永久建筑物定位

D. 根据永久管线定位

220. 根据原有建筑物定位的常用方法有：延长线法、（A）、直角坐标法。

A. 平行线法　B. 极坐标法　C. 交会法　D. 瞄准法

221. 在建筑物定位中，选择定位条件的基本原则可以概括为：（B），以长定短，以大定小。

A. 以正北定　B. 以精定粗　C. 以东西定　D. 以远定近

222. 基础放线尺寸的允许误差为：L（B）≤30m 允许误差±5mm，30m＜L（B）≤60m 允许误差为（C）。

A. ±3mm　　B. ±6mm　　C. ±10mm　　D. ±15mm

223. 若经纬仪没有安置在建筑轴线上，校正预制桩身铅直时，可能使桩身产生倾斜、扭转、（A）。

A. 既倾斜又扭转　　　　B. 既向前倾斜又向左右倾斜

C. 既扭转又向左右斜　　D. 柱身不铅垂

224. 用线坠校正桩身铅垂时要特别注意防震与（A）。

A. 防侧风　B. 防潮　C. 防抗线　D. 防线坠太沉

225. 建筑基线的主轴线定位点应不少于（B）个，以便复查建筑基线是否有变动。

A. 5　　　　　B. 3　　　　　C. 7　　　　　D. 2

226. 在杯口基础施工测量中，一般距杯口表面（A）cm，用以检查杯底标高是否正确，一般此标高取 −0.6m。

A. 10～20cm　B. 20～30cm　C. 20～40cm　D. 0～10cm

227. 柱子安装时，柱子下端中心线与杯口定位中心线偏差不应大于（B）mm。

A. 10　　　　　B. 5　　　　　C. +1　　　　　D. 2

228. 吊车梁垂直度的允许偏差为（C）梁高。

A. 1/1000   B. 1/750   C. 1/500   D. 1/250

229. 水准基点的埋设应在建筑压力范围以外，距建筑物一般不应小于（D）m，距高层建筑物不少于（D）m。

A. 50   B. 60   C. 25   D. 30

230. 水准点埋设深度不得小于（D）m，且底部要埋设在水冻线以下（D）m，才能防止水准点不受冻胀。

A. 1   B. 10   C. 2   D. 0.5

231. 某一牛腿柱，柱高为30m，即它的垂直度允许偏差为（D）mm。

A. 30   B. 20   C. 5   D. 10

232. 高层建筑物施工测量的主要任务之一是（B）。

A. 轴线的平面布置   B. 轴线的竖向投测

C. 经纬仪投测   D. 控制层高

233. 建筑物有水平位移通常采用（A）观测。

A. 基准线法   B. 轴线   C. 监视性变形   D. 沉降

234. 高程控制网的测量精度取决于（B）。

A. 主轴线的定位

B. 建筑物施工对标高放样的要求

C. 原建筑物的定位依据

D. 测量人员的素质

235. 轴线投测方法很多，下列方法中不是轴线投测的方法有（B）。

A. 延长线法   B. 目测距   C. 准直仪法   D. 吊线法

236. 职业道德的内容包括（B）。

A. 从业者的工作计划   B. 职业道德行为规范

C. 从业者享有的权利   D. 从业者的工资收入

237. 职业道德体现了（A）。

A. 从业者对所从事职业的态度

B. 从业者的工资收入

C. 从业者享有的权利

D. 从业者的工作计划

238. 职业道德的内容不包括（C）。

A. 职业道德意识　　　　B. 职业道德行为规范

C. 从业者享有的权利　　D. 职业守则

239. 职业道德不体现（B）。

A. 从业者对所从事职业的态度　B. 从业者的工资收入

C. 从业者的价值观　　　　　　D. 从业者的道德观

240. 职业道德基本规范不包括（C）。

A. 爱岗敬业忠于职守　　B. 诚实守信办事公道

C. 发展个人爱好　　　　D. 遵纪守法廉洁奉公

241. 爱岗敬业就是对从业人员（A）的首要要求。

A. 工作态度　B. 工作精神　C. 工作能力　D. 以上均可

242. （A）就是要求把自己职业范围内的工作做好。

A. 爱岗敬业　B. 奉献社会　C. 办事公道　D. 忠于职守

243. 遵守法律法规要求（D）。

A. 积极工作　　　　　　B. 加强劳动协作

C. 自觉加班　　　　　　D. 遵守安全操作规程

244. 违反安全操作规程的是（A）。

A. 自己制定生产工艺　B. 贯彻安全生产规章制度

C. 加强法制观念　　　D. 执行国家安全生产的法令、规定

245. 具有高度责任心应做到（C）。

A. 方便群众，注重形象

B. 光明磊落，表里如一

C. 工作勤奋努力，尽职尽责

D. 不徇私情，不谋私利

246. 新进场的劳动者必须经过"三级"教育即公司教育、
（C）、班组教育。

A. 技术教育　B. 专业教育　C. 项目教育　D 安全教育

247. 转换工作岗位和离岗后重新上岗的人员必须（B）才
允许上岗工作。

A. 经过等级手续   B. 重新经过安全生产教育

C. 经过领导同意   D. 经过现场考核

248. （C）是我们国家的安全生产方针。

A. 安全保证生产   B. 安全第一、质量第一

C. 安全第一、预防为主   D. 安全促进生产

249. 现场作业人员，在生产劳动中要处、时时注意做到"三不伤害"，即：我不伤害自己，（C），我不被他人伤害。

A. 我不伤害公物   B. 我不伤害仪器

C. 我不伤害他人   D. 我不被机电伤害

250. 建筑工地中的"四口"是指：楼梯口、（A）、预留洞口和出入口（也叫通道口），作业人员必须防止在"四口"坠落。

A. 电梯口   B. 通风口   C. 垃圾口   D. 送料口

251. 正确用好安全帽、安全带和（C）是施工现场重要的安全措施。

A. 安全绳   B. 安全鞋   C. 安全网   D. 安全口罩

252. 负责人的违章指挥、从业人员的违章作业与（B）是造成事故原因的"三违"。

A. 违反生产流程   B. 违反劳动纪律

C. 违反指挥   D. 违反操作规章

253. 处理事故的"四不放过"原则是：事故原因没有查清楚不放过、事故责任者没有处理不放过、（A）、防范措施没有落实不放过。

A. 广大职工没有受到教育不放过

B. 生产尚未恢复不放过

C. 没有公布处理结果不放过

D. 事故现场没有清理

254. 职工职业道德规范为：（B）、诚实守法、办事公道、服务群众、奉献社会。

A. 热爱本职   B. 爱岗敬业

C. 勤于本职   D. 努力工作

1.2 计算题

1. 已知 A 点的高程 $H_A = 14.223\text{m}$，量得测站点 A 仪器高 $I = 1.450\text{m}$，照准 B 点时水准尺中丝读数 $s = 1.210\text{m}$，求 B 点的高程。

【解】$H_B = H_A + I - s = 14.223 + 1.450 - 1.210 = 14.463\text{m}$

答：B 点的高程为 14.463m。

2. 设仪器安置在距 A、B 两尺等距离处，测得 A 尺读数 $= 1.482\text{m}$，B 尺读数 $= 1.873\text{m}$。将仪器搬至 B 点附近，测得 A 尺读数 $= 1.143\text{m}$，B 尺读数 $= 1.520\text{m}$。问水准管轴是否平行于视准轴？A 尺正确读数应多少？

【解】正确高差 $h = 1.873 - 1.482 = 0.391\text{m}$。仪器在 B 尺附近时高差为 $h_1 = 1.520 - 1.143 = 0.377\text{m}$，故水准管轴不平行视准轴。

答：A 尺上水平视线的正确读数应为 $1.520 - 0.391 = 1.129\text{m}$。

3. 如图 1.2-3 题图所示，在水准点 BM_1 至 BM_2 间进行水准测量，试在水准测量记录表中（见表 1.2-3-1）进行记录与计算，做计算和成果校核，若观测精度合格，应进行误差调整。（BM_1 已知高程 18.952m，BM_2 已知高程 20.508m）。

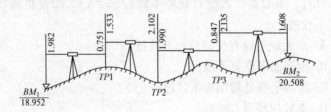

图 1.2-3 题图

计算校核：$\sum a - \sum b = 1.548\text{m}$，$\sum h = 1.548\text{m}$。

实测闭合差$(H_{BM_2} - H_{BM_1}) - \sum h = (20.508 - 18.952) - 1.548 = 0.008m$,精度合格。

水准测量记录表　　　　　　　表 1.2-3-1

测站	后视读数 (m)	前视读数 (m)	高差		改正后高差 (m)	高程 (m)
			+ (m)	– (m)		
BM1						18.952
TP1						
TP2						
TP3						
BM2						20.508
Σ						

【解】据题意,其计算过程见表 1.2-3-2。

水准测量记录表　　　　　　　表 1.2-3-2

测站	后视读数 (m)	前视读数 (m)	高差		改正后高差 (m)	高程 (m)
			+ (m)	– (m)		
BM_1	1.198		0.447		0.449	18.952
TP_1	1.533	0.751				19.401
				0.569	– 0.567	
TP_2	1.990	2.102				18.834
			1.143		1.145	
TP_3	2.135	0.847				19.979
			0.527		0.529	
BM_2		1.608				20.508
Σ	6.856	5.308	2.117	0.569	1.556	

35

允许闭合差 $= \pm 6\text{mm} \times \sqrt{4} = \pm 12\text{mm}$

每站改正数 $=$ （8mm/4 站） $= +2\text{mm}/1$ 站

答：略。

4. 在水准点 BM_a 和 BM_b 之间进行水准测量，所测得的各测段的高差和水准路线长如图 1.2-4 题图所示。已知 BM_a 的高程为 5.612m，BM_b 的高程为 5.400m。试将有关数据填在水准测量高差调整表中（见表 1.2-4-1），最后计算水准点 1 和 2 的高程。

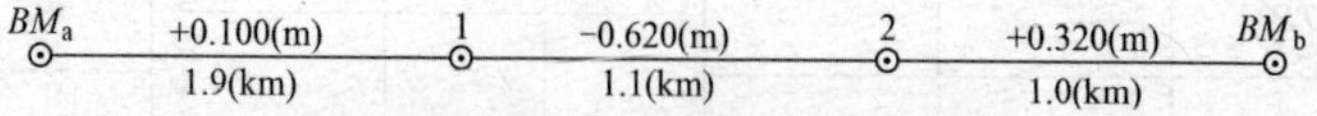

BM_a ———— +0.100(m) ———— 1 ———— −0.620(m) ———— 2 ———— +0.320(m) ———— BM_b
　　　　　1.9(km)　　　　　　　　1.1(km)　　　　　　　　1.0(km)

图 1.2-4　题图

水准测量高程调整表　　　　　　　　　　表 1.2-4-1

点号	路线（km）	实测高差（m）	改正数（m）	改正后高差（m）	高程（m）
BM_a					5.612
1					
2					
BM_b					5.400
Σ					

$H_b - H_a =$

$f_h =$

$f_{h允} =$

每公里改正数 =

改正后校核：

36

【解】据题意,其计算过程见表1.2-4-2。

水准测量高程调整表 表1.2-4-2

点号	路线 （km）	实测高差 （m）	改正数 （m）	改正后高差 （m）	高程 （m）
BM_a					5.612
	1.9	+0.100	-0.006	+0.094	
1					5.706
	1.1	-0.620	-0.003	-0.623	
2					5.083
	1.0	+0.320	-0.003	+0.317	
BM_b					5.400
Σ	4.0	-0.200	-0.012	-0.212	

$H_b - H_a = 5.400 - 5.612 = -0.212\text{m}$

$f_h = \Sigma h - (H_b - H_a) = -0.200 - (-0.212) = 0.012\text{m}$

$f_{h允} = \pm 30 \sqrt{L} = \pm 60\text{mm} > f_h$

每公里改正数 $= -(+0.012)/4.0 = -0.003\text{m/km}$

改正后校核：$\Sigma h - (H_b - H_a) = -0.212 + 0.212 = 0$

答：略。

5. 在水准 BM_a 和 BM_b 之间进行普通水准测量,测得各测段的高差及其测站数 n_i 如图1.2-5题图所示。试将有关数据填在水准测量高差调整表中(见表1.2-5-1),最后请在水准测量高差调整表中,计算出水准点1和2的高程(已知 BM_a 的高程为5.612m, BM_b 的高程为5.412m)。

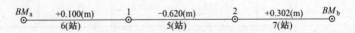

图1.2-5 题图

点号	测站数	实测高差 （m）	改正数 （m）	改正后高差 （m）	高程 （m）
BM_a					5.612
1					
2					
BM_b					5.412
Σ					

$H_a - H_b =$

$f_h =$

$f_{h允} =$

每站改正数 =

【解】据题意，其计算过程见表 1.2-5-2。

水准测量高程调整表　　　　表 1.2-5-2

点号	测站数	实测高差 （m）	改正数 （m）	改正后高差 （m）	高程 （m）
BM_a	6	+0.100	+0.006	+0.106	5.612
1					5.718
2	5	-0.620	+0.005	-0.615	5.103
BM_b	7	+0.302	+0.007	+0.309	5.412
Σ	18	-0.218	+0.018	-0.200	

$\Sigma h - (H_b - H_a) = -0.218 + 0.200 = -0.018 \text{m}$

$f_{h允} = \pm 8 \sqrt{n} = \pm 34 \text{mm} > f_h$

每站改正数 $= - (-0.018) / 18 = 0.001 \text{m}$

校核：$\Sigma h - (H_b - H_a) = -0.200 + 0.200 = 0$

答：略。

6. 计算表 1.2-6-1 中水准测量观测高差及 B 点高程。

水准测量观测记录手簿 表 1.2-6-1

测站	点号	水准尺读数（m）		高差（m）	高程（m）	备注
		后视	前视			
I	BM.A	1.874			22.718	已知
	TP.1		0.919			
II	TP.1	1.727				
	TP.2		1.095			
III	TP.2	1.186				
	TP.3		1.823			
IV	TP.3	1.712				
	B		1.616			
计算检核	Σ					
		$\sum a - \sum b =$		$\sum h =$		

【解】据题意，其计算过程见表 1.2-6-2。

水准测量观测记录手簿 表 1.2-6-2

测站	点号	水准尺读数（m）		高差（m）	高程（m）	备注
		后视	前视			
I	BM.A	1.874		0.955	22.718	已知
	TP.1		0.919		23.973	
II	TP.1	1.727		0.632		
	TP.2		1.095		24.305	
III	TP.2	1.186		0.673		
	TP.3		1.823		23.668	
IV	TP.3	1.712		0.096		
	B		1.616		23.764	
计算检核	Σ	6.499	5.453			
		$\sum a - \sum b = 1.046$		$\sum h = 1.046$		

答：略。

7. 在表 1.2-7 中进行符合水准测量成果整理，计算高差改正数、改正后高差和高程。

附合水准路线测量成果计算表   表 1.2-7

点号	路线长 L（km）	观测高差 h_i（m）	高差改正数 v_{h_i}（m）	改正后高差 $\hat{h}_i$（m）	高程 H（m）	备注
BM_A					7.967	已知
	1.5	+4.362	-0.015	+4.347		
1					12.314	
	0.6	+2.413	-0.006	+2.407		
2					14.721	
	0.8	-3.121	-0.008	-3.129		
3					11.592	
	1.0	+1.263	-0.010	+1.253		
4					12.845	
	1.2	+2.716	-0.012	+2.704		
5					15.549	
	1.6	-3.715	-0.015	-3.730		
BM_B					11.819	已知
$\sum$	6.7					

$f_h = \sum h_{测} - (H_B - H_A) = +66mm$ $f_{h容} = \pm 30\sqrt{L} = \pm 76mm$

$v_{1km} = -\dfrac{f_h}{\sum L} = -9.85mm/km$ $\sum v_{h_i} = -66mm$

答：略。

8. 如图 1.2-8 题图所示，已知水准点 BM_A 的高程为 33.012m，1、2、3 点为待定高程点，水准测量观测的各段高差及路线长度标注在图中，试在表 1.2-8-1 中计算各点高程。（7 分）

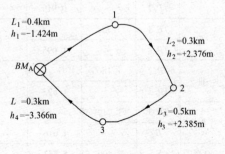

$L_1 = 0.4km$
$h_1 = -1.424m$

$L_2 = 0.3km$
$h_2 = +2.376m$

$L = 0.3km$
$h_4 = -3.366m$

$L_3 = 0.5km$
$h_3 = +2.385m$

图 1.2-8 题图

水准测量记录表　　　　　表 1.2-8-1

点号	L（km）	h（m）	V（mm）	h + V（m）	H（m）
A					33.012
1					
2					
3					
A					
Σ					
辅助计算	$f_{h容} = \pm 30\sqrt{L}$（mm）$= \pm 36.7$mm				

【解】

水准测量记录表　　　　　表 1.2-8-2

点号	L（km）	h（m）	V（mm）	h + V（m）	H（m）
A					33.012
	0.4	− 1.424	0.008	− 1.416	
1					31.569
	0.3	+ 2.376	0.006	+ 2.382	
2					33.978
	0.5	+ 2.385	0.009	+ 2.394	
3					36.372
	0.3	− 3.366	0.006	− 3.360	
A					33.012
Σ	1.5	− 0.029	0.029	0.000	
辅助计算	$f_{h容} = \pm 30\sqrt{L}$（mm）$= \pm 36.7$mm				

答：略。

9. 调整图 1.2-9 题图闭合水准路线成果，并计算各点高程。

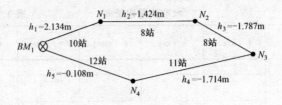

图 1.2-9　题图

其中：水准点的高程 $H_{BM_1} = 44.313\mathrm{m}$

水准测量成果调整表　　　　　　　　表 1.2-9-1

测点	测站数	高差值			高程(m)	备注
		观测值(m)	改正数(mm)	调整值(m)		
BM_1						
N_1						
N_2						
N_3						
N_4						
BM_1						
Σ						

水准测量成果调整表　　　　　　　　表 1.2-9-2

测点	测站数	高差值			高程(m)	备注
		观测值(m)	改正数(mm)	调整值(m)		
BM_1	10	2.134	+10	2.144	44.313	
N_1					46.457	
N_2	8	1.424	+8	1.432	47.889	
N_3	8	-1.787	+8	-1.779	46.110	
N_4	11	-1.714	+12	-1.702	44.408	
BM_1	12	-0.108	+13	-0.095	44.313	
Σ	49	-0.051	+51	0		

实测高差 $\sum h = -0.051\text{m}$　　已知高差 $= H_{终} - H_{始} = 0$

高差闭合差 $f_h = -0.051\text{m}$　容许闭合差 $f_{h容} = \pm 8\sqrt{n} = \pm 56\text{mm}$

　　一个测站的改正数 $= -\dfrac{f_h}{\sum n} = \dfrac{+51}{49} \approx +1\text{mm}$

　　答：略。

　　10. 为标定建筑物混凝土底板木桩 B 的设计高程为 28m。已知 BM_1 的高程为 29.557m，水准尺安置在 BM_1 点上，其后视读数为 0.769m，问前视尺读数多少时，水准尺零点处于 28m 的高程上。

　　【解】水准仪的仪器高为 $H_i = 29.557 + 0.769 = 30.326\text{m}$，则 B 尺的后视读数应为

　　$b = 30.326 - 28 = 2.326\text{m}$，此时，$B$ 尺零点的高程为 28m。

　　答：前视尺读数为 2.326m 时，水准尺零点处于 28m 的高程上。

　　11. 设 A 点高程为 15.023m，欲测设设计高程为 16.000m 的 B 点，水准仪安置在 A、B 两点之间，读得 A 尺读数 $a = 2.340\text{m}$，B 尺读数 b 为多少时，才能使尺底高程为 B 点高程。

　　【解】水准仪的仪器高为 $H_i = 15.023 + 2.23 = 17.363\text{m}$，则 B 尺的后视读数应为

　　$b = 17.363 - 16 = 1.363\text{m}$，此时，$B$ 尺零点的高程为 16m。

　　答：B 尺读数 b 为 1.363m。

　　12. 如图 1.2-12 题图所示，在基础施工时，根据场地已知高程点 A（$H_A = 21.508\text{m}$）测设基槽水平桩 B，计算水准尺上应读前视 b（± 0 设计高程 $H_0 = 22.000\text{m}$）。

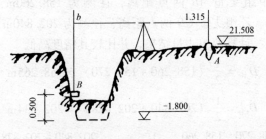

图 1.2-12　题图

【解】（1）B 点相对高程 $H'_B = 1.800 + 0.500 = 1.300\text{m}$

（2）B 点绝对高程 $H_B = 22.000 - 1.300 = 20.700\text{m}$

（3）水准仪视线高 $H_i = 21.058 + 1.315 = 22.373\text{m}$

（4）水准尺应读前视 $b = 22.373 - 20.700 = 1.673\text{m}$

答：略。

13. 对某段距离往返丈量结果已记录在距离丈量记录表 1.2-13-1 中，试完成该记录表的计算工作，并求出其丈量精度。

距离丈量记录表　　　　表 1.2-13-1

测线		整尺段	零尺段		总计	差数	精度	平均值
AB	往	5×50	18.964					
	返	4×50	46.456	22.300				

【解】据题意，见下表。

距离丈量记录表　　　　表 1.2-13-2

测线		整尺段	零尺段		总计	差数	精度	平均值
AB	往	5×50	18.964		268.964			
	返	4×50	46.564	22.300	268.864	0.10	1/2600	268.914

答：略。

14. 甲组丈量 *AB* 两点距离，往测为 158.260m，返测为 158.270m。乙组丈量 *CD* 两点距离，往测为 202.840m，返测为 202.828m。计算两组丈量结果，并比较其精度高低。

【解】$D_{AB} = \dfrac{1}{2} (158.260 + 158.270) = 158.265\text{m}$

$D_{CD} = \dfrac{1}{2} (202.840 + 202.828) = 202.834\text{m}$

$K_{AB} = \dfrac{158.270 - 158.260}{158.265} = \dfrac{1}{15826}$，$K_{CD} = \dfrac{202.840 - 202.828}{202.834} = \dfrac{1}{16903}$

44

因为 $K_{CD} < K_{AB}$，所以 CD 段丈量精度高。

答：略。

15. 用检定过的钢尺丈量相邻两木桩间的距离，三次测量结果：49.5537m、49.535m、49.535m，尺长方程式 $l_t = 50 + 0.008 + 1.25 \times 10^{-5} \times 50 \times (t - 20)$ m，尺段斜距 49.550m，高差 0.831m，此时温度 29.5℃，求其水平距离。

【解】尺段长度：$l = (49.537 + 49.535 + 49.535)/3$
$$= 49.536m$$

尺长改正数：$\Delta l_i = (0.008/50) \times 49.536 = 0.008m$

温度改正数：$\Delta l_t = 0.0000125 \times 49.536 \times (29.5 - 20)$
$$= 0.006m$$

尺段斜距：$L = 49.536 + 0.008 + 0.006 = 49.550m$

温度改正数：$\Delta l_h = -(0.831^2)/2 \times 49.550 = 0.070m$

尺段平距：$D = 49.550 - 0.007 = 49.543m$

答：略。

16. 今欲由 A 点起，在 AC 直线上测设 B 点，使 AB 间距 $D_{AB} = 185.000m$。场地为一均匀坡地，现用名义长 50m，实长 50.0048m 的钢尺，以标准拉力沿地面往返测得 B' 点，AB' 斜距 $D'_{AB'} = 185.667m$，丈量时平均温度为 33.4℃，AB' 间高差 $h_{AB'} = 1.857m$，钢尺的线膨胀系数 = 0.000012/℃，问 B' 点应改正多少？向哪个方向改？

【解】（1）尺长改正数

$$\Delta D_l = \frac{l_{实} - l_{名}}{l_{名}} D'_{AB'}$$

$$= \frac{50.0048m - 50.0000m}{50.0000m} \times 185.667m$$

$$= 0.0178m$$

（2）温度改正数

$$\Delta D_t = \alpha (t - 20℃) D'_{AB'}$$

$$= 0.000012/℃ \times (33.4℃ - 20℃) \times 185.667m$$

$$= 0.0229\text{m}$$

（3）高差改正数

$$\Delta D_\text{h} = -\frac{h_{\text{AB}'}^2}{2D'_{\text{AB}'}} = -\frac{(-1.857\text{m})^2}{2 \times 185.667\text{m}} = -0.0093\text{m}$$

（4）三项改正和

$$\Sigma\Delta D = \Delta D_1 + \Delta D_\text{t} + \Delta D_\text{h}$$
$$= 0.0178\text{m} + 0.0299\text{m} - 0.0093\text{m}$$
$$= 0.038\text{m}$$

（5）AB' 实长

$$h'_{\text{BC}} = 13.467 - 8.815 = 4.452\text{m}$$

$$D'_{\text{BC}} = \sqrt{22.236^2 - 4.652^2} = 21.744\text{m}$$

$$D'_{\text{CC}} = 21.744 - 18 = 3.744\text{m}$$

$$= 185.667\text{m} + 0.038\text{m}$$

$$= 185.705\text{m}$$

（6）B' 点应向 A 点改正 0.705m，即为所求 B 点，即 AB 间距为 185.000m。

答：略。

17. 今用名义长为 50m，实长为 50.0048m 的钢尺，在高温 34℃ 的条件下，用标准拉力，要准确地在平地上测设出 48.000m 的距离，问在该尺上读取什么读数才行？（该尺 =0.000012/℃）。

【解】（1）34℃ 的条件下，该尺的实长是

$$50.0048\text{m} + (34℃ - 20℃) \times 0.000012/℃ \times 50.0048\text{m}$$
$$= 50.0132\text{m}$$

（2）根据该钢尺的名义长与实长的比例关系，得到欲用该尺在 34℃ 时，用标准拉力在平地上测设出准确的 48.000m，则在该尺上应读数为

$$\frac{50.0000\text{m}}{50.0132\text{m}} \times 48.0000\text{m} = 47.9873\text{m}$$

答：在该尺上读取 47.9873m 才行。

18. 图上 ABC 三点在一直线上，已知 B 点和 C 点的高程分

别为 13.467m、8.815m，且 BC' 两点间水平距为 18.000m，根据现场两点定出 C' 的方向，以及量得 BC' 两点斜距为 22.236m，问如何在地面准确定出 C 点的位置。

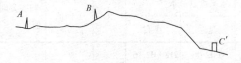

图 1.2-18　题图

【解】

$$h'_{BC} = 13.467 - 8.815 = 4.452m$$

$$D'_{BC} = \sqrt{22.236^2 - 4.652^2} = 21.744m$$

$$D'_{CC} = 21.744 - 18 = 3.744m$$

测设时 C' 桩应向 B 点方向移动 3.744m 定桩即为 C 点的正确位置。

19. 完成表 1.2-19-1 竖直角测量记录计算。

竖直角测量记录　　　　　　　表 1.2-19-1

测站	目标	竖盘位置	竖盘读数 (° ′ ″)	半测回角值 (° ′ ″)	一测回角值 (° ′ ″)	指标差 (″)	竖盘形式
O	M	左	81 18 42				全圆式顺时针注记
		右	278 41 30				

【解】

竖直角测量记录　　　　　　　表 1.2-19-2

测站	目标	竖盘位置	竖盘读数 (° ′ ″)	半测回角值 (° ′ ″)	一测回角值 (° ′ ″)	指标差 (″)	竖盘形式
O	M	左	81 18 42	8 41 18	8 41 24	+6	全圆式顺时针注记
		右	278 41 30	8 41 30			

20. 完成表 1.2-20-1 方向观测法测水平角的计算。

方向观测法记录手簿　　　　　　　　　表 1.2-20-1

测站	测回数	目标	水平度盘读数（°′″）		2C	（平均）方向值（°′″）	归零方向值（°′″）	各测回平均方向值（°′″）
			盘左	盘右				
3	1	A	0 02 06	180 02 16				
		B	52 33 41	232 33 49				
		C	91 21 24	271 21 30				
		D	138 42 40	318 42 54				
		A	0 02 03	180 02 15				
3	2	A	90 01 20	180 01 32				
		B	142 33 01	232 33 05				
		C	181 20 43	271 20 50				
		D	228 42 07	318 42 11				
		A	90 01 10	270 01 21				

【解】

方向观测法记录手簿　　　　　　　　　表 1.2-20-2

测站	测回数	目标	水平度盘读数（°′″）		2C	（平均）方向值（°′″）	归零方向值（°′″）	各测回平均方向值（°′″）
			盘左	盘右				
3	1	A	0 02 06	180 02 16	$-10''$	(0 02 10) 0 02 11	0 00 00	
		B	52 33 41	232 33 49	$-8''$	52 33 45	52 31 35	
		C	91 21 24	271 21 30	$-6''$	91 21 27	91 19 17	
		D	138 42 40	318 42 54	$-14''$	138 42 47	138 40 37	
		A	0 02 03	180 02 15	$-12''$	0 02 09		

48

测站	测回数	目标	水平度盘读数（°′″）		2C	（平均）方向值（°′″）	归零方向值（°′″）	各测回平均方向值（°′″）
			盘左	盘右				
3	2	A	90 01 20	180 01 32	−12″	（90 01 21）90 01 26	0 00 00	0 00 00
		B	142 33 01	232 33 05	−4″	142 33 03	52 31 42	52 31 34
		C	181 20 43	271 20 50	−7″	181 20 46	91 19 25	91 19 21
		D	228 42 07	318 42 11	−4″	228 42 09	138 40 48	138 40 42
		A	90 01 10	270 01 21	−11″	90 01 16		

答：略。

21. 试完成表 1.2-21-1 测回法水平角观测手簿的计算。

测回法水平角观测手簿　　　　　表 1.2-21-1

测站	目标	竖盘位置	水平度盘读数（°′″）	半测回角值（°′″）	一测回平均角值（°′″）
一测回 B	A	左	0 06 24		
	C		111 46 18		
	A	右	180 06 48		
	C		291 46 36		

【解】

测回法水平角观测手簿　　　　　表 1.2-21-2

测站	目标	竖盘位置	水平度盘读数（°′″）	半测回角值（°′″）	一测回平均角值（°′″）
一测回 B	A	左	0 06 24	111 39 54	
	C		111 46 18		111 39 51
	A	右	180 06 48	111 39 48	
	C		291 46 36		

答：略。

22. 完成表 1. 2 - 22 - 1 竖直角观测手簿的计算。

竖直角观测手簿　　　　　　　表 1. 2 - 22 - 1

测站	目标	竖盘位置	竖盘读数 (°′″)	半测回竖直角 (°′″)	指标差 (″)	一测回竖直角 (°′″)
A	B	左	81 18 42			
		右	278 41 30			
	C	左	124 03 30			
		右	235 56 54			

【解】

竖直角观测手簿　　　　　　　表 1. 2 - 22 - 2

测站	目标	竖盘位置	竖盘读数 (°′″)	半测回竖直角 (°′″)	指标差 (″)	一测回竖直角 (°′″)
A	B	左	81 18 42	8 41 18	6	8 41 24
		右	278 41 30	8 41 30		
	C	左	124 03 30	−34 03 30	12	−34 03 18
		右	235 56 54	−34 03 06		

答：略。

23. 在表 1. 2 - 23 - 1 中计算图根导线有关数据，进行计算校核。

表 1. 2-23-1

点号	坐标方位角	距离（m）	增量计算值（m）		改正后增量（m）		坐标值	
			Δx	Δy	Δx	Δy	x	y
A							500. 00	500. 00
	215°30′30″	105. 22						
B								
	53°18′43″	80. 18						
C								
	306°19′15″	129. 34						
D								
	215°53′17″	78. 16						
A								
Σ								

辅助计算：$f_x =$

$f_y =$

$f_D =$

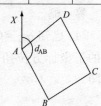

$K =$

计算结果如下表。

表 1. 2-23-2

点号	坐标方位角	距离（m）	增量计算值（m）		改正后增量（m）		坐标值	
			Δx	Δy	Δx	Δy	x	y
A							500. 00	500. 00
	125°30′30″	105. 22	− 61. 11	+ 85. 65	− 61. 13	+ 85. 67		
B							438. 87	585. 67
	53°18′43″	80. 18	+ 47. 90	+ 64. 30	+ 47. 88	+ 64. 32		
C							486. 75	649. 99
	306°19′15″	129. 34	+ 76. 61	− 104. 21	+ 76. 59	− 104. 19		
D							563. 34	545. 80
	215°53′17″	78. 16	− 63. 32	− 45. 82	− 63. 34	− 45. 80		
A							500. 00	500. 00

点号	坐标方位角	距离（m）	增量计算值（m）		改正后增量（m）		坐标值	
			Δx	Δy	Δx	Δy	x	y
Σ		392.90	+0.08	−0.08				

辅助计算：$f_x = +0.08$

$f_y = -0.08$

$f_D = 0.113$

$K = 1/3400 < 1/2000$

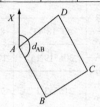

答：略。

24. 已知 $\alpha_{12} = 60°$，$\beta_2 = 120°30'$，$\beta_3 = 156°28'$，试求 2~3 边的正坐标方位角和 3~4 边的反坐标方位角，如图 1.2-24 题图。

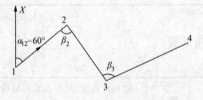

图 1.2-24　题图

【解】

$\alpha_{23} = \alpha_{12} - \beta_2 + 180° = 60° - 120°30' + 180° = 119°30'$

$\alpha_{34} = \alpha_{23} + \beta_3 - 180° = 119°30' + 156°28' - 180° = 95°58'$

$\alpha_{43} = \alpha_{34} + 180° = 275°58'$

答：2~3 边的正坐标方位角为：119°30'；3~4 边的反坐标方位角为：275°58'。

25. 如图 1.2-25 题图所示，ABCD 为建筑红线，为校核各边长、左角与其坐标对应，在表 1.2-25-1 中计算有关数据，进行计算校核。

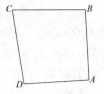

图 1.2-25 题图

坐标反算表　　　　　　　　　　　　表 1.2-25-1

点	横坐标 y	y	纵坐标 x	x	距离 D	方位角	左角
A	6215.931		4615.726				
B	6210.497		4832.494				
C	5989.567		4826.916				
D	5998.883		4610.285				
A	6215.931		4615.726				
校核							

【解】

坐标反算表　　　　　　　　　　　　表 1.2-25-2

点	横坐标 y	y	纵坐标 x	x	距离 D	方位角	左角
A	6215.931		4615.726				
		5.434		216.768	216.836	358°33′50″	
B	6210.497		4832.494				89°59′23″
		220.930		5.578	221.000	268°33′13″	
C	5989.567		4826.916				88°59′02″
		9.316		216.631	216.831	177°32′15″	
D	5998.883		4610.285				91°01′35″
		217.048		5.441	217.116	88°33′50″	
A	6215.931		4615.726				90°00′00″
		+226.364		+222.209		358°33′50″	
校核		226.364		222.209			
核	$\Sigma\Delta y$	0.000	$\Sigma\Delta x =$	0.000		$\Sigma\beta =$	360°00′00″

答：略。

26. A、B 是已知平面控制点，其坐标为 $X_A = 1000.00m$，$Y_A = 1000.00m$，$\alpha_{AB} = 305°48'32''$，$P$ 为放样点，其设计坐标为 $X_P = 1033.640m$，$Y_P = 1028.760m$。用极坐标法放样，计算在 A 点放样 P 点的数据 D_{AP} 和 β 并写出放样步骤。

【解】

测设元素的计算：

$D_{AP} = 44.258m$ $\beta = 95°43'10''$

步骤：

（1）根据已知数据和设计坐标计算测设元素（距离和角度）。

（2）在 A 点安置仪器，对中整平。

（3）根据计算出的角度定出 AP 的方向线。

（4）在方向线上测设 AP 间的距离，即可得到 P 点的地面位置，打桩作标记。

答：略。

27. 如图 1.2-27 题图所示，AB 为城市导线点，其坐标如表 1.2-27-1 中所示。MN 为建筑红线，其设计坐标，也如表中所示。为根据城市导线点测设建筑红线，在表中计算有关数据，并进行计算校核。

图 1.2-27　题图

坐标反算表　　　　　　　　　　　　表 1.2-27-1

点	横坐标 y	y	纵坐标 x	x	距离 D	方位角	左角
A	6937.811		9682.258				
B	7075.302		9676.265				
N	7067.060		9686.816				
M	6965.280		9686.816				
A	6937.811		9682.258				
和校核							

54

【解】

点	横坐标 y	y	纵坐标 x	x	距离 D	方位角	左角
A	6937.811		9682.258				
		137.391		5.993	137.522	92°29′52″	
B	7075.302		9676.265				49°50′44″
		8.142		+ 10.551	13.327	322°20′36″	
N	7067.060		9686.816				127°39′24″
		101.780		0.000	101.780	270°00′00″	
M	6965.280		9686.816				170°34′43″
		27.469		4.558	27.815	260°34′43″	
A	6937.811		9682.258				11°55′09″
						92°29′52″	
和校核	∑Δy =	137.391 – 137.391 0.000	∑Δx =	10.551 – 10.551 0.000		∑β =	360°00′00″

答：略。

28. 如图 1.2-28 题图所示，经纬仪在 O 点以 O①边为后视（0°00′00″），用极坐标法测设①、②、③、④、⑤各点位置，在表 1.2-28-1 中填出各点的直角坐标，并据此计算出各点的极坐标及其间距。

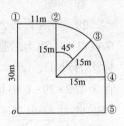

图 1.2-28　题图

点	直角坐标 R		极坐标 P		间距 D
	横坐标 y	纵坐标 x	极距 d	极角	
O					
①					
②					
③					
④					
⑤					

【解】

点位测设表　　　　　　　　　　　　表 1.2-28-2

点	直角坐标 R		极坐标 P		间距 D
	横坐标 y	纵坐标 x	极距 d	极角	
O	0.000	0.000	0.000	不	30.000
①	0.000	30.000	30.000	0°00′00″	
					11.000
②	11.000	30.000	31.953	20°08′11″	
					11.481
③	21.607	25.607	33.505	40°09′28″	
					11.481
④	26.000	15.000	30.017	60°01′06″	
					15.000
⑤	26.000	0.000	26.000	90°00′00″	

答：略。

29. 如图 1.2-29 题图所示：经纬仪在
O 点以 O①边为后视（0°00′00″），用极坐
标法测设①、②、③、④、⑤各点位置，
在表 1.2-29-1 中填出各点的直角坐标，
并据此计算出各点的极坐标及相邻点
间距。

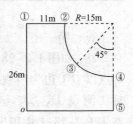

图 1.2-29　题图

点位测设表　　　　　　　　　　　　表 1.2-29-1

点	直角坐标 R		极坐标 P		间距 D
	横坐标 y	纵坐标 x	极距 d	极角	
O					
①					
②					
③					
④					
⑤					

56

【解】

点位测设表　　　　表 1.2-29-2

点	直角坐标 R		极坐标 P		间距 D
	横坐标 y	纵坐标 x	极距 d	极角	
O	0.000	0.000	0.000	不	
					26.000
①	0.000	26.000	26.000	0°00′00″	
					11.000
②	11.000	26.000	28.231	22°55′56″	
					11.481
③	15.393	15.393	21.770	45°00′00″	
					11.481
④	26.000	11.000	28.231	67°04′04″	
					11.000
⑤	26.000	0.000	26.000	90°00′00″	

答：略。

30. 已知控制点 A、B 和待测设点 P 的坐标分别为 $X_A = 725.680m$，$Y_A = 480.640m$；$X_B = 515.980m$，$Y_B = 985.280m$；$X_P = 1054.052m$，$Y_P = 937.984m$。

（1）现用极坐标法在 A 点测设 P 点，试计算测设数据。

（2）简述全站仪安置在 A 点采用坐标放样测设 P 点的步骤。

1）$\beta = \alpha_{AB} - \alpha_{AP} = 112°33′54″ - 54°19′18″ = 58°14′36″$

　　$D = 563.020m$

2）在 A 点安置全站仪，对中整平。在 B 点安置棱镜，对中整平。开机，进入坐标放样模式，首先输入测站点坐标，即 A 点坐标（725.680，480.640），接着输入后视点即 B 点的坐标（515.980，985.280），仪器提示是否照准后视点，照准后视棱镜，按"是"。输入放样点 P 点的坐标（1054.052，937.984）。仪器屏幕上出现 角度 和 距离 选项，按 角度 界面上出现 dHR 为某一角度值，转动照准部，使 dHR = 0′00″00，制动，此时视线方向即为放样点的方向。在此方向上移动简易棱镜杆，并按

57

距离 界面上显示 dHD 为某一距离值，在此时的视线方向上继续移动简易棱镜杆，使得 dHD = 0m，此时棱镜杆所在位置即为放样点 P 点的地面位置。

答：略。

31. 某小区道路为圆曲线，半径 $R = 100$，实测转向角 $\alpha_Y = 55°43'24''$，已知 JD 的里程为 DK53 + 885.87。

（1）计算其曲线要素。

（2）推算主要点里程。

（3）置仪于 ZY 点，采用偏角法放样出每 10m 一点，列表计算放样数据。

【解】

（1）$T = 52.862m$　$L = 97.256m$　$E_0 = 13.112m$　$q = 8.47m$

（2）　ZY　DK53 + 833.00

　　　　QZ　DK53 + 881.64

　　　　YZ　DK53 + 930.26

（3）

偏角法计算表　　　　表 1.2-31

桩　号	各桩至 ZY 曲线长度 l_i（m）	弦长 C_i（m）	偏角（° ′ ″）
ZY　DK53 + 833.01	0	0	0
+ 840.00	6.99	6.99	2 00 09
+ 850.00	16.99	16.97	4 52 02
+ 860.00	26.99	26.91	7 43 55
+ 870.00	36.99	36.78	10 35 49
QZ　DK53 + 881.64	48.63	48.15	13 55 53
+ 890.00	56.99	56.22	16 19 35
+ 900.00	66.99	65.74	19 11 28
+ 910.00	76.99	75.09	22 03 22

桩　　号	各桩至 ZY 曲线长度 l_i（m）	弦长 C_i（m）	偏角 （°′″）
+920.00	86.99	84.25	24 55 15
YZ　DK53+930.27	97.26	93.42	27 43 24

答：略。

32. 已知交点的里程桩号为 K10+110.88，测得转角 $\alpha_{左}=24°18'$，圆曲线半径 $R=400$m，若采用偏角法按整桩号法设桩，试计算各桩的偏角和弦长（要求前半曲线由曲线起点测设，后半曲线由曲线终点测设）。

【解】

（1）计算圆曲线测设元素

$$T = R\tan\frac{\alpha}{2} = 400\tan\frac{24°18'}{2} = 86.12\text{m}$$

$$L = R\alpha\frac{\pi}{180} = 400 \times 24°18' \times \frac{\pi}{180°} = 169.65\text{m}$$

$$E = R\left(\sec\frac{\alpha}{2} - 1\right) = 400 \times \left(\sec\frac{24°18'}{2} - 1\right) = 9.16\text{m}$$

$$D = 2T - L = 2 \times 86.12 - 169.65 = 2.59\text{m}$$

（2）计算主点桩里程

JD	K10+110.88
−）T	86.12
ZY	K10+024.76
+）L	169.65
YZ	K10+194.41
−）$L/2$	84.825
QZ	K10+109.585
+）$D/2$	1.285（校核）
JD	K10+110.88（计算无误）

偏角法计算表　　　　表 1.2-32

桩号	各桩至 ZY 或 YZ 的曲线长度 l_i（m）	偏角值（° ′ ″）	偏角读数（° ′ ″）	相邻桩间弧长（m）	相邻桩间弦长（m）
ZY K10 + 024.76	0	0 00 00	0 00 00	0	0
+040	15.24	1 05 29	1 05 29	15.24	15.24
+060	35.24	2 31 26	2 31 26	20	20
+080	55.24	3 57 23	3 57 23	20	20
+100	75.24	5 23 19	5 23 19	20	20
QZ K10 + 109.585					
+120	74.41	5 19 45	354 40 15	20	20
+140	54.41	3 53 49	356 06 11	20	20
+160	34.41	2 27 52	357 32 08	20	20
+180	14.41	1 01 55	358 58 05	14.41	14.41
YZ K10 + 194.41	0	0 00 00	0 00 00	0	0

答：略。

1.3　简答题

1. 解释图 1.3-1 题图中图例及符号的含义。

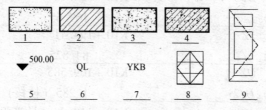

图 1.3-1　题图

答：

(1) 砂、灰土。

(2) 普通砖。

(3) 混凝土。

(4) 钢筋混凝土。

(5) 室外地坪绝对标高为 500.00m。

(6) 圈梁。

(7) 预应力空心板。

(8) 单层外开平开窗。

(9) 单层内开平开门。

2. 仔细识读以下图 1.3-2 题图，回答以下问题

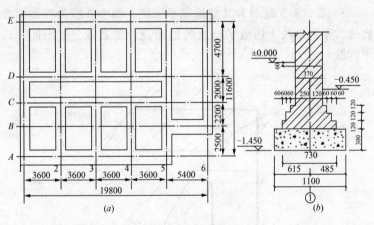

图 1.3-2   题图

(a) 基础平面图；(b) 基础剖面图

答：

(1) 图中表示的是（条形）基础。

(2) 该基础的宽度为（1100）mm。

(3) 该基础的高度为（1700）mm。

(4) 该基础墙厚度为（370）mm。

(5) 该基础的埋置深度为（1.000）m。

（6）该基础底面的标高为（−1.450）m。

（7）该基础采用（混凝土）材料砌筑。

（8）建筑物基础放线的基本步骤是：

1）校核轴线控制桩。

2）根据轴线控制桩用经纬仪向垫层上投测建筑物四廓井字形主轴线。

3）在垫层上闭合校核后，再测设细部轴线。

4）根据基础图以各轴线为准，用墨线弹出基础施工所需的边界线，墙宽线和柱位线等。

5）经检线合格后，填写"基槽验线记录"单，提请监理验线。

3. 图1.3-3题图为某楼施工平面图，图中曲线为原地面等高线，平行斜线为场地平整后的地面设计等高线，按图回答以下问题：

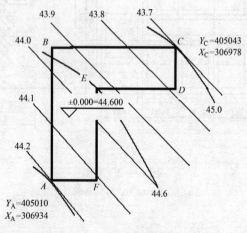

图1.3-3　题图

答：

（1）原地面等高线的等高距是（0.4）m，向（西南）方向排水；设计地面等高线的等高距是（0.1）m，向（东北）方向排水。

（2）AB 距离是（44）m。

（3）AC 距离是（55）m。

（4）A 点处是（填、挖、不填不挖）（不填不挖）m。

（5）C 点处是（填、挖、不填不挖）（挖1.3）m。

（6）首层室内均地坪设计高程（合理）。

（7）AC 两点间竣工后的坡度 $i =$（2.73%）。

（8）什么叫平面图、地形图，其特点是什么？在工程设计与施工中的作用如何？

答：平面图是将地面上人工建造的与自然形成的地物，铅垂方向投影到水平面上，并按一定的比例缩绘成的平面形状图。地形图是在平面图上将地面起伏的地貌形状也表示出来的全面反映地表立体形状的图。平面图与地形图的量度性和直观性是明显的，所以它是工程总体布局和局部设计的重要依据，也是施工现场布置、地三通一平的重要依据。

4. 在对 S3 型微倾水准仪进行 i 角检校时，先将水准仪安置在 A 和 B 两立尺点中间，使气泡严格居中，分别读得两尺读数为 $a_1 = 1.573$m，$b_1 = 1.415$m，然后将仪器搬到 A 尺附近，使气泡居中，读得 $a_2 = 1.834$m，$b_2 = 1.696$m，问

（1）正确高差是多少？（2）水准管轴是否平行视准轴？（3）若不平行，应如何校正？

【解】

（1）正确高差 $h = 1.573 - 1.415 = 0.158$m。

（2）$h_1 = 1.834 - 1.696 = 0.138$m，故水准管轴不平行视准轴。

（3）

1）计算出仪器在 A 尺附近时，B 尺上水平视线的正确读数应为

$$1.834 - 0.158 = 1.676\text{m}$$

2）校正方法

仪器仍在 A 尺附近，转动微倾螺旋使十字丝横丝对准应有

的 B 尺上读数 1.676m，此时视准轴处于水平位置，而气泡不居中了，（符合水准器气泡两个半像错开）。用校正针拨动水准管一端的上下两个校正螺丝，致使符合水准器气泡居中（即使两端气泡像重合）为止。校正后的仪器必须进行高差检测，反复多次，直到 i 角小于 $20''$。

5. 如图 1.3-5 题图所示，某基础工程，水准点 BM_3 的高程为 50.637m，±0.000 的设计高程为 50.800m，槽底设计相对高程为 1.700m。

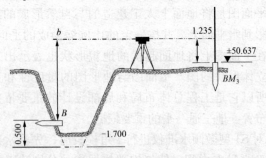

图 1.3-5　题图

（1）槽底设计绝对高程为（B）。

A. 48.937m　B. 49.100m　C. 52.337m　D. 52.500m

（2）用视线高法在槽壁上测设 50cm 平桩，视线高为（C）。

A. 52.035m　B. 51.535m　C. 51.872m　D. 51.572m

（3）B 尺应读前视为（A）。

A. 2.272m　B. 2.772m　C. 2.890m　D. 2.390m

（4）用高差法在槽壁上测设 50cm 平桩，木杆上点向（A）量高差（A）。

A. 上 1.037m　　B. 上 1.200m

C. 下 1.037m　　D. 下 1.200m

6. 如图 1.3-6 题图所示，进行建筑基础施工时，附近有一已知水准点 A，其高程 $H_A = 15.920m$，已知建筑物室内地坪 ±0.000 设计高程为 $H_{设} = 15.800m$，槽底设计相对高程为 −9.000m。

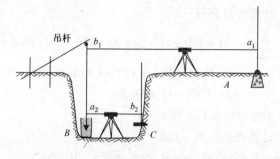

图 1.3-6　题图

答:

（1）槽底设计绝对高程为（11.300m）。

（2）若 $a_1 = 1.571$m，则地面仪器视线高为（17.491m）。

（3）若 $b_1 = 16.783$m，$a_2 = 6.927$m，则槽底仪器视线高为（7.635m）。

（4）为在槽壁上测设 50cm 平桩即 C 点以控制基槽开挖深度。则 C 点尺上读数 b_2 应为（0.835m）。

7.如图 1.3-7 题图，欲将原地面平整成某一高程的水平面，使其填挖土石方量基本平衡。

（1）计算设计高程。

（2）绘出其填挖边界线。

（3）方格边长 20m × 20m，以正确的方法将计算结果注在图上。

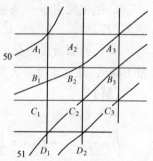

图 1.3-7　题图

（4）简要回答方格网法平整场地的施测程序。

答:

（1）图解各方格网点地面高 $A_1 = 50$m，$A_2 = 50.4$m，$A_3 = 51$m

$B_1 = 50.6$m，$B_2 = 51.1$m，$B_3 = 51.9$m

$C_1 = 51.3$m，$C_2 = 52$m，$C_3 = 53$m

$D_1 = 52$m，$D_2 = 53$m，且应将其注记于相应格网右上角。

（2）计算设计高程

$$H_{设} = \frac{\sum P_i H_i}{\sum P_i} = \big[1 \times (50 + 51 + 53 + 53 + 52) + 2 \times (50.4 + 50.6$$
$$+ 51.9 + 51.3) + 3 \times 52 + 4 \times 51.1 \big] \div (1 \times 5 + 2 \times 4$$
$$+ 3 \times 1 + 4 \times 1) = 51.39\text{m}$$

并注于各方格点右下角。

（3）计算方格点填、挖值

$$h_{A_1} = -1.39\text{m}, \ h_{A_2} = -0.99\text{m}, \ h_{A_3} = -0.39\text{m}$$
$$h_{B_1} = -0.79\text{m}, \ h_{B_2} = -0.29\text{m}, \ h_{B_3} = +0.51\text{m}$$
$$h_{C_1} = -0.09\text{m}, \ h_{C_2} = +0.61\text{m}, \ h_{C_3} = +1.61\text{m}$$
$$h_{D_1} = +0.61\text{m}, \ h_{D_2} = +1.61\text{m}$$

并注于各方格点左上角。

（4）用目估法在图上勾出设计高程为 51.39 的等高线，即为施工零线。

8. 用钢尺丈量一条直线，往测丈量的长度为 217.30m，返测为 217.38m，今规定其相对误差不应大于 1/2000，试问：

（1）此测量成果是否满足精度要求？（2）按此规定，若丈量 100m，往返丈量最大可允许相差多少毫米？

【解】

（1）据题意

$$D = \frac{1}{2}(D_{往} - D_{返}) = \frac{1}{2}(217.30 - 217.38) = 217.34\text{m}, \Delta D$$
$$= D_{往} - D_{返} = 217.30 - 217.38 = -0.08\text{m}$$

$$K = \frac{1}{\dfrac{D}{|\Delta D|}} = \frac{1}{\dfrac{217.34}{0.08}} = \frac{1}{2716} < \frac{1}{2000}$$

此丈量结果能满足要求的精度。

（2）设丈量 100m 距离往返丈量按此要求的精度的误差为 $\frac{1}{2000}$ 时，则 $\Delta D = K_{容} \times 100\text{m} = \frac{1}{2000} \times 100 = 0.05\text{m}$，则 $\Delta D \leqslant \pm 0.05\text{m}$，即往返丈量较差最大可允许相差为 $\pm 0.05\text{m}$。

9. 在 B 点安置仪器，测得的数据如图 1.3-9 题图所示。

A：$HL = 38°42'54''$

$HR = 218°42'24''$

C：$HL = 78°54'36''$

$HR = 258°54'18''$

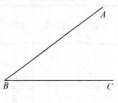

（1）结合上图，简述用测回法测水平
角 $\angle ABC$ 步骤。

图 1.3-9　题图

（2）列表计算水平角 $\angle ABC$ 的角值？

列表计算水平角 $\angle ABC$ 的角值，填入表 1.3-9-1 中。

测回法测角记录手簿　　　　　　　　　　表 1.3-9-1

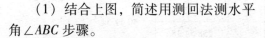

测站	测回数	目标	竖盘位置	度盘读数 (° ′ ″)	半测回角度 (° ′ ″)	一测回角度 (° ′ ″)

答：（1）将经纬仪安置在测站点 B 上，然后按下述步骤进行操作。

盘左位置先照准目标 A 点，读取水平度盘读数为 $38°42'54''$，记入测角记录手簿表中；顺时针转动照准部，照准目标 C 点，读取水平度盘读数 $78°54'36''$，记入手簿，并计算盘左位置的水平角 $\beta_{左}$，$\beta_{左} = C_{左} - A_{左} = 40°11'42''$。盘右位置倒转望远镜成盘右位置，先瞄准目标 C 点，读取水平度盘读数 $258°54'18''$ 记入手簿；逆时针转动照准部，照准目标 A 点，读取水平度盘读数 $218°42'24''$，记入手簿，计算盘右位置的水平角 $\beta_{右}$，$\beta_{右} = C_{右} - A_{右} = 40°11'54''$。

（2）测回法测角记录手簿

测站	测回数	目标	竖盘位置	度盘读数 (° ′ ″)	半测回角度 (° ′ ″)	一测回角度 (° ′ ″)
B	1	A	左	38 42 54	40 11 42	40 11 48
		C		78 54 36		
		A	右	218 42 24	40 11 54	
		B		258 54 18		

10. 如图 1.3-10 题图，已知地面上 A，B 两点（点位已标定），将经纬仪置于 B 点，测设 BC 边垂直 BA。回答下列问题。

(1) 试述测设方法与步骤。

(2) 经纬仪在测角、设角、延长直线与竖向投测中，取盘左、盘右观测平均，能消减什么轴线误差？不能消减什么轴线误差？如何解决这一问题？

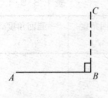

图 1.3-10 题图

答：(1) 将经纬仪安置在 B 点，盘左用 $0°00'00''$ 瞄准 A 点，读取度盘数值，松开制动螺旋，旋转照准部，使度盘读数为 $90°00'00''$，在此视线方向上量出 BC 距离定出 C' 点。为提高测设精度，用盘右再重复上述步骤，如若定出的点不与 C' 点重合而定出另一点 C'' 时，则取 C' 和 C'' 的中点 C，即为所要测设的点。

(2) 取盘左盘右观测平均，能消减 $CC \perp HH$ 与 $HH \perp VV$ 的误差，不能消减 $LL \perp VV$ 的误差，为此要用等偏定平与等偏对中的方法安置仪器使 VV 铅直并对中。

11. 如图 1.3-11 题图 1 所示，A、B 是已知平面控制点，其坐标为：$X_A = 1000.00\text{m}$，$Y_A = 1000.00\text{m}$，$\alpha_{AB} = 305°48'32''$，P 为放样点，其设计坐标为 $X_P = 1033.640\text{m}$，$Y_P = 1028.760\text{m}$。

(1) 测设点位的基本方法有哪几种？主要优缺点是什么？

(2) 用极坐标法放样，计算在 A 点放样 P 点的数据 D_{AP} 和 β 并写出放样步骤。

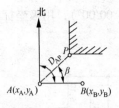

图 1.3-11　题图 1　　　　图 1.3-11　题图 2

答：（1）

1）直角坐标法，适用于矩形布置的场地，计算简便、精度可靠，但安置仪器次数多、效率低。

2）极坐标法，适用各种形状，只要通视，安置一次仪器可测设多个点位，但计算工作量大。

3）角度交会法，适用距离较长，不便量距处，但计算工作量大，且交会角在 30°～120° 为好。

4）距离交会法，适用场地平整，可不用经纬仪，交会距离不宜超过钢尺长度，故局限性大，适用范围小。

答：（2）

1）测设元素的计算（如图 1.3-11 题图 2 所示）

$$\alpha_{AP} = \arctan \frac{y_P - y_A}{x_P - x_A}$$

$$\alpha_{AB} = \arctan \frac{y_B - y_A}{x_B - x_A}$$

$$\beta = \alpha_{AP} - \alpha_{AB} = 95°43'10''$$

$$D_{AP} = \sqrt{(x_P - x_A)^2 + (y_P - y_A)^2} = 44.258 \text{m}$$

2）步骤

①根据已知数据和设计坐标计算测设元素（距离和角度）。

②在 A 点安置仪器，对中整平。

③瞄准 B 点，根据计算出的角度测设 $\angle BPA$，得到 AP 方向。

④在方向线上测设 AP 间的距离，即可得到 P 点的地面位置，打桩作标记。

12. 如图 1.3-12 题图所示风车楼，经纬仪安置在 O 点以 O

①后视（0°00′00″），用极坐标法测设①、②…⑥、⑦各点位置。

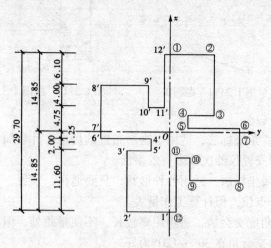

图 1.3-12　题图

（1）在表 1.3-12-1 中填出各点的直角坐标，并据此计算出各点的极坐标及相邻点间距。

（2）建筑物定位放线的基本步骤是什么？

点位测设表　　　　　　　　表 1.3-12-1

点	直角坐标 R		极坐标 P		间距 D
	横坐标 y	纵坐标 x	极距 d	极角	
O					
①					
②					
③					
④					
⑤					
⑥					
⑦					
①					

答：（1）

点位测设表 表1.3-12-2

点	直角坐标 R		极坐标 P		间距 D
	横坐标 y	纵坐标 x	极距 d	极角	
O	0.000	0.000	0.000	不	14.850
①	0.000	14.850	14.850	0°00′00″	8.750
②	8.750	14.850	17.236	30°30′28″	11.600
③	8.750	3.250	9.334	60°37′25″	4.000
④	4.750	3.250	5.755	55°37′11″	2.000
⑤	4.750	1.250	4.912	75°15′23″	10.100
⑥	14.850	1.250	14.903	85°11′18″	1.250
⑦	14.850	0.000	14.850	90°00′00″	
①				0°00′00″	

答：（2）建筑物定位放线的基本步骤是：

1）校核定位依据桩。

2）根据定位条件测设建筑物四廓外的矩形控制网，要经闭合校核。

3）在建筑物矩形控制网的四边上，测设各大角与各轴线的控制桩。

4）测设建筑物四大角桩与各轴线桩。

5）按基础图测设开挖边界并撒灰线。

6）经自检互检与上级验线合格后，填写"工程定位测量记录"单，提请监理单位验线。

13. 某全站仪的测程是 1km，标称精度 $m_D = ± (5mm + 5 × 10^6 · D)$，回答式中 5mm、$5 × 10^6$、D 各表示什么？用这种型号的仪器测 200m 的距离时，其标称精度是多少？

答：5mm——固定误差，主要与仪器内部构造有关。

5×10^{6}——比例误差系数，主要与空气环境有关。

D——测程。

用这台仪器测200m距离时，其标称精度为：

$$m_{\mathrm{D}} = \pm (5\mathrm{mm} + 5 \times 10^{6} \times 200) = \pm 6\mathrm{mm}$$

14. 测量方案设计。

图1.3-14题图绘出新建筑物与原有建筑物的相对位置关系（墙厚240mm，轴线偏里），已知图中 A 点的高程为27.014，本建筑物 ±0.000 相当于绝对高程26.000，试述测设新建筑物的平面位置和高程位置的方法和步骤。

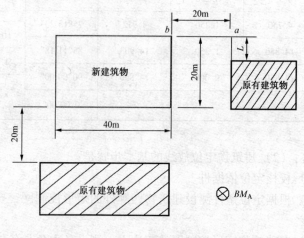

图1.3-14　题图

答：

（1）高程测设

在建筑物附近2~4m的周围布置龙门桩，将水准仪安置在已知水准点 A 和龙门桩之间，后视 A 点水准尺的读数为 a，要在木桩上标出设计高程 H_{B} 位置，前视读数 b 应为视线高减去设计高程，即 $b_{应} = (H_{\mathrm{A}} + a) - H_{\mathrm{B}}$。

（2）平面位置测设

由原有建筑物西墙延长出一小段距离 L，设 $L = 1\text{m}$，得 a 点，将经纬仪架设在 a 上，沿原有建筑物西墙转过 $90°$，在目标方向线上量取 20.120m，即为轴线交点 b。

同法可定出其他各交点的位置。

15. 施工测量放线中，发生错误的主要原因有哪 5 大方面？

答：

（1）起始依据方面的错误。主要是设计图纸与测量起始依据的错误。

（2）计算放线数据中的错误。

（3）测量观测中的错误。

（4）记录中的错误。

（5）测量标志设置与使用中的错误。

16. 什么是测量放线工作的基本准则？

答：

（1）认真学习与执行国家法令与规范，明确为工程服务的工作目的。

（2）遵守先整体后局部的工作程序。

（3）严格审核测量起始依据的正确性，坚持测量计算工作步步有校核的工作方法。

（4）测法要科学、简洁，遵循精度要合理、相称的工作原则。

（5）定位放线工作必须执行自检、互检合格后，由主管部门验线的工作制度。

（6）要有紧密配合施工、团结协作、认真互责的工作作风。

（7）虚心学习努力开创新局面的工作精神。

17. 什么是测量记录与测量计算的基本要求？

答：测量记录的基本要求是：原始真实、数字正确、内容完整、字体工整。

测量计算的基本要求是：依据正确、方法科学、计算有序、步步校核、结果可靠。

18. 全站仪的基本构造是由哪 3 部分组成?

答: 全站仪是由主机、反射棱镜与电源 3 部分组成。主机又分以下 3 部分: (1) 测距部分由发射、接收与照准成共轴系统的望远镜完成。(2) 测角部分由电子测角系统完成。(3) 机中电脑编有各种应用程序, 可完成各种计算与数据储存功能。

19. 测设点位的基本方法有哪 4 种? 主要优缺点何在?

答:

(1) 直角坐标法, 适用于矩形布置的场地, 计算简便、精度可靠, 但安置仪器次数多、效率低。

(2) 极坐标法, 适用于各种形状, 只要通视安置一次仪器可测设多个点位, 但计算工作量大。

(3) 角度交会法, 适用于距离较长, 不便量距处, 但计算工作量大, 且交会角在 30°～120°之间为好。

(4) 距离交会法, 适用于场地平整, 可不用经纬仪, 交会距离不宜超过钢尺长度, 故局限性大, 适用范围小。

20. 施工测量前准备工作的目的与基本内容有哪 4 项?

答:

(1) 准备工作的目的是了解工程总体情况, 取得正确的测量起始依据和制定切实可行的测量方案。

(2) 准备工作的基本内容是 "三校一制定", 即检定与检校仪器与钢尺、校核设计图纸、校测定位依据 (红线桩与水准点); 制定能预控工程质量与进度的切实可行的测量方案。

21. 什么是建筑红线? 在施工中的作用是什么? 使用红线要注意什么?

答: 建筑红线是城市规划行政主管部门批准并实测的建设用地位置的边界线, 是建筑物定位的依据。

使用红线要注意:

(1) 使用前要校测其桩位。

(2) 施工中要保护好桩位。

(3) 沿红线新建的建 (构) 筑物定位放线后, 应由规划部门验线合格后，方可破土。

（4）新建建筑物不得压、超红线。

22. 纵断面测量的任务是什么？在施测中什么是转点？中间点？如何做测量校核？

答：纵断面测量的主要任务是根据沿线设置的水准点测定路中线上各里程桩和加桩处的地面高程，作为绘制纵断面图与计算填挖土石方量的依据。

纵断面测量施测中，在两转点间安置一次仪器，前后视线总长可达到150m左右，转点有前视以求得其自身高程，仪器迁站后，又后视转点以求得新一站的视线高而传递高程。因此，转点点位要稳定、水准读数要小数3位，以保证全线纵断面测量的精度。在两转点之间要实测各里程桩与加桩处的地面高程，这些只测前视、只求自身地面高程的点叫中间点，它不起高程传递作用。因此，无论是测量校核与计算校核均与它无关，这就要求施测中注意中间点不要有错。

23. 管道工程施工测量的主要内容是什么？

答：管道工程施工测量的主要内容有：

（1）熟悉设计图纸，勘察现场情况，掌握施工进度计划、制定施工测量方案。

（2）按设计要求校核或测设中线桩及水准点。

（3）测设施工中线位置及构筑物位置控制桩，加密施工水准点。

（4）槽口放线（开槽边界线放线）。

（5）埋设坡度板，在坡度板上投测中线位置、钉中心钉。

（6）测设高程钉。

（7）施工过程中校测、检查、补充标志及验收。

（8）竣工测量及资料整理。

24. 什么是我国安全生产管理的基本方针？什么是建筑行业中的5大伤害？造成事故原因的"三违"与做好"四口"防护各是什么？

答：

（1）我国安全生产管理的基本方针是"安全第一、预防为主"。

（2）建筑行业中的5大伤害是：高处坠落、触电事故、物体打击、机械伤害与坍塌事故。

（3）造成事故原因的"三违"：负责人的违章指挥、从业人员的违章作业与违反劳动纪律。

（4）做好"四口"防护：建筑施工中的楼梯口、电梯口、预留洞口与出入口（也叫通道口），"四口"是高处坠落的主要原因。

1.4　实际操作题

1. 用微倾式水准仪按普通水准测量要求测一条闭合水准路线，总站数不少于8站（以DS3水准仪为例）。

实验通知书

（1）题目

用微倾式水准仪按普通水准测量要求测一条闭合水准路线，总站数不少于8站。

（2）仪器工具准备表

见表1.4-1-1所示。

仪器工具准备表　　　　　　表1.4-1-1

序号	名　称	规格	单位	数量	备　注
1	水准仪	DS3	台	1	
2	三脚架	铝合金	只	1	
3	水准尺	木质3m	对	1	
4	尺垫		个	2	

序号	名　称	规格	单位	数量	备　注
5	记录夹		个	1	
6	记录手簿		本	1	
7	铅笔	H	根	2	
8	小刀		把	1	
9	计算器		个	1	非编程计算器
10	支杆		根	4	
11	对讲机		台	2	

（3）考核注意事项

1）考核场地要满足考核基本要求。

2）考核过程中要注意仪器操作安全和人身安全。

3）不宜选择在人流量比较大的位置安排考核。

4）考核过程应安排专人负责维持考场秩序。

5）实验考核老师应具有相关专业知识和工作经验。

（4）考核内容

1）水准仪的检查和维护

①检查仪器箱锁、提手、背带是否配套且牢固可靠。

②检查水准仪各种轴系转动是否灵活自如。

③检查各种螺旋转动是否自由上下。

④检查物镜、目镜是否能够清晰照准目标。

⑤检查三脚架和水准仪的连接螺栓是否配套。

2）水准仪的架立和整平

①是否正确打开安放三脚架。

②是否正确打开仪器箱并正确取出仪器。

③是否正确连接水准仪并放稳三脚架。

④是否正确使用水准仪脚螺旋。

⑤是否使圆水准气泡在圆水准器的分划圆圈内。

⑥正确取下仪器并放置仪器箱内。

3）水准仪的观测和读数

①是否严格按照水准测量的观测程序进行观测并读取数据。

②读数前是否要求扶尺员将尺立直。

③是否将数据大声读两遍，并由记录员重复、确认。

4）数据的记录与计算校核

①字体工整，书写清楚，卷面整洁。

②记录手簿中规定应填写的项目不得留有空白。

③记录数字如有错误，不可用橡皮拭擦、涂改或挖补，应以横线划去，而将正确数字写在原数上方，并在备注内说明错误原因。

④禁止连环涂改；如改了平均数，则不准再改正任何一原始读数，假如两个读数均错误，则应重测重记，对于尾部读数不准修改，应将部分观测结果废去重测。

⑤各观测成果均应在限差范围内（总闭合差小于等于 ± 30 $\sqrt{L}$mm 或者 ± 12 $\sqrt{n}$mm，L 为水准路线的总里程数，单位为 km；n 为水准路线的测站数）。

⑥按测量计算原则正确计算测量成果（奇数进位偶数不进位）。

（5）考核要求

1）时间：准备时间：3min；操作时间：60min；从正式操作开始计时；考试时，提前完成操作不加分。

2）操作仪器严格按操作和观测程序作业，不得违反操作规程。

3）记录、计算完整、清洁、字体工整，无错误。

4）实地标定的点位清晰稳固。

5）$f_{h允} \leqslant \pm 12$mm。（注：由于考场地势平坦、范围不大，高差闭合差不必进行分配）。

（6）考核评分

①本考试应由考评员负责安排考场事务，组织考试。

②考试采用百分制，本题满分为100分，采用扣分制评分。

③考评员应具有本工种的大专以上专业知识水平和相应实际操作经验。

④考评员可根据考生考试的实际情况，对评分标准作适当调整。

⑤各项配分依难易程度、精度高低、完成时间和重要程度制定。

⑥评分方法：按单项扣分、得分，单项扣分不突破所配分值。

⑦考评员应严格按照考试标准，公正公平准确评分。

⑧考试方式说明：实际操作，以操作过程，操作时间和结果精度进行评分。

1）以时间 T 为评分主要依据，如表1.4-1-2，评分标准分四个等级制定，具体分数由所在等级内插评分，表中 M 代表分数。

评分标准表　　　　　　　　　　表 1.4-1-2

考核项目	评分标准（以时间 T 分钟为评分主要依据）			
	$M \geqslant 85$	$85 > M \geqslant 75$	$75 > M \geqslant 60$	$M < 60$
闭合水准路线测量	$T \leqslant 60'$	$60' < T \leqslant 65'$	$65' < T \leqslant 70'$	$T > 70'$

2）根据仪器操作符合操作规程情况，扣1～5分。

3）根据卷面整洁、字体清晰、记录准确情况，扣1～5分（记录划去1处，扣1分，合计不超过5分）。

4）当值考评员可以根据考核现场所使用仪器、学生水平以及其他实际情况制定相关考核标准。

（7）考核说明

1）考核过程中任何人不得对他人做出提示，参加考核各人应独立完成仪器操作、记录、计算及校核等工作。

2）考评员有权随时检查考核人员是否符合操作规程及技术要求，但应相应扣除所影响的时间。

3）考核人员若有作弊行为，一经发现一律按零分处理，且不得参加补考。

4）考核前考生应准备好钢笔或圆珠笔、计算器，考核者应提前找好扶尺人。

5）考核时间自架立仪器开始，至递交记录表并拆卸仪器放进仪器箱为终止。

6）考核仪器应为 DS3 自动安平水准仪。

7）数据记录、计算及校核均填写在相应记录表中，记录表不可用橡皮擦修改，记录表以外的数据不作为考核结果。

8）主考人应在考核结束前检查并填写仪器对中误差及水准管气泡偏差情况，在考核结束后填写考核所用时间并签名。

2. 用自动安平水准仪按普通水准测量要求实测一条闭合水准路线，总站数不少于 8 站。

实验通知书

（1）题目

用自动安平水准仪按普通水准测量要求实测一条闭合水准路线，总站数不少于 8 站。

（2）仪器工具准备表

见表 1.4-2-1 所示。

仪器工具准备表　　　　　　表 1.4-2-1

序号	名　称	规格	单位	数量	备　注
1	水准仪	DS3	台	1	
2	三脚架	铝合金	只	1	
3	水准尺	木质 3m	对	1	

序号	名　称	规格	单位	数量	备　注
4	尺垫		个	2	
5	记录夹		个	1	
6	记录手簿		本	1	
7	铅笔	H	根	2	
8	小刀		把	1	
9	计算器		个	1	非编程计算器
10	支杆		根	4	
11	对讲机		台	2	

（3）考核注意事项

1）考核场地要满足考核基本要求。

2）考核过程中要注意仪器操作安全和人身安全。

3）不宜选择在人流量比较大的位置安排考核。

4）考核过程应安排专人负责维持考场秩序。

5）实验考核老师应具有相关专业知识和工作经验。

（4）考核内容

1）水准仪的检查和维护

①检查仪器箱锁、提手、背带是否配套且牢固可靠。

②检查水准仪各种轴系转动是否灵活自如。

③检查各种螺旋转动是否自由上下。

④检查物镜、目镜是否能够清晰照准目标。

⑤检查三脚架和水准仪的连接螺栓是否配套。

2）水准仪的架立和整平

①是否正确打开安放三脚架。

②是否正确打开仪器箱并正确取出仪器。

③是否正确连接水准仪并放稳三脚架。

④是否正确使用水准仪脚螺旋。

⑤是否使圆水准气泡在圆水准器的分划圆圈内。

⑥正确取下仪器并放置仪器箱内。

3）水准仪的观测和读数

①是否严格按照水准测量的观测程序进行观测并读取数据。

②读数前是否要求扶尺员将尺立直。

③是否将数据大声读两遍，并由记录员重复、确认。

4）数据的记录与计算校核

①字体工整，书写清楚，卷面整洁。

②记录手簿中规定应填写的项目不得留有空白。

③记录数字如有错误，不可用橡皮拭擦、涂改或挖补，应以横线划去，而将正确数字写在原数上方，并在备注内说明错误原因。

④禁止连环涂改；如改了平均数，则不准再改正任何一原始读数，假如两个读数均错误，则应重测重记，对于尾部读数不准修改，应将部分观测结果废去重测。

⑤各观测成果均应在限差范围内（总闭合差小于等于 $\pm 30 \sqrt{L}$ mm 或者 $\pm 12 \sqrt{n}$ mm，L 为水准路线的总里程数，单位为 km；n 为水准路线的测站数）。

⑥按测量计算原则正确计算测量成果（奇数进位偶数不进位）。

（5）考核要求

1）时间：准备时间：3min；操作时间：60min；从正式操作开始计时；考试时，提前完成操作不加分。

2）操作仪器严格按操作和观测程序作业，不得违反操作规程。

3）记录、计算完整、清洁、字体工整，无错误。

4）实地标定的点位清晰稳固。

5）$f_{h允} \leqslant \pm 12$mm。（**注**：由于考场地势平坦、范围不大，

高差闭合差不必进行分配)。

(6) 考核评分

①本考试应由考评员负责安排考场事务,组织考试。

②考试采用百分制,本题满分为 100 分,采用扣分制评分。

③考评员应具有本工种的大专以上专业知识水平和相应实际操作经验。

④考评员可根据考生考试的实际情况,对评分标准作适当调整。

⑤各项配分依难易程度、精度高低、完成时间和重要程度制定。

⑥评分方法:按单项扣分、得分,单项扣分不突破所配分值。

⑦考评员应严格按照考试标准,公正公平准确评分。

⑧考试方式说明:实际操作,以操作过程,操作时间和结果精度进行评分。

1) 以时间 T 为评分主要依据,如表 1.4-2-2,评分标准分四个等级制定,具体分数由所在等级内插评分,表中 M 代表分数。

评分标准表　　　　表 1.4-2-2

考核项目	评分标准 (以时间 T 分钟为评分主要依据)			
	$M \geqslant 85$	$85 > M \geqslant 75$	$75 > M \geqslant 60$	$M < 60$
闭合水准路线测量	$T \leqslant 60'$	$60' < T \leqslant 65'$	$65' < T \leqslant 70'$	$T > 70'$

2) 根据仪器操作符合操作规程情况,扣 1~5 分。

3) 根据卷面整洁、字体清晰、记录准确情况,扣 1~5 分(记录划去 1 处,扣 1 分,合计不超过 5 分)。

4) 当值考评员可以根据考核现场所使用仪器、学生水平以及其他实际情况制定相关考核标准。

（7）考核说明

1）考核过程中任何人不得对他人做出提示，参加考核各人应独立完成仪器操作、记录、计算及校核等工作。

2）考评员有权随时检查考核人员是否符合操作规程及技术要求，但应相应扣除所影响的时间。

3）考核人员若有作弊行为，一经发现一律按零分处理，且不得参加补考。

4）考核前考生应准备好钢笔或圆珠笔、计算器，考核者应提前找好扶尺人。

5）考核时间自架立仪器开始，至递交记录表并拆卸仪器放进仪器箱为终止。

6）考核仪器应为 DS3 自动安平水准仪。

7）数据记录、计算及校核均填写在相应记录表中，记录表不可用橡皮擦修改，记录表以外的数据不作为考核结果。

8）主考人应在考核结束前检查并填写仪器对中误差及水准管气泡偏差情况，在考核结束后填写考核所用时间并签名。

3. 用自动安平水准仪按普通水准测量要求实测一条支水准路线，必须进行往返观测且总站数不少于 8 站。

实验通知书

（1）题目

用自动安平水准仪按普通水准测量要求实测一条支水准路线，必须进行往返观测且总站数不少于 8 站。

（2）仪器工具准备表

见表 1.4-3-1 所示。

仪器工具准备表　　　　　　表 1.4-3-1

序号	名　称	规格	单位	数量	备　注
1	水准仪	DS3	台	1	
2	三脚架	铝合金	只	1	

序号	名　称	规格	单位	数量	备　注
3	水准尺	木质3m	对	1	
4	尺垫		个	2	
5	记录夹		个	1	
6	记录手簿		本	1	
7	铅笔	H	根	2	
8	小刀		把	1	
9	计算器		个	1	非编程计算器
10	支杆		根	4	
11	对讲机		台	2	

（3）考核注意事项

1）考核场地要满足考核基本要求。

2）考核过程中要注意仪器操作安全和人身安全。

3）不宜选择在人流量比较大的位置安排考核。

4）考核过程应安排专人负责维持考场秩序。

5）实验考核老师应具有相关专业知识和工作经验。

（4）考核内容

1）水准仪的检查和维护

①检查仪器箱锁、提手、背带是否配套且牢固可靠。

②检查水准仪各种轴系转动是否灵活自如。

③检查各种螺旋转动是否自由上下。

④检查物镜、目镜是否能够清晰照准目标。

⑤检查三脚架和水准仪的连接螺栓是否配套。

2）水准仪的架立和整平

①是否正确打开安放三脚架。

②是否正确打开仪器箱并正确取出仪器。

③是否正确连接水准仪并放稳三脚架。

④是否正确使用水准仪脚螺旋。

⑤是否使圆水准气泡在圆水准器的分划圆圈内。

⑥正确取下仪器并放置仪器箱内。

3）水准仪的观测和读数

①是否严格按照水准测量的观测程序进行观测并读取数据。

②读数前是否要求扶尺员将尺立直。

③是否将数据大声读两遍，并由记录员重复、确认。

4）数据的记录与计算校核

①字体工整，书写清楚，卷面整洁。

②记录手簿中规定应填写的项目不得留有空白。

③记录数字如有错误，不可用橡皮拭擦、涂改或挖补，应以横线划去，而将正确数字写在原数上方，并在备注内说明错误原因。

④禁止连环涂改；如改了平均数，则不准再改正任何一原始读数，假如两个读数均错误，则应重测重记，对于尾部读数不准修改，应将部分观测结果废去重测。

⑤各观测成果均应在限差范围内（总闭合差小于等于 ±30 $\sqrt{L}$ mm 或者 ±12 $\sqrt{n}$ mm，L 为水准路线的总里程数，单位为 km；n 为水准路线的测站数）。

⑥按测量计算原则正确计算测量成果（奇数进位偶数不进位）。

（5）考核要求

1）时间：准备时间：3min；操作时间：60min；从正式操作开始计时；考试时，提前完成操作不加分。

2）操作仪器严格按操作和观测程序作业，不得违反操作规程。

3）记录、计算完整、清洁、字体工整，无错误。

4）实地标定的点位清晰稳固。

5) $f_{h允} \leqslant \pm 12mm$。(**注**：由于考场地势平坦、范围不大，高差闭合差不必进行分配）。

（6）考核评分

①本考试应由考评员负责安排考场事务，组织考试。

②考试采用百分制，本题满分为100分，采用扣分制评分。

③考评员应具有本工种的大专以上专业知识水平和相应实际操作经验。

④考评员可根据考生考试的实际情况，对评分标准作适当调整。

⑤各项配分依难易程度、精度高低、完成时间和重要程度制定。

⑥评分方法：按单项扣分、得分，单项扣分不突破所配分值。

⑦考评员应严格按照考试标准，公正公平准确评分。

⑧考试方式说明：实际操作，以操作过程，操作时间和结果精度进行评分。

1）以时间 T 为评分主要依据，如表1.4-3-2，评分标准分四个等级制定，具体分数由所在等级内插评分，表中 M 代表分数。

评分标准表　　　　　　　　　表1.4-3-2

考核项目	评分标准（以时间 T 分钟为评分主要依据）			
	$M \geqslant 85$	$85 > M \geqslant 75$	$75 > M \geqslant 60$	$M < 60$
支水准路线往返测量	$T \leqslant 60'$	$60' < T \leqslant 65'$	$65' < T \leqslant 70'$	$T > 70'$

2）根据仪器操作符合操作规程情况，扣1~5分。

3）根据卷面整洁、字体清晰、记录准确情况，扣1~5分（记录划去1处，扣1分，合计不超过5分）。

4）当值考评员可以根据考核现场所使用仪器、学生水平以及其他实际情况制定相关考核标准。

（7）考核说明

1）考核过程中任何人不得对他人做出提示，参加考核各人应独立完成仪器操作、记录、计算及校核等工作。

2）考评员有权随时检查考核人员是否符合操作规程及技术要求，但应相应扣除所影响的时间。

3）考核人员若有作弊行为，一经发现一律按零分处理，且不得参加补考。

4）考核前考生应准备好钢笔或圆珠笔、计算器，考核者应提前找好扶尺人。

5）考核时间自架立仪器开始，至递交记录表并拆卸仪器放进仪器箱为终止。

6）考核仪器应为 DS3 自动安平水准仪。

7）数据记录、计算及校核均填写在相应记录表中，记录表不可用橡皮擦修改，记录表以外的数据不作为考核结果。

8）主考人应在考核结束前检查并填写仪器对中误差及水准管气泡偏差情况，在考核结束后填写考核所用时间并签名。

4. 用 J6 光学经纬仪以测回法按三级导线精度要求对 4 个点闭合导线水平角进行 2 测回观测。

实验通知书

（1）题目

用 J6 光学经纬仪以测回法按三级导线精度要求对 4 个点闭合导线水平角进行 2 测回观测。

（2）仪器工具准备表

见表 1.4-4-1 所示。

仪器工具准备表　　　　　　　　表 1.4-4-1

序号	名　称	规格	单位	数量	备　注
1	经纬仪	J6	台	1	
2	三脚架	木质	副	1	
3	对中杆	带支架	根	2	

序号	名　称	规格	单位	数量	备　注
4	对讲机		台	2	
5	遮阳伞		把	1	
6	记录夹		个	1	
7	记录手簿		本	1	
8	铅笔	H	根	2	
9	小刀		把	1	
10	计算器		个	1	非编程计算器
11	钢尺	50m	把	1	

（3）考核注意事项

1）考核场地要满足考核基本要求。

2）考核过程中要注意仪器操作安全和人身安全。

3）不宜选择在人流量比较大的位置安排考核。

4）考核过程应安排专人负责维持考场秩序。

5）实验考核老师应具有相关专业知识和工作经验。

（4）考核内容

1）经纬仪的检查和维护

①检查仪器箱锁、提手、背带是否配套且牢固可靠。

②检查水准仪各种轴系转动是否灵活自如。

③检查各种螺旋转动是否自由上下。

④检查物镜、目镜是否能够清晰照准目标。

⑤检查三脚架和水准仪的连接螺栓是否配套。

2）经纬仪的对中和整平

①是否正确打开安放三脚架。

②是否正确打开仪器箱并正确取出仪器。

③是否正确连接水准仪并放稳三脚架。

④是否正确使用水准仪脚螺旋。

⑤是否使圆水准气泡在圆水准器的分划圆圈内。

⑥正确取下仪器并放置仪器箱内。

3）经纬仪的观测和读数

①是否严格以测回法按照三级导线水平角的观测程序观测并读取数据。

②各观测成果均应在限差范围内（每个水平角半测回较差小于等于±30″，内角和差小于等于±60″）。

③是否将数据大声读两遍，并由记录员重复、确认。

4）数据的记录与计算校核

①字体工整，书写清楚，卷面整洁。

②记录手簿中规定应填写的项目不得留有空白。

③记录数字如有错误，不可用橡皮拭擦、涂改或挖补，应以横线划去，而将正确数字写在原数上方，并在备注内说明错误原因。

④禁止连环涂改；如改了平均数，则不准再改正任何一原始读数，假如两个读数均错误，则应重测重记，对于尾部读数不准修改，应将部分观测结果废去重测。

⑤各观测成果均应在限差范围内。

⑥按测量计算原则正确计算测量成果（奇数进位偶数不进位）。

（5）考核要求

1）时间：准备时间：3min；操作时间：60min；从正式操作开始计时；考试时，提前完成操作不加分。

2）操作仪器严格按操作和观测程序作业，不得违反操作规程。

3）记录、计算完整、卷面清洁、字体工整，无错误。

4）实地标定的点位清晰稳固。

5）$f_{h允} \leqslant \pm 24 \sqrt{n}''$（$n$ 为三级导线的测站数）。

（6）考核评分

①本考试应由考评员负责安排考场事务，组织考试。

②考试采用百分制，本题满分为100分，采用扣分制评分。

③考评员应具有本工种的大专以上专业知识水平和相应实际操作经验。

④考评员可根据考生考试的实际情况，对评分标准作适当调整。

⑤各项配分依难易程度、精度高低、完成时间和重要程度制定。

⑥评分方法：按单项扣分评分，单项扣分不突破所配分值。

⑦考评员应严格按照考试标准，公正公平准确评分。

⑧考试方式说明：实际操作，以操作过程，操作时间和结果精度进行评分。

1）以时间 T 为评分主要依据，如表1.4-4-2，评分标准分四个等级制定，具体分数由所在等级内插评分，表中 M 代表分数。

评分标准表 　　　　　　　　表1.4-4-2

考核项目	评分标准（以时间 T 分钟为评分主要依据）			
	$M \geqslant 85$	$85 > M \geqslant 75$	$75 > M \geqslant 60$	$M < 60$
闭合导线水平角测量	$T \leqslant 60'$	$60' < T \leqslant 65'$	$65' < T \leqslant 70'$	$T > 70'$

2）根据仪器操作符合操作规程情况，扣1~5分。

3）根据卷面整洁、字体清晰、记录准确情况，扣1~5分（记录划去1处，扣1分，合计不超过5分）。

4）当值考评员可以根据考核现场所使用仪器、学生水平以及其他实际情况制定相关考核标准。

（7）考核说明

1）考核过程中任何人不得对他人做出提示，参加考核各人应独立完成仪器操作、记录、计算及校核等工作。

2）考评员有权随时检查考核人员是否符合操作规程及技术要求，但应相应扣除所影响的时间。

3）考核人员若有作弊行为，一经发现一律按零分处理，且不得参加补考。

4）考核前考生应准备好钢笔或圆珠笔、计算器，考核者应提前找好扶尺人。

5）考核时间自架立仪器开始，至递交记录表并拆卸仪器放进仪器箱为终止。

6）考核仪器应为 J6 经纬仪或者全站仪。

7）数据记录、计算及校核均填写在相应记录表中，记录表不可用橡皮擦修改，记录表以外的数据不作为考核结果。

8）主考人应在考核结束前检查并填写仪器对中误差及水准管气泡偏差情况，在考核结束后填写考核所用时间并签名。

5. 用 J2 光学经纬仪以测回法按三级导线精度要求对 4 点闭合导线水平角进行一测回观测。

实验通知书

（1）题目

用 J2 光学经纬仪以测回法按三级导线精度要求对 4 点闭合导线水平角进行一测回观测。

（2）仪器工具准备表

见表 1.4-5-1 所示。

仪器工具准备表　　　　　　　　表 1.4-5-1

序号	名　称	规格	单位	数量	备　注
1	经纬仪	J2	台	1	
2	三脚架	木质	副	1	
3	对中杆	带支架	根	2	
4	对讲机		台	2	

序号	名　称	规格	单位	数量	备　注
5	遮阳伞		把	1	
6	记录夹		个	1	
7	记录手簿		本	1	
8	铅笔	H	根	2	
9	小刀		把	1	
10	计算器		个	1	非编程计算器
11	钢尺	50m	把	1	

（3）考核注意事项

1）考核场地要满足考核基本要求。

2）考核过程中要注意仪器操作安全和人身安全。

3）不宜选择在人流量比较大的位置安排考核。

4）考核过程应安排专人负责维持考场秩序。

5）实验考核老师应具有相关专业知识和工作经验。

（4）考核内容

1）经纬仪的检查和维护

①检查仪器箱锁、提手、背带是否配套且牢固可靠。

②检查水准仪各种轴系转动是否灵活自如。

③检查各种螺旋转动是否自由上下。

④检查物镜、目镜是否能够清晰照准目标。

⑤检查三脚架和水准仪的连接螺栓是否配套。

2）经纬仪的对中和整平

①是否正确打开安放三脚架。

②是否正确打开仪器箱并正确取出仪器。

③是否正确连接水准仪并放稳三脚架。

④是否正确使用水准仪脚螺旋。

⑤是否使圆水准气泡在圆水准器的分划圆圈内。

⑥正确取下仪器并放置仪器箱内。

3）经纬仪的观测和读数

①是否严格以测回法按照三级导线水平角的观测程序观测并读取数据。

②各观测成果均应在限差范围内（每个水平角半测回较差小于等于 $±30''$，内角和差小于等于 $±60''$）。

③是否将数据大声读两遍，并由记录员重复、确认。

4）数据的记录与计算校核

①字体工整，书写清楚，卷面整洁。

②记录手簿中规定应填写的项目不得留有空白。

③记录数字如有错误，不可用橡皮拭擦、涂改或挖补，应以横线划去，而将正确数字写在原数上方，并在备注内说明错误原因。

④禁止连环涂改；如改了平均数，则不准再改正任何一原始读数，假如两个读数均错误，则应重测重记，对于尾部读数不准修改，应将部分观测结果废去重测。

⑤各观测成果均应在限差范围内。

⑥按测量计算原则正确计算测量成果（奇数进位偶数不进位）。

（5）考核要求

1）时间：准备时间：3min；操作时间：60min；从正式操作开始计时；考试时，提前完成操作不加分。

2）操作仪器严格按操作和观测程序作业，不得违反操作规程。

3）记录、计算完整、卷面清洁、字体工整，无错误。

4）实地标定的点位清晰稳固。

5）$f_{h允} \leq ±24 \sqrt{n''}$（$n$ 为三级导线的测站数）。

（6）考核评分

①本考试应由考评员负责安排考场事务，组织考试。

②考试采用百分制，本题满分为 100 分，采用扣分制评分。

③考评员应具有本工种的大专以上专业知识水平和相应实际操作经验。

④考评员可根据考生考试的实际情况，对评分标准作适当调整。

⑤各项配分依难易程度、精度高低、完成时间和重要程度制定。

⑥评分方法：按单项扣分评分，单项扣分不突破所配分值。

⑦考评员应严格按照考试标准，公正公平准确评分。

⑧考试方式说明：实际操作，以操作过程，操作时间和结果精度进行评分。

1）以时间 T 为评分主要依据，如表 1.4-5-2，评分标准分四个等级制定，具体分数由所在等级内插评分，表中 M 代表分数。

评分标准表　　　　　　　　　表 1.4-5-2

考核项目	评分标准（以时间 T 分钟为评分主要依据）			
	$M \geqslant 85$	$85 > M \geqslant 75$	$75 > M \geqslant 60$	$M < 60$
闭合导线水平角测量	$T \leqslant 60'$	$60' < T \leqslant 65'$	$65' < T \leqslant 70'$	$T > 70'$

2）根据仪器操作符合操作规程情况，扣 1~5 分。

3）根据卷面整洁、字体清晰、记录准确情况，扣 1~5 分（记录划去 1 处，扣 1 分，合计不超过 5 分）。

4）当值考评员可以根据考核现场所使用仪器、学生水平以及其他实际情况制定相关考核标准。

（7）考核说明

1）考核过程中任何人不得对他人做出提示，参加考核各人应独立完成仪器操作、记录、计算及校核等工作。

2）考评员有权随时检查考核人员是否符合操作规程及技术要求，但应相应扣除所影响的时间。

3）考核人员若有作弊行为，一经发现一律按零分处理，且不得参加补考。

4）考核前考生应准备好钢笔或圆珠笔、计算器，考核者应提前找好扶尺人。

5）考核时间自架立仪器开始，至递交记录表并拆卸仪器放进仪器箱为终止。

6）考核仪器应为 J2 经纬仪或者全站仪。

7）数据记录、计算及校核均填写在相应记录表中，记录表不可用橡皮擦修改，记录表以外的数据不作为考核结果。

8）主考人应在考核结束前检查并填写仪器对中误差及水准管气泡偏差情况，在考核结束后填写考核所用时间并签名。

6. 用 J6 光学经纬仪进行直线定向，并用钢尺进行距离测量实验通知书

（1）题目

用 J6 光学经纬仪进行直线定向，并用钢尺进行距离测量。

（2）仪器工具准备表

见表 1.4-6-1 所示。

仪器工具准备表   表 1.4-6-1

序号	名 称	规 格	单位	数量	备 注
1	经纬仪	J6	台	1	
2	三脚架	木质	副	1	
3	对中杆	带支架	根	2	
4	对讲机		台	2	
5	遮阳伞		把	1	
6	记录夹		个	1	
7	记录手簿		本	1	

序号	名　称	规格	单位	数量	备　注
8	铅笔	H	根	2	
9	小刀		把	1	
10	计算器	—	个	1	非编程计算器
11	钢尺	50m	把	1	

（3）考核注意事项

1）考核场地要满足考核基本要求。

2）考核过程中要注意仪器操作安全和人身安全。

3）不宜选择在人流量比较大的位置安排考核。

4）考核过程应安排专人负责维持考场秩序。

5）实验考核老师应具有相关专业知识和工作经验。

（4）考核内容

1）经纬仪的检查和维护

①检查仪器箱锁、提手、背带是否配套且牢固可靠。

②检查水准仪各种轴系转动是否灵活自如。

③检查各种螺旋转动是否自由上下。

④检查物镜、目镜是否能够清晰照准目标。

⑤检查三脚架和水准仪的连接螺栓是否配套。

2）经纬仪的对中和整平

①是否正确打开安放三脚架。

②是否正确打开仪器箱并正确取出仪器。

③是否正确连接水准仪并放稳三脚架。

④是否正确使用水准仪脚螺旋。

⑤是否使圆水准气泡在圆水准器的分划圆圈内。

⑥正确取下仪器并放置仪器箱内。

3）经纬仪的观测和读数

①是否严格以测回法按照三级导线水平角的观测程序观测

并读取数据。

②各观测成果均应在限差范围内（每个水平角半测回较差小于等于 ±30″，内角和差小于等于 ±60″）。

③是否将数据大声读两遍，并由记录员重复、确认。

4）数据的记录与计算校核

①字体工整，书写清楚，卷面整洁。

②记录手簿中规定应填写的项目不得留有空白。

③记录数字如有错误，不可用橡皮拭擦、涂改或挖补，应以横线划去，而将正确数字写在原数上方，并在备注内说明错误原因。

④禁止连环涂改；如改了平均数，则不准再改正任何一原始读数，假如两个读数均错误，则应重测重记，对于尾部读数不准修改，应将部分观测结果废去重测。

⑤各观测成果均应在限差范围内。

⑥按测量计算原则正确计算测量成果（奇数进位偶数不进位）。

（5）考核要求

1）时间：准备时间：3min；操作时间：60min；从正式操作开始计时；考试时，提前完成操作不加分。

2）操作仪器严格按操作和观测程序作业，不得违反操作规程。

3）记录、计算完整、卷面清洁、字体工整，无错误。

4）实地标定的点位清晰稳固。

5）$f_{h允} \leq \pm 24\sqrt{n}''$（$n$ 为三级导线的测站数）。

（6）考核评分

①本考试应由考评员负责安排考场事务，组织考试。

②考试采用百分制，本题满分为 100 分，采用扣分制评分。

③考评员应具有本工种的大专以上专业知识水平和相应实际操作经验。

④考评员可根据考生考试的实际情况，对评分标准作适当

调整。

⑤各项配分依难易程度、精度高低、完成时间和重要程度制定。

⑥评分方法：按单项扣分评分，单项扣分不突破所配分值。

⑦考评员应严格按照考试标准，公正公平准确评分。

⑧考试方式说明：实际操作，以操作过程，操作时间和结果精度进行评分。

1）以时间 T 为评分主要依据，如表 1.4-6-2，评分标准分四个等级制定，具体分数由所在等级内插评分，表中 M 代表分数。

评分标准表　　　表 1.4-6-2

考核项目	评分标准（以时间 T 分钟为评分主要依据）			
	$M \geq 85$	$85 > M \geq 75$	$75 > M \geq 60$	$M < 60$
直线定向、钢尺量距	$T \leq 20'$	$20' < T \leq 25'$	$25' < T \leq 30'$	$T > 30'$

2）根据仪器操作符合操作规程情况，扣 1～5 分。

3）根据卷面整洁、字体清晰、记录准确情况，扣 1～5 分（记录划去 1 处，扣 1 分，合计不超过 5 分）。

4）当值考评员可以根据考核现场所使用仪器、学生水平以及其他实际情况制定相关考核标准。

（7）考核说明

1）考核过程中任何人不得对他人做出提示，参加考核各人应独立完成仪器操作、记录、计算及校核等工作。

2）考评员有权随时检查考核人员是否符合操作规程及技术要求，但应相应扣除所影响的时间。

3）考核人员若有作弊行为，一经发现一律按零分处理，且不得参加补考。

4）考核前考生应准备好钢笔或圆珠笔、计算器，考核者应提前找好扶尺人。

5）考核时间自架立仪器开始，至递交记录表并拆卸仪器放进仪器箱为终止。

6）考核仪器应为 J6 经纬仪或者全站仪。

7）数据记录、计算及校核均填写在相应记录表中，记录表不可用橡皮擦修改，记录表以外的数据不作为考核结果。

8）主考人应在考核结束前检查并填写仪器对中误差及水准管气泡偏差情况，在考核结束后填写考核所用时间并签名。

7. 用 J6 光学经纬仪盘左盘右进行竖向投测

实验通知书

（1）题目

用 J6 光学经纬仪盘左盘右进行竖向投测。

（2）仪器工具准备表

见表 1.4-7-1 所示。

仪器工具准备表　　　　　　　表 1.4-7-1

序号	名　称	规格	单位	数量	备　注
1	经纬仪	J6	台	1	
2	三脚架	木质	副	1	
3	对中杆	带支架	根	2	
4	对讲机		台	2	
5	遮阳伞		把	1	
6	记录夹		个	1	
7	记录手簿		本	1	
8	铅笔	H	根	2	
9	小刀		把	1	
10	计算器		个	1	非编程计算器
11	钢尺	50m	把	1	

（3）考核注意事项

1）考核场地要满足考核基本要求。

2）考核过程中要注意仪器操作安全和人身安全。

3）不宜选择在人流量比较大的位置安排考核。

4）考核过程应安排专人负责维持考场秩序。

5）实验考核老师应具有相关专业知识和工作经验。

（4）考核内容

1）经纬仪的检查和维护

①检查仪器箱锁、提手、背带是否配套且牢固可靠。

②检查水准仪各种轴系转动是否灵活自如。

③检查各种螺旋转动是否自由上下。

④检查物镜、目镜是否能够清晰照准目标。

⑤检查三脚架和水准仪的连接螺栓是否配套。

2）经纬仪的对中和整平

①是否正确打开安放三脚架。

②是否正确打开仪器箱并正确取出仪器。

③是否正确连接水准仪并放稳三脚架。

④是否正确使用水准仪脚螺旋。

⑤是否使圆水准气泡在圆水准器的分划圆圈内。

⑥正确取下仪器并放置仪器箱内。

3）经纬仪的观测和读数

①是否严格按照规定的观测程序观测并读取数据。

②各观测成果均应在限差范围内。

③是否将数据大声读两遍，并由记录员重复、确认。

4）数据的记录与计算校核

①字体工整，书写清楚，卷面整洁。

②记录手簿中规定应填写的项目不得留有空白。

③记录数字如有错误，不可用橡皮拭擦、涂改或挖补，应以横线划去，而将正确数字写在原数上方，并在备注内说明错误原因。

④禁止连环涂改；如改了平均数，则不准再改正任何一原始读数，假如两个读数均错误，则应重测重记，对于尾部读数不准修改，应将部分观测结果废去重测。

⑤各观测成果均应在限差范围内。

⑥按测量计算原则正确计算测量成果（奇数进位偶数不进位）。

（5）考核要求

1）时间：准备时间：3min；操作时间：60min；从正式操作开始计时；考试时，提前完成操作不加分。

2）操作仪器严格按操作和观测程序作业，不得违反操作规程。

3）记录、计算完整、卷面清洁、字体工整，无错误。

4）实地标定的点位清晰稳固。

（6）考核评分

①本考试应由考评员负责安排考场事务，组织考试。

②考试采用百分制，本题满分为 100 分，采用扣分制评分。

③考评员应具有本工种的大专以上专业知识水平和相应实际操作经验。

④考评员可根据考生考试的实际情况，对评分标准作适当调整。

⑤各项配分依难易程度、精度高低、完成时间和重要程度制定。

⑥评分方法：按单项扣分评分，单项扣分不突破所配分值。

⑦考评员应严格按照考试标准，公正公平准确评分。

⑧考试方式说明：实际操作，以操作过程，操作时间和结果精度进行评分。

1）以时间 T 为评分主要依据，如表 1.4-7-2，评分标准分四个等级制定，具体分数由所在等级内插评分，表中 M 代表分数。

2）根据仪器操作符合操作规程情况，扣 1~5 分。

3）根据卷面整洁、字体清晰、记录准确情况，扣 1~5 分

（记录划去 1 处，扣 1 分，合计不超过 5 分）。

评分标准表

表 1.4-7-2

考核项目	评分标准（以时间 T 分钟为评分主要依据）			
	$M \geqslant 85$	$85 > M \geqslant 75$	$75 > M \geqslant 60$	$M < 60$
经纬仪竖向投测	$T \leqslant 20'$	$20' < T \leqslant 25'$	$25' < T \leqslant 30'$	$T > 30'$

4）当值考评员可以根据考核现场所使用仪器、学生水平以及其他实际情况制定相关考核标准。

（7）考核说明

1）考核过程中任何人不得对他人做出提示，参加考核各人应独立完成仪器操作、记录、计算及校核等工作。

2）考评员有权随时检查考核人员是否符合操作规程及技术要求，但应相应扣除所影响的时间。

3）考核人员若有作弊行为，一经发现一律按零分处理，且不得参加补考。

4）考核前考生应准备好钢笔或圆珠笔、计算器，考核者应提前找好扶尺人。

5）考核时间自架立仪器开始，至递交记录表并拆卸仪器放进仪器箱为终止。

6）考核仪器应为 J6 经纬仪或者全站仪。

7）数据记录、计算及校核均填写在相应记录表中，记录表不可用橡皮擦修改，记录表以外的数据不作为考核结果。

8）主考人应在考核结束前检查并填写仪器对中误差及水准管气泡偏差情况，在考核结束后填写考核所用时间并签名。

8. 用水准仪实测十个木桩方格点高程

实验通知书

（1）题目

用水准仪实测十个木桩方格点高程。

（2）仪器工具准备表

见表 1.4-8-1 所示。

仪器工具准备表　　　　表 1.4-8-1

序号	名　称	规格	单位	数量	备　注
1	水准仪	DS3	台	1	
2	三脚架	铝合金	只	1	
3	水准尺	木质3m	对	1	
4	尺垫		个	2	
5	记录夹		个	1	
6	记录手簿		本	1	
7	铅笔	H	根	2	
8	小刀		把	1	
9	计算器		个	1	非编程计算器
10	支杆		根	4	
11	对讲机		台	2	

（3）考核注意事项

1）考核场地要满足考核基本要求。

2）考核过程中要注意仪器操作安全和人身安全。

3）不宜选择在人流量比较大的位置安排考核。

4）考核过程应安排专人负责维持考场秩序。

5）实验考核老师应具有相关专业知识和工作经验。

（4）考核内容

1）水准仪的检查和维护

①检查仪器箱锁、提手、背带是否配套且牢固可靠。

②检查水准仪各种轴系转动是否灵活自如。

③检查各种螺旋转动是否自由上下。

④检查物镜、目镜是否能够清晰照准目标。

⑤检查三脚架和水准仪的连接螺栓是否配套。

2）水准仪的架立和整平

①是否正确打开安放三脚架。

②是否正确打开仪器箱并正确取出仪器。

③是否正确连接水准仪并放稳三脚架。

④是否正确使用水准仪脚螺旋。

⑤是否使圆水准气泡在圆水准器的分划圆圈内。

⑥正确取下仪器并放置仪器箱内。

3）水准仪的观测和读数

①是否严格按照水准测量的观测程序进行观测并读取数据。

②读数前是否要求扶尺员将尺立直。

③是否将数据大声读两遍，并由记录员重复、确认。

4）数据的记录与计算校核

①字体工整，书写清楚，卷面整洁。

②记录手簿中规定应填写的项目不得留有空白。

③记录数字如有错误，不可用橡皮拭擦、涂改或挖补，应以横线划去，而将正确数字写在原数上方，并在备注内说明错误原因。

④禁止连环涂改；如改了平均数，则不准再改正任何一原始读数，假如两个读数均错误，则应重测重记，对于尾部读数不准修改，应将部分观测结果废去重测。

⑤实测高程与已知高程进行比较，每个点允许高差为±6mm。

（5）考核要求

1）时间：准备时间：3min；操作时间：60min；从正式操作开始计时；考试时，提前完成操作不加分。

2）操作仪器严格按操作和观测程序作业，不得违反操作规程。

3）记录、计算完整、清洁、字体工整，无错误。

4）实地标定的点位清晰稳固。

5）$f_{h允} \leq \pm 12mm$。（**注**：由于考场地势平坦、范围不大，高差闭合差不必进行分配）。

（6）考核评分

①本考试应由考评员负责安排考场事务，组织考试。

②考试采用百分制，本题满分为100分，采用扣分制评分。

③考评员应具有本工种的大专以上专业知识水平和相应实际操作经验。

④考评员可根据考生考试的实际情况，对评分标准作适当调整。

⑤各项配分依难易程度、精度高低、完成时间和重要程度制定。

⑥评分方法：按单项扣分、得分，单项扣分不突破所配分值。

⑦考评员应严格按照考试标准，公正公平准确评分。

⑧考试方式说明：实际操作，以操作过程，操作时间和结果精度进行评分。

1）以时间 T 为评分主要依据，如表1.4-8-2，评分标准分四个等级制定，具体分数由所在等级内插评分，表中 M 代表分数。

评分标准表　　　　表1.4-8-2

考核项目	评分标准（以时间 T 分钟为评分主要依据）			
	$M \geq 85$	$85 > M \geq 75$	$75 > M \geq 60$	$M < 60$
高程点测量	$T \leq 20'$	$20' < T \leq 25'$	$25' < T \leq 30'$	$T > 30'$

2）根据仪器操作符合操作规程情况，扣1~5分。

3）根据卷面整洁、字体清晰、记录准确情况，扣1~5分（记录划去1处，扣1分，合计不超过5分）。

4）当值考评员可以根据考核现场所使用仪器、学生水平以及其他实际情况制定相关考核标准。

（7）考核说明

1）考核过程中任何人不得对他人做出提示，参加考核各人应独立完成仪器操作、记录、计算及校核等工作。

2）考评员有权随时检查考核人员是否符合操作规程及技术要求，但应相应扣除所影响的时间。

3）考核人员若有作弊行为，一经发现一律按零分处理，且不得参加补考。

4）考核前考生应准备好钢笔或圆珠笔、计算器，考核者应提前找好扶尺人。

5）考核时间自架立仪器开始，至递交记录表并拆卸仪器放进仪器箱为终止。

6）考核仪器应为 DS3 自动安平水准仪。

7）数据记录、计算及校核均填写在相应记录表中，记录表不可用橡皮擦修改，记录表以外的数据不作为考核结果。

8）主考人应在考核结束前检查并填写仪器对中误差及水准管气泡偏差情况，在考核结束后填写考核所用时间并签名。

9. 用光学经纬仪进行建筑物定位放线与校核

实验通知书

（1）题目

用光学经纬仪进行建筑物定位放线与校核。

（2）仪器工具准备表

见表 1.4-9-1 所示。

（3）考核注意事项

1）考核场地要满足考核基本要求。

2）注考核过程中要注意仪器操作安全和人身安全。

3）不宜选择在人流量比较大的位置安排考核。

4）考核过程应安排专人负责维持考场秩序。

5）实验考核老师应具有相关专业知识和工作经验。

表 1.4-9-1

序号	名　称	规格	单位	数量	备　注
1	经纬仪	J2	台	1	
2	三脚架	木质	副	1	
3	对中杆	带支架	根	2	
4	对讲机		台	2	
5	遮阳伞		把	1	
6	记录夹		个	1	
7	记录手簿		本	1	
8	铅笔	H	根	2	
9	小刀		把	1	
10	计算器		个	1	非编程计算器
11	钢尺	50m	把	1	

（4）考核内容

1）经纬仪的检查和维护

①检查仪器箱锁、提手、背带是否配套且牢固可靠。

②检查水准仪各种轴系转动是否灵活自如。

③检查各种螺旋转动是否自由上下。

④检查物镜、目镜是否能够清晰照准目标。

⑤检查三脚架和水准仪的连接螺栓是否配套。

2）经纬仪的对中和整平

①是否正确打开安放三脚架。

②是否正确打开仪器箱并正确取出仪器。

③是否正确连接水准仪并放稳三脚架。

④是否正确使用水准仪脚螺旋。

⑤是否使圆水准气泡在圆水准器的分划圆圈内。

⑥正确取下仪器并放置仪器箱内。

3）经纬仪的观测和读数

①是否严格以测回法按照三级导线水平角的观测程序观测并读取数据。

②各观测成果均应在限差范围内。

③是否将数据大声读两遍，并由记录员重复、确认。

4）数据的记录与计算校核

①字体工整，书写清楚，卷面整洁。

②记录手簿中规定应填写的项目不得留有空白。

③记录数字如有错误，不可用橡皮拭擦、涂改或挖补，应以横线划去，而将正确数字写在原数上方，并在备注内说明错误原因。

④禁止连环涂改；如改了平均数，则不准再改正任何一原始读数，假如两个读数均错误，则应重测重记，对于尾部读数不准修改，应将部分观测结果废去重测。

⑤各观测成果均应在限差范围内。

⑥按测量计算原则正确计算测量成果（奇数进位偶数不进位）。

（5）考核要求

1）时间：准备时间：3min；操作时间：60min；从正式操作开始计时；考试时，提前完成操作不加分。

2）操作仪器严格按操作和观测程序作业，不得违反操作规程。

3）记录、计算完整、卷面清洁、字体工整，无错误。

4）实地标定的点位清晰稳固。

（6）考核评分

①本考试应由考评员负责安排考场事务，组织考试。

②考试采用百分制，本题满分为100分，采用扣分制评分。

③考评员应具有本工种的大专以上专业知识水平和相应实

际操作经验。

④考评员可根据考生考试的实际情况，对评分标准作适当调整。

⑤各项配分依难易程度、精度高低、完成时间和重要程度制定。

⑥评分方法：按单项扣分评分，单项扣分不突破所配分值。

⑦考评员应严格按照考试标准，公正公平准确评分。

⑧考试方式说明：实际操作，以操作过程，操作时间和结果精度进行评分。

1）以时间 T 为评分主要依据，如表1.4-9-2，评分标准分四个等级制定，具体分数由所在等级内插评分，表中 M 代表分数。

评分标准表　　　　　　　　　　　　表1.4-9-2

考核项目	评分标准（以时间 T 分钟为评分主要依据）			
	$M \geq 85$	$85 > M \geq 75$	$75 > M \geq 60$	$M < 60$
直线定向、钢尺量距	$T \leq 60'$	$60' < T \leq 65'$	$65' < T \leq 70'$	$T > 70'$

2）根据仪器操作符合操作规程情况，扣 1~5 分。

3）根据卷面整洁、字体清晰、记录准确情况，扣 1~5 分（记录划去 1 处，扣 1 分，合计不超过 5 分）。

4）当值考评员可以根据考核现场所使用仪器、学生水平以及其他实际情况制定相关考核标准。

（7）考核说明

1）考核过程中任何人不得对他人做出提示，参加考核各人应独立完成仪器操作、记录、计算及校核等工作。

2）考评员有权随时检查考核人员是否符合操作规程及技术要求，但应相应扣除所影响的时间。

3）考核人员若有作弊行为，一经发现一律按零分处理，且不得参加补考。

4）考核前考生应准备好钢笔或圆珠笔、计算器，考核者应提前找好扶尺人。

5）考核时间自架立仪器开始，至递交记录表并拆卸仪器放进仪器箱为终止。

6）考核仪器应为 J6 经纬仪或者全站仪。

7）数据记录、计算及校核均填写在相应记录表中，记录表不可用橡皮擦修改，记录表以外的数据不作为考核结果。

8）主考人应在考核结束前检查并填写仪器对中误差及水准管气泡偏差情况，在考核结束后填写考核所用时间并签名。

1.5　初级测量工操作考试试卷

见表 1.5-1、表 1.5-2 所示。

初级测量工操作考试试卷

普通水准测量记录表

表 1.5-1

考试时间 20 ___ 年 ___ 月 ___ 日 ____ ~ ____ 共 ___ min 评分 ___

测点	水准尺读数		高差（h）（m）	已知高程（H）（m）
	后视读数（a）	前视读数（b）		
$\sum$				
计算校核	$\sum a - \sum b =$		$\sum h =$	
	$f_\mathrm{h} =$		$f_{\mathrm{h}_{限}} = \pm 12 \sqrt{n} =$	

准考证号　　　　姓名　　　　单位部门

112

图根导线水平角测量记录表　　表1.5-2

考试时间20 ___年___月___日_____ ~ _____ 共___ min　评分___

测站	盘位	目标	水平度盘读数 (°′″)	半测回角值 (°′″)	一测回角值 (°′″)	备注
精度 校核	$\sum \beta =$ $f_{\beta} =$ $f_{\beta \text{限}} = \pm 40''\sqrt{n}$					

113

1.6 初级工操作考试评分标准

见表1.6-1、表1.6-2所示。

图根水准测量评分标准表 表1.6-1

序号	考试项目	考试内容	评分标准	配分	扣分	得分
1	准备工作	准备工具、用具	每少一件扣0.5分	3		
	仪器检查及维护	检查仪器	漏检任一项轴系扣0.5分	1		
			漏检任一项螺旋或制动扣0.5分	1		
			漏检目镜或物镜一项扣0.5分	1		
			漏检度盘及分划一项扣0.5分	1		
		检查仪器附件	漏检仪器箱、提手及背带任一项扣0.5分	1		
			漏检连接螺旋或固定螺旋任一项扣0.5分	1		
			漏检标尺扣0.5分	1		
	合　　计			10		
2	仪器安置与整平	仪器操作	未正确安放三脚架扣0.5分	1		
			未正确取出仪器扣0.5分	1		
			未正确连接仪器扣0.5分	1		
			未稳定脚架扣0.5分	1		
			气泡不在圆气泡圈内扣0.5分	2		
			管水准气泡不符合扣0.5分	2		
			未正确收放仪器扣0.5分	1		
			未收拢三脚架扣0.5分	1		
	合　　计			10		

114

序号	考试项目	考试内容	评分标准	配分	扣分	得分
3	水准测量观测和记录	仪器操作	正确操作，完成整个过程得20分，违反操作规程一次扣1分 （1）正确安置仪器； （2）严格按照水准测量的观测程序进行观测并读取数据； （3）正确搬运仪器； （4）正确收放仪器并放置仪器箱内； （5）正确收放好三脚架	20		
			质量合格得40分，单站精度合格得5分，每超一项限差扣1分。 各观测成果均应在限差范围内：线路测量成果满足限差要求不扣分，超出限差扣20分	40		
		合　　计		60		
4	记录与计算	记录	记录正确得10分，出现一处修改或涂改扣1分	10		
		计算	计算正确得10分，每错（漏）算一处扣0.5分	10		
		合　　计		20		
		总　　计		100		

经纬仪水平角观测、测设评分标准　　　表 1.6-2

序号	考试项目	考试内容	评分标准	配分	扣分	得分
1	仪器检查	准备工作 准备工具	每少一件扣 0.5 分	3		
		检查仪器	漏检任一项轴系扣 0.5 分	1		
			漏检任一项螺旋或制动扣 0.5 分	1		
			漏检目镜或物镜一项扣 0.5 分	1		
			漏检度盘及分划一项扣 0.5 分	1		
		检查仪器附件	漏检仪器箱、提手及背带任一项扣 0.5 分	1		
			漏检连接螺旋或固定螺旋任一项扣 0.5 分	1		
			漏检标尺扣 0.5 分	1		
	合　　　计			10		
2	经纬仪的安置及对中整平	仪器操作	未正确安放三脚架扣 0.5 分	1		
			未正确取出仪器扣 0.5 分	1		
			未正确连接仪器扣 0.5 分	1		
			未稳定脚架扣 0.5 分	1		
			气泡不在圆气泡圈内扣 0.5 分	1		
			对中点不在对中圆圈内扣 0.5 分	1		
			未正确收放仪器并收拢三脚架 0.5 分	1		
	合　　　计			10		
3	水平角观测	仪器操作	正确操作，完成整个过程得 20 分，违反操作规程一次扣 1 分 (1) 正确安置仪器。 (2) 严格以测回法按照图根导线水平角的观测程序观测并读取数据。 (3) 正确收放仪器并放置仪器箱内。 (4) 正确收放好三脚架	20		

116

序号	考试项目	考试内容	评分标准	配分	扣分	得分
3	水平角观测	仪器操作	成果质量合格得 40 分，单角精度合格 5 分，每超过一项限扣 1 分。 各观测成果均应在限差范围内：每个水平角半测回较差小于等于 ±30″，内角和差小于等于 ±60″	40		
		合　计		60		
4	记录计算	记录	记录正确得 10 分，出现一处修改或涂改扣 1 分	10		
		计算	计算正确得 10 分，每错（漏）算一处扣 0.5 分	10		
		合　计		20		
		总　计		100		

第二部分　中级测量放线工

2.1　选择题

1. 制图国家标准规定，图纸幅面尺寸应优先选用（C）种基本幅面尺寸。

A. 3　　　　B. 4　　　　C. 5　　　　D. 6

2. 制图国家标准规定：字体的号数，即字体的高度，单位为（C）。

A. 分米　　B. 厘米　　C. 毫米　　D. 微米

3. 尺寸标注时图样轮廓线可用作（A）。

A. 尺寸界线　B. 尺寸起止符号　C. 尺寸数字　D. 尺寸线

4. 平行投影法中的（B）相互垂直时，称为正投影法。

A. 物体与投影面　　　　B. 投射线与投影面

C. 投影中心与投射线　　D. 投射线与物体

5. 假想用一水平面剖切平面，沿着房屋各层门、窗洞口处将房屋切开，移去剖切平面以上部分向下所作的水平面剖视图称为（B）。

A. 建筑立面图　　　　B. 建筑平面图

C. 建筑剖面图　　　　D. 建筑详图

6. 正面投影与侧面投影应保持（C）关系。

A. 长度相等且对正　　B. 宽度相等

C. 高度相等且平齐　　D. 长、宽、高都相等

7. 已知点 C 坐标为 C（10，5，25），单位为 mm，则点 C 到平面的距离为（C）。

A. 10mm　　B. 15mm　　C. 25mm　　D. 5mm

8. 形体的长、宽、高，在三面投影图中的水平投影图（*H*面）上只反映（D）。

A. 长度和高度　B. 宽度和高度　C. 高度　D. 长度和宽度

9. 标题栏的位置一般在图幅的（D）。

A. 左上角　　B. 左下角　　C. 右上角　　D. 右下角

10. 建筑图中的定位轴线与中心线一般用（D）表示。

A. 细实线　B. 细双点画线　C. 细虚线　D. 细单点画线

11. 1/500 与 1/2000 地形图中的 1mm 分别表示地上实际的水平距离为（C）m。

A. 0.5、1.0　B. 1.0、2.0　C. 0.5、2.0　D. 1.0、5.0

12. 由于测绘地形图中，各种误差的影响，使得地形图上明显地物点的误差一般在 0.5mm 左右，0.5mm 所表示的地水平距离叫（D）。

A. 地形图精度　　B. 地物精度

C. 比例尺精度　　D. 测图精度

13. 国家制图标准规定：矩形建筑物、构筑物宜注三个角点的坐标以表明其位置，若某建筑物、构筑物只在对角两点注示坐标，则该建筑物、构筑物（A）。

A. 是矩形　　　　B. 是北南方向

C. 是东西方向　　D. 是与坐标轴平行

14. 测量放线人员在审核施工设计图中，要着重审核（C）图，要以后者为准，审核基础、首层平面及标准层，而在前者上，要审核建筑物定位依据与定位条件及总局与尺寸是否合理、交圈。

A. 总平面与建筑施工　　B. 总平面与结构施工

C. 总平面与定位轴线　　D. 建筑施工与定位轴线

15. 审核建筑平面图时，要以定位轴线尺寸为准，审核基础平面图、首层平面图以及各标准层平面。建筑图上均应有三道尺寸，其最外与中间尺寸为（B）尺寸，最内为门窗洞口等细部尺寸。

A. 总尺寸与各分间　　B. 总外廓与定位轴线

C. 总外廓与各中线　　D. 总长度与各单元

16. 建筑立面图与建筑剖面图上，均应注有三道尺寸，最内为室内外高差、窗台、窗上口、女儿墙或檐口高度，中间与最外尺寸为（A）。

A. 层高尺寸与总高度尺寸　B. 层高尺寸与檐口高度

C. 各层净空与总高度　　D. 层高尺寸与顶层雨水口高度

17. 一套建筑施工图中，剖面图的剖切位置、剖视方向应在（B）上表达。

A. 总平面图　　　　B. 底层平面图

C. 标准层平面图　　D. 屋顶平面图

18. 房屋工程图中相对标高的零点 ±0.000 是指（C）的标高。

A. 室外设计地面　　B. 室内底层地面

C. 入口台阶顶面　　D. 屋顶面

19. 在建筑平面图中，位于 1 和 2 轴线之间的第一根分轴线的正确表达为（A）。

A. ①⁄₂　　B. ③⁄₁　　C. ②⁄₁　　D. ①⁄₃

20. 详图索引符号为 圆圈内的 3 表示（C）。

A. 详图所在的定位轴线编号　　B. 详图的编号

C. 详图所在的图纸编号　　　　D. 被索引的图纸编号

21. 一套房屋施工图的编排顺序是：图纸目录、设计总说明、总平面图、建筑施工图、（D）、设备施工图。

A. 建筑平面图　　B. 建筑立面图

C. 建筑剖面图　　D. 结构施工图

22. 定位轴线编号的说明，错误的是（A）。

A. 横向轴线编号用阿拉伯数字，从左至右顺序连续编号，中间不得插入其他号码

B. 拉丁字母的 I、O、Z 不得用做轴线编号

C. 组合较复杂的平面图的定位轴线，可采用分区编号注写形式进行编号

D. 一个详图适用于几根轴线时，应同时注明各有关轴线的编号

23. 下列关于标高注写的说明，错误的是（D）。

A. 标高注写以米为单位

B. 总平面图采用绝对标高

C. 负数标高应注写"－"号，正数标高不注写"＋"号

D. 总平面图的标高符号与剖面图的标高符号相同，都用细实线绘制的等腰三角形表示

24. 下列叙述中不正确的是（C）。

A. 3% 表示长度为 100 高度为 3 的坡度倾斜度

B. 指北针一般画在总平面图和底层平面图上

C. 总平面图中的尺寸单位为毫米，标高尺寸单位为米

D. 总平面图的所有尺寸单位均为米，标注至小数点后二位

25. 住宅工程室内外高差为 0.3m，条形基础标高为 －1.8m，则基础埋深为（B）m。

A. 0.3   B. 1.5   C. 1.8   D. 2.1

26. 绝对标高是从我国（A）平均海平面为零点，其他各地的标高都以它作为标准。

A. 青岛的黄海   B. 舟山的东海

C. 天津的渤海   D. 西沙的南海

27. 民用建筑物一般指直接供人们居住、工作、生活之用。民用建筑由（C）部分组成。水塔、烟囱、管道支架等属于民用构筑物，大多数不是直接为人们使用，其组成部分一般均由（C）部分组成。

A. 6，>6   B. 5，<5   C. 6，<6   D. 5，>5

28. 在小范围内进行大比例尺地形图测绘时，以（D）作为投影面。

A. 参考椭球面　B. 大地水准面　C. 圆球面　D. 水平面

29. 在1:5000的地形图上，*AB*两点连线的坡度为4%，距离为50m，则地面上两点间的高差为（D）。

A. 0.4m　　B. 0.8m　　C. 1.2m　　D. 2m

30. 相邻两等高线之间的水平距离称为（B）。

A. 等高距　B. 等高线平距　C. 基本等高距　D. 都不是

31. 下面选项中不属于等高线的是（C）。

A. 首曲线　　B. 计曲线　C. 闭合曲线　　D. 间曲线

32. 同一张地形图上，等高线平距越大，说明（D）。

A. 等高距越大　　B. 地面坡度越陡

C. 等高距越小　　D. 地面坡度越缓

33. 编号为B-46的图幅，其正西边的图幅编号为（C）。

A. B-47　　B. A-46　　C. B-45　　D. C-46

34. 按照二分之一的基本等高距加密等高线是指（B）。

A. 首曲线　B. 间曲线　　C. 计曲线　　D. 助曲线

35. 编号为J-50-14的图幅，其正东边的图幅编号为（B）。

A. J-50-13　B. J-50-15　C. J-50-2　D. J-50-26

36. 按照四分之一的基本等高距加密等高线是指（D）。

A. 首曲线　　B. 间曲线　　C. 计曲线　　D. 助曲线

37. 下列选项中不属于地物符号类别的是（D）。

A. 比例符号　B. 线形符号　C. 非比例符号　D. 注记符号

38. 1:1000的地形图中下列选项中不属于线形符号的是（C）。

A. 高压线　　B. 通信线　　C. 等级公路　　D. 围墙

39. 当按本图幅的西南角坐标进行编号时，则编号为30.00-40.00的图幅西南角的坐标为（A）km。

A. 30.00、40.00　　B. 40.00、30.00

C. 40.00、40.00　　D. 30.00、30.00

40. 下列各种比例尺的地形图中，比例尺最大的是（C）。

A. 1:1000　　B. 1:2000　　C. 1:500　　D. 1:5000

41. （A）注记不是地形图注记。

A. 说明　　B. 名称　　C. 比例尺　　D. 数字

42. （D）也叫集水线。

A. 等高线　　B. 分水线　　C. 汇水范围线　　D. 山谷线

43. （B）也叫分水线。

A. 等高线　　B. 山脊线　　C. 汇水范围线　　D. 山谷线

44. 下列属于地性线的是（A）。

A. 分水线　　　　B. 坐标纵轴方向线

C. 最大坡度线　　D. 定位线

45. 已知某图幅的编号为 H-49-133，则该地形图的比例尺为（D）。

A. 1:100 万　　B. 1:50 万　　C. 1:25 万　　D. 1:10 万

46. 两不同高程的点，其坡度应为两点（A）之比，再乘以 100%。

A. 高差与其平距　　B. 高差与其斜距

C. 平距与其斜距　　D. 平距与其高差

47. 视距测量时用望远镜内视距丝装置，根据几何光学原理同时测定两点间的（B）的方法。

A. 距离和高差　　B. 水平距离和高差

C. 距离和高程　　D. 斜距和高差

48. 下列比例尺中，图纸上表示最详细的是（D）。

A. 1:2000　　B. 1:1000　　C. 1:500　　D. 1:200

49. 地形图上，（A）所代表的实地水平距离，称为比例尺精度。

A. 0.1mm　　B. 0.2mm　　C. 0.3mm　　D. 0.5mm

50. 地形图上 0.1mm 所代表的实地水平长度称为（A）。

A. 比例尺精度　　B. 比例尺　　C. 精度　　D. 宽度

51. 地形图上用于表示各种地物的形状、大小以及它们位置的符号被称为（C）。

A. 地物　　B. 地貌　　C. 地物符号　　D. 地貌符号

52. 在一张图纸上等高距不变时，等高线平距与地面坡度的关系是（A）。

A. 平距大则坡度小　　　B. 平距大则坡度大

C. 平距大则坡度不变　　D. 二者没有关系

53. 地形测量中，若比例尺精度为 B，测图比例尺为 M，则比例尺精度与测图比例尺大小的关系为（B）。

A. B 与 M 无关　　　B. B 与 M 成正比

C. B 与 M 成反比　　D. 以上都不对

54. 在地形图上表示地形的方法是用（C）。

A. 比例符号、非比例符号　　　B. 地物符号和地貌符号

C. 计曲线、首曲线、间曲线等　　D. 以上都不对

55. 测图前的准备工作主要有（A）。

A. 图纸准备、方格网绘制、控制点展绘

B. 组织领导、场地划分、后勤供应

C. 资料、仪器工具、文具用品的准备

D. 布设控制点、控制点坐标计算

56. 在地形测量中，大小平板仪对中容许误差为（C）。

A. 25mm　　　　　　　　　　　B. 3mm

C. $0.05 \times M$mm（M 为测图比例尺分母）　D. 无法判断

57. 若地形点在图上的最大距离不能超过 3cm，对于比例尺为 1/500 的地形图，相应地形点在实地的最大距离应为（A）。

A. 15m　　B. 20m　　C. 30m　　D. 40m

58. 在进行大（小）平板仪定向时，直线定向时所用图上的直线长度有关，定向用的直线愈短，定向精度（B）。

A. 愈精确　　B. 愈差　　C. 不变　　D. 无法判断

59. 地形图的比例尺是 1：500，则地形图中的 1mm 表示地上实际的距离为（B）。

A. 0.05m　　B. 0.5m　　C. 5m　　D. 50m

60. 1：1000 地形图的比例尺精度是（C）。

A. 1m　　B. 1cm　　C. 10cm　　D. 0.1mm

61. 1:2000 地形图的比例尺精度是（C）。

A. 0.2cm　　B. 2cm　　C. 0.2m　　D. 2m

62. 比例尺分别为 1:1000、1:2000、1:5000 地形图的比例尺精度分别为（D）。

A. 1m、2m、5m　　　　B. 0.001m、0.002m、0.005m

C. 0.01m、0.02m、0.05m　　D. 0.1m、0.2m、0.5m

63. 下列比例尺地形图中，比例尺最小的是（C）。

A. 1:2000　　B. 1:500　　C. 1:10000　　D. 1:5000

64. 在地形图上有高程分别为 26m、27m、28m、29m、30m、31m、32m 的等高线，则需加粗的等高线为（D）m。

A. 26.31　　B. 27.32　　C. 29　　D. 30

65. 高差与水平距离之（C）为坡度。

A. 和　　　B. 差　　C. 比　　D. 积

66. 地形图的比例尺用分子为 1 的分数形式表示时，（D）。

A. 分母大，比例尺大，表示地形详细

B. 分母小，比例尺小，表示地形概略

C. 分母大，比例尺小，表示地形详细

D. 分母小，比例尺大，表示地形详细

67. 山脊线也称（D）。

A. 示坡线　　B. 集水线　　C. 山谷线　　D. 分水线

68. 将测量模型数字化、采样并记入磁介质，由计算机屏幕编辑，用数控绘图仪绘制的地图为（D）。

A. 数值地图　　B. 计算机地图　　C. 电子地图　　D. 数字地图

69. 我国基本比例尺地形图采用什么分幅方法（C）。

A. 矩形　　B. 正方形　　C. 梯形　　D. 圆形

70. 我国大比例尺地形图采用什么分幅方法（A）。

A. 矩形　　B. 正方形　　C. 梯形　　D. 圆形

71. 在地形图上，长度依测图比例尺而宽度不依比例尺表示的地物符号是（C）。

A. 依比例符号　　B. 不依比例符号

C. 半依比例符号   D. 地物注记

72. 大比例尺数字化测图的作业过程分为以下几个阶段（B）。

A. 数据采集、数据抽样及机助制图

B. 数据采集、数据处理及机助制图

C. 数据采集、数据输入及机助制图

D. 数据抽样、数据采集及数据输出

73. 我国基本比例尺地形图的分幅是以（D）比例尺地形图为基础，按规定的经差和纬差划分图幅的。

A. 1∶500   B. 1∶10000   C. 1∶100000   D. 1∶1000000

74. 等高距是两相邻等高线之间的（A）。

A. 高程之差   B. 平距   C. 间距   D. 斜距

75. 在测图工作之前，展绘控制点时，应在图上标明控制点的（A）。

A. 点号与高程   B. 点号和坐标

C. 高程和坐标   D. 高程和方向

76. 在水准测量中转点的作用是传递（B）。

A. 方向   B. 高程   C. 距离   D. 坐标

77. 圆水准器轴是圆水准器内壁圆弧零点的（C）。

A. 切线   B. 法线   C. 垂线   D. 直线

78. 水准测量时，为了消除 i 角误差对一测站高差值的影响，可将水准仪置在（B）处。

A. 靠近前尺   B. 两尺中间   C. 靠近后尺   D. 以上都可以

79. 使用水准仪的正确步骤是（A）。

A. 安置仪器，粗略整平，瞄准水准尺，精确整平，读数

B. 安置仪器，瞄准水准尺，粗略整平，精确整平，读数

C. 安置仪器，粗略整平，精确整平，瞄准水准尺，读数

D. 安置仪器，精确整平，瞄准水准尺，粗略整平，读数

80. 水准仪有 DS0.5、DS1、DS3 等多种型号，其下标数字 0.5、1、3 等代表水准仪的精度，为水准测量每公里往返高差中

数的中误差值，单位为（D）。

　　A. km　　　B. m　　　C. cm　　　D. mm

　　81. 水准尺向前或向后方向倾斜对水准测量读数造成的误差是（B）。

　　A. 偶然误差

　　B. 系统误差

　　C. 可能是偶然误差也可能是系统误差

　　D. 既不是偶然误差也不是系统误差

　　82. 水准仪的（B）应平行于仪器竖轴。

　　A. 视准轴　　　　　　B. 圆水准器轴

　　C. 十字丝横丝　　　　D. 管水准器轴

　　83. DS1 水准仪的观测精度要（A）DS3 水准仪。

　　A. 高于　　B. 接近于　　C. 低于　　D. 等于

　　84. 水准仪主要由（A）组成。

　　A. 基座、水准器、望远镜　　　B. 基座、水平度盘、照准部

　　C. 照准部、水准器、望远镜　　D. 基座、水平度盘、望远镜

　　85. 水准高程引测中应注意的要点是：选好镜位、前后视线、消除视差、（B）、读数准确、迁站准确、记录及时。

　　A. 处理残差　　B. 视线水平　　C. 检校仪器　　D. 注意安全

　　86. 在测设已知高程的点时，采用（B）的两种方法分别适用于安置一次仪器测设若干个不同高程点和安置一次仪器测设若干个相同高程点。

　　A. 视线高法、双镜位法　　　B. 视线高法、高差法

　　C. 高差法、双面尺法　　　　D. 高差法、视线高法

　　87. S3 水准仪在每年检定周期内，每季度要进行视准轴 i 角的检校，i 角误差应在（D）之内。

　　A. 8″　　　　　　B. ±8″　　　　C. 12″　　　　　　D. ±12″

　　88. 水准测量的成果校核方法有4种：①往返测法。②闭合测法。③符合测法。④（B）。

　　A. 转点法　　B. 终点法　　　C. 中间点法　　D. 交点法

89. 根据《水准仪检定规程》（JJG 425—2003）规定：S3 水准仪视准轴不水平的误差 $i ≤$（B）。

A. 6″　　B. 12″　　C. 18″　　D. 24″

90. 圆水准器轴与管水准器轴的几何关系为（A）。

A. 互相垂直　　B. 互相平行　　C. 相交　　D. 没有关系

91. 转动目镜对光螺旋的目的是（A）。

A. 看清十字丝　　　　B. 看清远处目标

C. 消除视差　　　　　D. 使成像清晰

92. 消除视差的方法是（C）使十字丝和目标影像清晰。

A. 转动物镜对光螺旋

B. 转动目镜对光螺旋

C. 反复交替调节目镜及物镜对光螺旋

D. 转动微动螺旋

93. 转动三个脚螺旋使水准仪圆水准气泡居中的目的是（B）。

A. 使仪器竖轴处于铅垂位置

B. 提供一条水平视线

C. 使仪器竖轴平行于圆水准轴

D. 使视准轴平行水准管轴

94. 水准仪安置符合棱镜的目的是（B）。

A. 易于观察气泡的居中情况

B. 提高管气泡居中的精度

C. 保护管水准气泡

D. 成像更加清晰

95. 水准仪（D）的检校方法是利用圆水准器下面的三个校正螺钉，将气泡调回偏离量的一半，再用脚螺旋调整气泡偏离量的另一半。

A. 横轴不垂直于竖轴

B. 圆水准器轴不垂直于视准轴

C. 视准轴不平行于圆水准轴

D. 圆水准器轴不平行于竖轴

96. 数字水准仪一般配合（B）尺使用。

A. 铟钢尺　　B. 条码尺　　C. 塔尺　　D. 精密水准尺

97. 当经纬仪竖轴与目标点在同一竖面时，不同高度的水平度盘读数（A）。

A. 相等　B. 不相等　C. 有时不相等　D. 反比例变化

98. 采用盘左、盘右的水平角观测方法，可以消除（D）误差。

A. 对中　　　　　　B. 十字丝的竖丝不铅垂

C. 读数误差　　　　D. 视准轴误差

99. 地面上两相交直线的水平角是（B）的夹角。

A. 这两条直线的实际

B. 这两条直线在水平面的投影线

C. 这两条直线在同一竖直上的投影

D. 这两条直线在某一斜面的投影线

100. 经纬仪安置时，整平的目的是使仪器的（A）。

A. 竖轴位于铅垂位置，水平度盘水平

B. 水准管气泡居中

C. 竖盘指标处于正确位置

D. 圆水准器气泡居中

101. 在经纬仪测地形中，要观测的数据不包括（C）。

A. 三丝读数　B. 竖盘读数　C. 高差　D. 水平度盘读数

102. 竖直指标水准管气泡居中的目的是（A）。

A. 使度盘指标处于正确位置　　B. 使竖盘处于铅垂位置

C. 使竖盘指标指向90°　　　　D. 使竖盘处于水平位置

103. 若经纬仪的视准轴与横轴不垂直，在观测水平角时，其盘左、盘右的误差影响是（D）。

A. 大小相等　　　　　　B. 大小相等，符号相同

C. 大小不等，符号相同　　D. 大小相等，符号相反

104. 测定一点竖直角时，若仪器高不同，但都瞄准目标同

一位置，则所测竖直角（B）。

    A. 相同   B. 不同   C. 可能相同也可能不同   D. 无法比较

    105. 下面测量读数的做法正确的是（C）。

    A. 用经纬仪测水平角，用横丝照准目标读数

    B. 用水准仪测高差，用竖丝切准水准尺读数

    C. 水准测量时，每次读数前都要使水准管气泡居中

    D. 经纬仪测竖直角时，尽量照准目标的底部

    106. 经纬仪不能直接用于测量（A）。

    A. 点的坐标   B. 水平角   C. 垂直角   D. 视距

    107. 经纬仪主要由（B）组成。

    A. 基座、水准器、望远镜   B. 基座、水平度盘、照准部

    C. 照准部、水准器、望远镜   D. 基座、水平度盘、望远镜

    108. 设在测站点的东南西北分别有 A、B、C、D 四个标志，用方向观测法观测水平角，以 B 为零方向，则盘左的观测顺序为（A）。

    A. B—C—D—A—B B. B—A—D—C—B

    C. B—A—D—C D. B—C—D—A

    109. J2 经纬仪的读数测微器是通过度盘一直径两端的棱镜将其影像复合重叠在一起，称为双向符合法，这是为了在一次读数时能抵消（A）的影响。

    A. 度盘偏心差   B. 估读误差

    C. 度盘刻划不均   D. 仪器不满足几何条件

    110. 经纬仪当 $CC \perp HH$ 时，望远镜绕横轴 HH 纵转时，视准轴 CC 扫出一个圆锥面；当 $CC \perp HH$ 且 HH 水平时，望远镜绕横轴 HH 纵转时，视准轴 CC 扫出一个（C）。

    A. 水平面   B. 斜平面   C. 铅垂面   D. 铅垂圆锥面

    111. 经纬仪在（B）情况下，需要等偏定平。

    A. $LL \perp VV$ B. $LL \perp VV$ C. $CC \perp HH$ D. $HH \perp VV$

    112. J2、J6 经纬仪测水平角，如取 2 倍误差为允许误差，则各测回值间互差的允许误差为（A）。

A. ±8″、 ±24″　　　　 B. ±4″、 ±12″

C. ±12″、 ±34″　　　 D. ±5.6″、 ±17.0″

113. 为使测角中误差在 ±4″范围中，则用 J2 经纬仪应测
（A）测回。

A. 1　　 B. 3　　 C. 2　　 D. 4

114. J6 经纬仪在每年检定周期内，每季度要进行视准轴 CC
⊥横轴 HH 与横轴 HH⊥竖轴 VV 的检校，$2c$ 角与 i 角误差应在
（D）之内。

A. 16″与 15″　　 B. ±16″与 ±15″

C. 20″与 20″　　 D. ±20″与 ±20″

115. 根据《光学经纬仪检定规程》JJG 414—2011 规定共检
定 15 项，检定周期一般不超过（B）。

A. 半年　　 B. 一年　　 C. 一年半　　 D. 二年

116. 经纬仪照准部水准管轴垂直竖轴的检验方法是：概略
整平仪器，转动照准部，使水准管平行一对脚螺旋连线方向，
利用脚螺旋使水准管气泡严格居中，转动照准部（A），如果气
泡居中，条件满足，否则不满足。

A. 180°　　 B. 任一位置　　 C. 90°　　 D. 270°

117. 往返水准路线高差平均值的正负号是以（A）的符号
为准。

A. 往测高差　　　　　 B. 返测高差

C. 往返测高差的代数和　　 D. 往返测高差的代数差

118. 在水准测量中设 A 为后视点，B 为前视点，并测得后
视点读数为 1.124m，前视读数为 1.428m，则 B 点比 A 点（B）。

A. 高　　 B. 低　　 C. 等高　　 D. 无法判断高低

119. 在水准测量中，水准仪的视线高等于（A）加上后视
点读数。

A. 后视点高程　　 B. 转点高程

C. 前视点高程　　 D. 仪器点高程

120. 高差闭合差的分配原则为（D）成正比例进行分配。

A. 与测站数　　B. 与高差的大小

C. 与距离　　D. 与距离或测站数

121. 附合水准路线高差闭合差的计算公式为（C）。

A. $f_h = h_往 - h_返$ 　　B. $f_h = \sum h$

C. $f_h = \sum h - (H_终 - H_始)$ 　D. $f_h = H_终 - H_始$

122. 在进行高差闭合差调整时，某一测段按测站数计算每站高差改正数的公式为（C）。

A. $V_i = f_h / N_{(N-测站数)}$ 　　B. $V_i = f_h / S_{(S-测段距离)}$

C. $V_i = -f_h / N_{(N-测站数)}$ 　　D. $V_i = f_h \cdot N_{(N-测站数)}$

123. 水准测量中为了有效消除视准轴与水准管轴不平行、地球曲率、大气折光的影响，应注意（B）。

A. 读数不能错　　B. 前后视距相等

C. 计算不能错　　D. 气泡要居中

124. 等外（普通）测量的高差闭合差容许值，一般规定为：（A）mm（L 为公里数，n 为测站数）。

A. $\pm 12\sqrt{n}$ 　B. $\pm 40\sqrt{n}$ 　C. $\pm 12\sqrt{L}$ 　D. $\pm 40L$

125. 已知 A 点高程 $= 62.118$m，水准仪观测 A 点标尺的读数 $= 1.345$m，则仪器视线高程为（B）。

A. 60.773　　B. 63.463　　C. 62.118　　D. 61.461

126. 对地面点 A，任取一个水准面，则 A 点至该水准面的垂直距离为（D）。

A. 绝对高程　　B. 海拔　　C. 高差　　D. 相对高程

127. 在水准测量中，若后视点 A 的读数大，前视点 B 的读数小，则有（A）。

A. A 点比 B 点低

B. A 点比 B 点高

C. A 点与 B 点可能同高

D. A、B 点的高低取决于仪器高度

128. 一条附合水准路线共设 n 站，若每站水准测量中误差

为 m，则该路线水准测量中误差为（A）。

    A. $\sqrt{n} \times m$　　B. $m/\sqrt{n}$　　C. $m \times n$　　D. m/n

129. 在水准测量时最好采用的水准路线的布置形式是（D）。

    A. 闭合水准路线　　　B. 附合水准路线

    C. 支水准路线　　　　D. 往返路线

130. 闭合水准路线校核的实质实际上是一种（D）。

    A. 几何条件校核　　　B. 复算校核

    C. 距离校核　　　　　D. 变换计算方法校核

131. 如果水准仪的十字丝横丝和竖轴不垂直，观测时要注意的是（A）。

    A. 始终用十字丝的中间部分瞄准尺子上的刻划

    B. 始终用十字丝的一端瞄准尺子上的刻划

    C. 利用脚螺旋将十字丝横丝调成水平后，再用横丝读数

    D. 利用目估横丝应在的水平位置，然后读数

132. 水准测量时，如果尺垫下沉，可采用的正确方法是（A）。

    A. 采用"后—前—前—后"的观测顺序

    B. 采用两次仪器高法

    C. 采用往返测法

    D. 采用前后视距相等

133. 水准仪在使用中，要注意防震、防晒、防潮及保护目镜与（A）。

    A. 物镜　　B. 棱镜　　C. 接收器　　D. 反光镜

134. 经纬仪、水准仪的保养，应注意在观测结束，仪器入箱前，先将脚螺旋和（A）退回正常位置，并用软毛刷除去仪器表面的灰尘，再按出箱时的原样放入箱内。

    A. 制动螺旋　　B. 微动螺旋　　C. 对光螺旋　　D. 微倾螺旋

135. 在埋设的沉降观测点稳定后，要（D）进行第一次观测。

A. 一周后　　B. 一个月后　　C. 半年后　　D. 立即

136. 一类基坑应由（D）委托具备相应资质的第三方对基坑工程实施现场监测。

A. 施工方　　B. 监理方　　C. 分包方　　D. 建设方

137. 坐标反算是根据直线的起、终点平面坐标，计算直线的（B）。

A. 斜距与水平角　　B. 水平距离与方位角

C. 斜距与方位角　　D. 水平距离与水平角

138. 某段距离的平均值为 100m，其往返较差为 + 20mm，则相对误差为（B）。

A. 1/10000　　B. 1/5000　　C. 1/100000　　D. 1/50000

139. 用光学经纬仪测角半测回，后视读数为 351°33′14″前视读数为 235°46′20″，则顺时针水平夹角 β 为（A）。

A. 244°13′06″　B. 64°13′06″　C. 115°46′54″　D. 295°46′54″

140. 直线 AB 的正方位角 ϕ_{AB} 为 196°，则其反方位角为 ϕ_{BA}（A）。

A. 16°　　B. − 16°　　C. 344°　　D. 164°

141. 已知一直线的象限角为 R 为 S15°W，则（D）为其方位角 ϕ。

A. 15°　　B. 75°　　C. 165°　　D. 195°

142. 某直线的坐标方位角为 121°23′36″，则反坐标方位角为（B）。

A. 238°36′24″　B. 301°23′36″　C. 58°36′24″　D. − 58°36′24″

143. 已知 AB 两点的边长为 188.43m，方位角为 146°07′06″，则 AB 的 x 坐标增量为（A）。

A. − 156.433m　　　　B. 105.176m

C. 105.046m　　　　D. − 156.345m

144. 地面上有 A、B、C 三点，已知 AB 边的坐标方位角 $\alpha_{AB} = 35°23′$，测得左夹角 $\angle ABC = 89°34′$，则 CB 边的坐标方位角 $\alpha_{CB} = $（A）。

A. 124°57′   B. 304°57′   C. −54°11′   D. 305°49′

145. 水准测量中，设后尺 A 的读数 a = 2.713m，前尺 B 的读数为 b = 1.401m，已知 A 点高程为 15.000m，则视线高程为（D）m。

A. 13.688   B. 16.312   C. 16.401   D. 17.713

146. 设 AB 距离为 200.23m，方位角为 121°23′36″，则 AB 的 x 坐标增量为（D）m。

A. −170.919   B. 170.919   C. 104.302   D. −104.302

147. 某直线的坐标方位角为 225°，也可以用（C）的象限角表示。

A. N45°E   B. N45°W   C. S45°W   D. S45°E

148. 已知 A、B 两点的 X、Y 坐标分别为 A（486.80，1872.31），B（630.58，1633.75），则两点之间水平距离为（D）。

A. 283.794   B. 290.610   C. 265.812   D. 278.538

149. 用水准测量法测定 A、B 两点的高差，从 A 到 B 共设了两个测站，第一测站后尺中丝读数为 1234，前尺中丝读数 1470，第二测站后尺中丝读数 1430，前尺中丝读数 0728，则高差 h_{AB} 为（C）m。

A. −0.938   B. −0.466   C. 0.466   D. 0.938

150. 实测得一平面三角形的三个内角之和为 179°58′48″，则其绝对误差（或真误差）为（A）。

A. −1′12″   B. 1′12″   C. −2′24″   D. 2′24″

151. 用钢尺校测一已知长度 88.200m 时的测值为 88.209，则其相对误差为（C）。

A. 0.009m   B. −0.009m   C. 1/9800   D. −1/9800

152. 导线方位角计算过程中，如果算出的方位角的结果超过 360°，则应（C）。

A. 减去 180°   B. 减去 270°   C. 减去 360°   D. 不做处理

153. 钢尺量距导线的坐标增量闭合差应（A）。

A. 按照导线各边边长比例分配　　B. 按照测站数分配

C. 按照各边平均分配　　　　　　D. 随机分配

154. 闭合导线计算时，若发现角度闭合差超限，可按比例尺绘出导线图，并在两点闭合差的中点做垂线，若垂线通过或接近某导线点，则（B）。

A. 该点角度观测发生错误的可能性最小

B. 该点角度观测发生错误的可能性最大

C. 该点距离观测发生错误的可能性最小

D. 该点距离观测发生错误的可能性最大

155. 对一距离进行了两组观测。其中第一组观测 4 次，分别得到最或是误差为 +5mm、0mm、+4mm、−9mm，则对应的观测值中误差为（C）。

A. ±6.4″　　B. ±5.5″　　C. ±6.0″　　D. ±7.3″

156. 电磁波测距的基本公式 $D = 1/2ct$ 中，式中 c 表示（C）。

A. 距离　　B. 时间　　C. 速度　　D. 温度

157. 电磁波测距的基本公式 $D = 1/2ct$，式中 t 为（D）。

A. 温度　　　B. 光从仪器到目标传播的时间

C. 光速　　　D. 光从仪器到目标往返传播的时间

158. 光电测距仪的检定项目共 13 项，其检定周期为（B）。

A. 2 年　　B. 1 年　　C. 6 个月　　D. 3 个月

159. 在距离测量中，已知起点、方向、长度，求终点点位的测量方法称为（B）。

A. 测量距离　　B. 测设距离　　C. 测图　　D. 测角

160. 下面的（B）不是钢尺精密量距的改正项目。

A. 温度改正　B. 气压改正　C. 拉力改正　D. 倾斜改正

161. 在尺长改正数计算中，用名义长 50.000m，实长 49.9951m 的钢尺，往返测得两点间的距离为 175.828m，其尺长改正数为（A）。

A. −0.0172m　B. 0.0172m　C. 0.0187m　D. −0.0187m

162. 用钢尺校测一已知长度 149.351m 时的测值为 149.342，则其相对误差为（C）。

A. 0.009m   B. −0.009m   C. 1/16600   D. −1/16600

163. 在测量中如测量 α、β 角和基线 AB 的长度定出 P 点的坐标，如图 2.1-163 题图所示，则该方法是（A）。

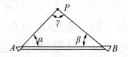

图 2.1-163 题图

A. 前方交会法   B. 侧方交会法

C. 后方交会法   D. 距离交会法

164. 采用后方交会法测量时，已知后视点应不少于（C）个。

A. 1   B. 2   C. 3   D. 4

165. 用经纬仪在多层或高层建筑竖向轴线投测中取盘左、盘右观测平均可以抵消（D）误差。

A. 对中   B. 十字丝的竖丝不铅垂

C. 读数误差   D. 视准轴误差

166. 若经纬仪没有安在建筑轴线上，校正预制桩身铅直时，可能使桩身产生倾斜、扭转、（A）。

A. 既倾斜又扭转   B. 既向前倾斜又向左右倾斜

C. 既扭转又向左右斜   D. 柱身不铅垂

167. （C）是直角坐标法测设点位的主要优点。

A. 操作简便，可不用经纬仪，测设速度快，精度可靠

B. 量距测角简便

C. 只要通视、易量距，安置一次仪器可测设多个点，适用范围广，精度均匀

D. 计算简便、施测方便，精度可靠

168. 已知测站点坐标 $y_A = 100.000m$，$x_A = 100.000m$，后视点 B 的坐标 $y_B = 150.000m$，$x_B = 150.000m$，欲测设点 P 的坐标 $y_P = 125.000m$，$x_P = 110.000m$，则测设 P 点的极坐标数据 D 和 α 为（B）。

A. 70.711m、45°00′00″   B. 26.926m、23°11′55″

C. 70. 711m、68°11′55″　　　D. 26. 926m、68°11′55″

169. 建筑红线是城市规划行政主管部门批准，并实地测定的建设用地位置的边界线。施工单位使用红线要注意以下4点：①使用前（A）。②施工过程中应保护好桩位。③沿红线新建的建（构）筑物定位放线后，应由城市规划部门验线合格后，方可破土。④新建建筑物不得超压红线。

A. 要检查桩位是否完好　　　B. 要检查桩位保护情况

C. 要校测桩位　　　　　　　D. 要派人看管

170. 基础施工中，基础垫层上须测设的线主要有（A），门、窗洞口线，墙身线等。

A. 轴线　B. 标高控制线　C. 竖线　D. 建筑垂直控制线

171. 建筑物定位的一般依据是：原有建筑物、道路中心线、（A）确定。

A. 红线桩或控制点　　　B. 地勘报告

C. 规划图　　　　　　　D. 高程控制点

172. 建筑物定位放线的基本步骤是：校核定位依据、（D）、测设建筑物主控轴线、测设建筑物角桩、测设基础开挖线。

A. 设置沉降点　　　　　B. 购置规范

C. 仪器的采购　　　　　D. 测设建筑物控制桩

173. 桩基础施工结束后，要进行所有桩位（B）的检查。

A. 实际位置　　　　　　B. 实际位置及标高

C. 高程　　　　　　　　D. 高差

174. 轴线的竖向传递方法有（D）。

A. 激光铅直仪法、吊线坠法及经纬仪天底法

B. 吊线坠法、经纬仪天顶法及经纬仪天底法

C. 激光铅直仪法、经纬仪天顶法及经纬仪天底法

D. 激光铅直仪法、吊线坠法、经纬仪天顶法及经纬仪天底法

175. 矩形网是建筑场地中最常用的控制网形，称为（A）。

A. 建筑方格网　　B. 导线网　　C. 三角网　　D. GPS网

176. 路线中平测量的观测顺序是（C），转点的高程读数读

到毫米位，中桩点的高程读数读到厘米位。

A. 沿路线前进方向按先后顺序观测

B. 先观测中桩点高程后观测转点高程

C. 先观测转点高程后观测中桩点高程

D. 先观测距离近的，再观测距离远的

177. 观测条件相同的各次观测称为（B）。

A. 不等精度观测　　B. 等精度观测

C. 条件观测　　　　D. 直接观测

178. 倍数函数的中误差等于其倍数与（C）的乘积。

A. 观测值　　　　　B. 函数值

C. 观测值中误差　　D. 真误差

179. 在1:500地形图上量得一段距离的中误差为±0.3mm，则对应的实地距离的中误差为±（D）mm。

A. 20　　B. 60　　C. 100　　D. 150

180. 在等精度观测中，计算观测值中误差的公式为 $m = \pm\sqrt{\dfrac{[\Delta\Delta]}{n}}$，式中的 $[\Delta\Delta]$ 是（B）。

A. 最或是误差平方和　　B. 真误差平方和

C. 真误差之和　　　　　D. 似真误差之和 Δ

181. 导线方位角推算前，应将角度闭合差 $f_{左}$（A）平均分配于导线各观测角，使角度总和符合理论值。

A. 反号　　B. 的倒数　　C. 的平均数　　D. 同号

182. 在一定观测条件下偶然误差的绝对值不超过一定限度，这个限度称为（A）。

A. 允许误差　　B. 相对误差

C. 绝对误差　　D. 平均中误差

183. 测得某距离为200m，误差为0.05m，则相对误差为（D）。

A. 0.05m　　B. 0.025%　　C. 0.25‰　　D. 1/4000

184. 在等精度观测的条件下，正方形一条边 a 的观测中误差为 m，则正方形的周长（$S = 4a$）中的误差为（C）。

A. 1m   B. 2m   C. 4m   D. 16m

185. 衡量一组观测值的精度的指标是（C）。

A. 中误差   B. 允许误差

C. 算术平均值中误差   D. 算术平均值

186. 在距离丈量中，衡量其丈量精度的标准是（A）。

A. 相对误差   B. 中误差   C. 往返误差   D. 较差

187. 下列误差中（A）为偶然误差。

A. 照准误差和估读误差

B. 横轴误差和指标差

C. 水准管轴不平行于视准轴的误差

D. 视准轴不平行于水准管轴的误差

188. 对三角形进行 5 次等精度观测,其真误差(闭合差)为:
$+4''$；$-3''$；$+1''$；$-2''$；$+6''$，则该组观测值的精度（B）。

A. 不相等   B. 相等   C. 最高为 $+1''$ D. 最低为 $+1''$

189. 尺长误差和温度误差属（ B ）。

A. 偶然误差   B. 系统误差   C. 中误差   D. 允许误差

190. 某基线丈量若干次计算得到平均长为 540m，平均值之中误差为 -0.05m，则该基线的相对误差为（D）。

A. 0.0000925   B. 1/11000   C. 1/10000   D. 1/10800

191. 下面是三个小组丈量距离的结果，只有（ D ）组测量的相对误差低于 1/5000 的要求。

A. 100m   0.025m   B. 200m   0.045m

C. 150m   0.035m   D. 250m   0.045m

192. 对某量进行 n 次观测，若观测值的中误差为 m，则该量的算术平均值的中误差为（C）。

A. $n \times m$ B. m/n C. $m/\sqrt{n}$ D. $m \times \sqrt{n}$

193. 当距离 $D = 150$m，量距精度为 1/8500，测角精度为 $\pm 24''$，测设 $\alpha = 90°00'00''$ 时，则分别产生横向误差、纵向误差及点位误差为（C）mm。

A. 17.6、17.6、24.7   B. ± 12.2、± 12.3、 ± 17.3

C. ±17.6、±17.6、±24.7　D. 12.2、12.3、17.3

194. 角度交会法测设点位适用条件是（A）。

A. 通视良好　B. 通视不好　C. 距离较远　D. 遮挡较多

195. 在距离丈量中衡量精度的方法是用（C）。

A. 往返较差　B. 绝对误差　C. 相对误差　D. 闭合差

196. 钢尺的尺长误差对距离测量的影响属于（B）。

A. 偶然误差

B. 系统误差

C. 偶然误差也可能是系统误差

D. 既不是偶然误差也不是系统误差

197. 普通水准尺的最小分划为 1cm，估读水准尺 mm 位的误差属于（A）。

A. 偶然误差

B. 系统误差

C. 可能是偶然误差也可能是系统误差

D. 既不是偶然误差也不是系统误差

198. 某段距离丈量的平均值为 100m，其往返较差为 +4mm，其相对误差为（A）。

A. 1/25000　　B. 1/25　　C. 1/2500　　D. 1/250

199. 等精度观测是指（D）

A. 仪器等级相同　　　　B. 同一个观测者

C. 同样的外界条件　　　D. 以上都是

200. 为了减弱或消除测量误差，常采用如下方法（D）。

A. 仪器检校　　　　　　B. 加改正数

C. 采用适当的观测方法　D. 以上都是

201. 测量了两段距离及其中误差分别为：$d_1 = 136.46m \pm 0.015m$，$d_2 = 960.76m \pm 0.025m$，比较它们测距精度的结果为（C）。

A. d_1 精度高　B. 精度相同　C. d_2 精度高　D. 无法比较

202. 在三角高程测量中，采用对向观测可以消除（C）的影响。

    A. 视差　　　　　　　　　　B. 视准轴误差

    C. 地球曲率差和大气折光差　　D. 水平度盘分划误差

203.（A）为观测值减真值。

    A. 真误差　　B. 中误差　　C. 相对误差　　D. 绝对误差

204. 真误差为观测值与（C）之差。

    A. 平均　　　B. 中误差　　C. 真值　　D. 改正数

205. 加权平均值的中误差等于单位误差除以观测值权的
（D）。

    A. 平均值　　B. 总和的平方

    C. 总和　　　D. 总和的平方根

206. 正确用好"三宝"是施工现场重要的安全措施。"三
宝"是：安全帽、安全带和（A）。

    A. 安全绳　　B. 安全鞋　　C. 安全网　　D. 安全口罩

207. CAD 是指（D）的缩写。

    A. 计算机辅助制造　　B. 计算机集成制造系统

    C. 计算机辅助工程　　D. 计算机辅助设计

208. 一个完整的计算机系统应该包括（D）。

    A. 主机、键盘、鼠标器和显示器　B. 软件系统

    C. 主机和它的外部设备　　　　　D. 硬件系统和软件系统

209. 计算机病毒具有隐蔽性、（A）、传染性、破坏性，是
一种特殊的寄生程序。

    A. 潜伏性　　B. 免疫性　　C. 抵抗性　　D. 再生性

210. 计算机网络的优越性在于（C）。

    A. 提高系统可靠性　　B. 加快运算速度

    C. 实现资源共享　　　D. 扩展系统存储容量

211. "保障人民群众生命和财产安全，促进经济发展"是
我国制定（A）的重要目的。

    A.《中华人民共和国安全生产法》

    B.《中华人民共和国建筑法》

C.《中华人民共和国劳动法》

D.《中华人民共和国消防法》

212. 安全生产标识是提醒人们注意周围环境的主要（A）。

A. 措施　　B. 原因　　C. 工作　　D. 要求

213. 建筑业常发生的五大伤害是指：高处坠落，触电事故，物体打击，（A）。

A. 机械伤害与坍塌事故　　B. 机械伤害与水淹事故

C. 土方坍塌与水淹事故　　D. 土方坍塌与脚手架坍塌

214. 掌握安全生产技能，参加安全培训，服从安全管理，遵章守纪，正确佩戴和使用劳动防护用品是施工人员应该履行的（C）。

A. 安全生产方针　　B. 安全生产目标

C. 安全生产义务　　D. 安全生产目的

215. 为保证安全生产，《劳动法》第 56 条明确规定：劳动者对管理人员违章指挥，有权（A）；对危害生命安全和身体健康的行为，有权指出批评，检举和控告。

A. 拒绝执行　　B. 协商解决　　C. 研究解决　　D. 认真执行

216.《中华人民共和国计量法》的立法宗旨是保障国家计量单位制的统一和（C）。

A. 计量器具的检定　　B. 计量器具的完整

C. 量值的准确可靠　　D. 计量器具的准确

217. 圆曲线测设时，当圆弧半径较小，施工场地较平整，没有障碍物时，易用（A）测设。

A. 钢尺直接丈量法　　B. 直角坐标法

C. 极坐标法　　D. 距离交会法

218. 曲线测设时相邻两点的矢高要求小于（C）mm。

A. 4　　B. 6　　C. 8　　D. 10

219. 用经纬仪观测某交点的右角，若后视读数为 200°00′00″，前视读数为 0°00′00″，则外距方向的读数为（C）。

A. 100°　　B. 80°　　C. 280°　　D. 0°

220. 采用偏角法测设圆曲线时，其偏角应等于相应弧长所对圆心角的（B）。

A. 2 倍　　B. 1/2 倍　　C. 2/3 倍　　D. 1 倍

221. 道路中线测量在纸上定好线后，用穿线交点法在实地放线的工作程序为（A）。

A. 放点、穿线、交点　　　B. 计算、放点、穿线

C. 计算、交点、放点　　　D. 交点、放点、穿线

222. 道路中线测量中，设置转点的作用是（B）。

A. 传递高程　　　　B. 传递方向

C. 加快观测速度　　D. 测坐标点

223. 路线相邻两交点（JD3—JD4）间距离是用（A）。

A. 钢尺丈量，视距校核　　　B. 只用视距测量

C. 用皮尺丈量，视距校核　　D. 钢尺丈量

224. 路线中平测量是测定路线（C）的高程。

A. 水准点　　B. 转点　　C. 各中桩　　D. 各边桩

225. 路线纵断面水准测量分为（A）和中平测量。

A. 基平测量　　B. 水准测量　　C. 高程测量　　D. 角度测量

226. 基平水准点设置的位置应选择在（B）。

A. 路中心线上　　　B. 施工范围内

C. 施工范围以外　　D. 不在路中心线上

2.2　计算题

1. 对某段距离往返丈量结果已记录在距离丈量记录表中，试完成该记录表的计算工作，并求出其丈量精度，见表2.2-1-1。

距离丈量记录表　　　　　　　表2.2-1-1

测线		整尺段	零尺段		总计	差数	精度	平均值
AB	往	5×50	18.964					
	返	4×50	46.456	22.300				

答：据题意，其计算过程见表 2.2-1-2。

距离丈量记录表　　　　表 2.2-1-2

测线		整尺段	零尺段		总计	差数	精度	平均值
AB	往	5×50	18.964		268.964	0.100	1/2600	268.914
	返	4×50	46.564	22.300	268.864			

注：表中后四栏中的数字为计算数字。

2. 对某基线丈量 6 次，其结果为：$L_1 = 246.535\text{m}$，$L_2 = 246.548\text{m}$，$L_3 = 246.520\text{m}$，$L_4 = 246.529\text{m}$，$L_5 = 246.550\text{m}$，$L_6 = 246.537\text{m}$。

试求：（1）算术平均值。

（2）每次丈量结果的中误差。

（3）算术平均值的中误差和基线相对误差。

答：据题意，其计算过程见表 2.2-2。

表 2.2-2

丈量次数	基线长度（m）	$V = x - L$（mm）	VV	计　　算
1	246.535	+1.5	2.25	1. $x = l_0 + \dfrac{[\Delta l]}{n} = 246.500\text{m} + \dfrac{219}{6}\text{mm}$
2	246.548	-11.5	132.25	$= 246.500\text{m} + 0.0365\text{m} = 246.5365\text{m}$
3	246.520	+16.5	272.25	2. $m = \pm\sqrt{\dfrac{[W]}{n-1}} = \pm\sqrt{\dfrac{645.5}{5}}$
4	246.529	+7.5	56.25	$= \pm 11.36\text{mm}$
5	246.550	-13.5	182.25	3. $M = \pm\dfrac{m}{\sqrt{n}} = \pm\dfrac{11.36}{2.45} = \pm 4.6\text{mm}$
6	246.537	-0.5	0.25	4. $K = \dfrac{M}{x} = \dfrac{4.64}{246.536} = \dfrac{1}{53000}$
Σ	$L0 = 246.500$	0	645.5	

3. 某线段 AB 丈量结果如表 2.2-3-1，试利用表 2.2-3-1 计

算该线段的相对中误差 K？

表 2.2-3-1

序号	基线长度（m）	V	VV	计算
1	96.452			
2	96.454			$L=$
3	96.456			$m=$
4	96.450			$M=$
Σ				$K=$

答：据题意，其计算过程见表 2.2-3-2。

表 2.2-3-2

序号	基线长度（m）	V（mm）	VV	计 算
1	96.452	+1	1	$X=96.453\text{m}$
2	96.454	−1	1	$m=\pm\sqrt{\dfrac{20}{4-1}}=\pm2.58\text{mm}$
3	96.456	−3	9	$M=\pm\dfrac{2.58}{\sqrt{4}}=1.29\text{mm}$
4	96.450	+3	9	$K=\dfrac{1.29\text{mm}}{96.453\text{m}}=\dfrac{1}{74000}$
Σ		0	20	

4. 某 I 号标准尺的尺长方程式为：$L_{t_I}=30+0.004+1.2\times10-5\times30\,(t-20℃)$，被检定的 II 号钢卷尺，其名义长度也是 30m。比较时的温度为 24℃，当两尺末端刻划对齐，并施加标准拉力后，II 号钢卷尺比 I 号短 0.007m，试写出 II 号钢卷尺的尺长方程式。

答：$L_{t_I}=L_{t_{II}}+0.007$

则：$L_{t_{II}}=L_{t_I}-0.007=30+0.004+1.2\times10-5(24-20)\times$

$30 - 0.007 = 29.998\text{m}$ 故温度为 24℃时，Ⅱ号尺的尺长方程为：

$$L_{t\text{Ⅱ}} = 30 - 0.002 + 1.20 \times 10 - 5(t - 24) \times 30$$

将检验时的温度换算为 20℃时尺长方程式为：

$$L_{t\text{Ⅱ}} = L_{t\text{Ⅰ}} - 0.007 = [30 + 0.004 + 1.20 \times 10 - 5(t - 20) \times$$
$$30] - 0.007 = 30 - 0.003 + 1.20 \times 10 - 5(t - 20) \times 30$$

5. 已知某点所在高斯平面直角坐标系中的坐标为：$x = 4345000\text{m}$，$y = 19483000\text{m}$。

问：（1）该点位于高斯六度分带投影的第几带？

（2）该带中央子午线的经度是多少？

（3）该点位于中央子午线的东侧还是西侧？

答：由题目所给已知条件某点所在高斯平面直角坐标系中的坐标为：$x = 4345000\text{m}$，$y = 19483000\text{m}$，可知：y 坐标前两位数字一般表示带号，所以，该点位于第 19 带；该带的中央子午线等于带号乘以 $6 - 3 = 19 \times 6 - 3 = 111$，所以该带的中央子午线经度为 111 度；由于在设定坐标值时，为了方便计算，不出现负值，是将 X 坐标轴加上 500km，这样一来，只要是小于 500km 的 y 坐标，都是位于坐标轴的左侧，也就是西侧。

6. 某地区采用独立的假定高程系统，已测得 A、B、C 三点的假定高程为：$H_A = +6.500\text{m}$。

$H_B = \pm 0.000\text{m}$，$H_C = -3.254\text{m}$，今由国家水准点引测，求得 A 点高程为 $H_A = 417.504\text{m}$，试计算 B 点、C 点的绝对高程是多少？

答：已知 A、B、C 三点的假定高程为：$H'_{A'} = +6.500\text{m}$，$H'_{B'} = \pm 0.000\text{m}$，$H'_C = -3.254\text{m}$，又知 A 点的国家绝对高程为 417.504m，则可知，国家绝对高程与假定高程之间的差值，为：$417.504 - 6.500 = 411.004$，同理可得：$H_B = 0.000 + 411.004 = 411.004\text{m}$；$H_C = -3.254 + 411.004 = 407.750\text{m}$。

7. 已知 A 点高程 $H_A = 100.905\text{m}$，现从 A 点起进行 A—1—2 的往返水准测量。往测高差分别为 $h_{A1} = +0.905\text{m}$，$h_{12} = -1.235\text{m}$；返测高差 $h_{21} = +1.245\text{m}$，$h_{1A} = -0.900\text{m}$，试求 1、

2 两点的高程。

答：以 h_{A1}、h_{12} 为基准取往返测的平均值分别为 $+0.903$m、-1.240m，则可得 $H_1 = 100.905 + 0.903 = 101.808$m；$H_2 = 101.808 - 1.240 = 100.568$m。

8. 已知水准点 A 的高程 $H_A = 20.355$m 若在 B 点处墙面上测设出高程分别为 21.000m 和 23.000m 的位置，设在 A、B 中间安置水准仪，后视 A 点水准尺得读数 $\alpha = 1.452$m，问怎样测设才能在 B 处墙得到设计标高？

答：由题意可知在测设时，水准仪的视线高为 $20.355 + 1.452 = 21.807$m，则欲在 B 点处墙面分别测设高程为 21m 和 23m 的位置，则可知视线高往下 0.807m，即为 21m 高程值位置往上 1.193m，则为 23m 高程值位置。

9. 如图 2.2-9 题图所示，已知地面水准点 A 的高程为 $H_A = 40.000$m，若在基坑内 B 点测设 $H_B = 30.000$m，测设时 $\alpha = 1.415$m，$b = 11.365$m，$\alpha_1 = 1.205$，问当 b_1 为多少时，其尺底即为设计高程 H_B？

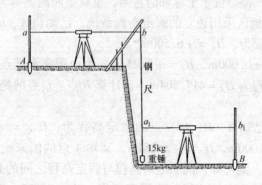

图 2.2-9 题图

答：$b_1 = 40.000 + 1.415 - (11.365 - 1.205) = 1.255$m。

10. 如图 2.2-10 题图，A、B 为控制点，已知：
$x_B = 643.82$m，$y_B = 677.11$m，$D_{AB} = 87.67$m，

$\alpha_{BA} = 156°31'20''$

图 2.2-10 题图

待测设点 P 的坐标为 $x_P = 535.22\text{m}$，$y_P = 701.78\text{m}$。

若采用极坐标法测设 P 点，试计算测设数据，简述测设过程，并绘注测设示意图。

答：y 坐标增量值为 $= 701.78 - 677.11 = 24.67\text{m}$，$x$ 坐标增量为 $= 535.22 - 643.82 = -108.60$，则三角函数正弦值为：$-0.227$，可知 BP 的方位角值为 $167°12'38''$。

11. 根据图 2.2-11 题图所示水准路线中的数据，计算 P、Q 点的高程。

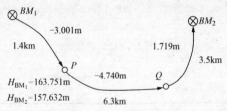

图 2.2-11 题图

答：（1）计算高差闭合差：

$f_h = \sum h_{测} - (H_{终} - H_{始}) = (-3.001 - 4.740 + 1.719) - (157.632 - 163.751) = -6.022 - (-6.119) = 0.097\text{m} = 97\text{mm}$

（2）计算高差闭合差限差：

$f_{h容} = \pm 40\sqrt{L}\text{mm} = \pm 40\sqrt{11.2} = \pm 133\text{mm}$

$f_h \leqslant f_{h容}$，符合精度要求。

（3）分配闭合差，计算改正数

$\sum L = 1.4 + 6.3 + 3.5 = 11.2\text{km}$

$V_1 = (1.4/11.2) \times (-97) = -12\text{mm}$

$V_2 = (6.3/11.2) \times (-97) = -55\text{mm}$

$V_3 = (3.5/11.2) \times (-97) = -30\text{mm}$

149

（4）计算改正后高程：

$H_P = H_{BM_1} + h_1 + V_1 = 163.751 - 3.001 - 0.012 = 160.738m$

$H_Q = H_P + h_2 + V_2 = 160.738 - 4.740 - 0.055 = 155.943m$

或 $H_Q = H_{BM_2} + (h_3 + V_3) = 157.632 - 1.719 + 0.030 = 155.943m$

12. 如图 2.2-12 题图所示，在水准点 BM_1 至 BM_2 间进行水准测量，试在水准测量记录表中（见表 2.2-12-1）进行记录与计算，并做计算校核（已知 $BM_1 = 138.952m$，$BM_2 = 142.110m$）。

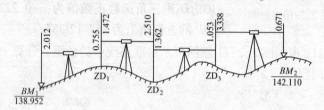

图 2.2-12 题图

表 2.2-12-1

测点	后视读数（m）	前视读数（m）	高差（m）		高程（m）
			+	−	

答：据题意，其计算过程见表 2.2-12-2。

表 2.2-12-2

测站	后视读数（m）	前视读数（m）	高差 + （m）	高差 – （m）	高程（m）
BM_1	2.012		1.257		138.952
ZD_1	1.472	0.755		1.038	140.209
ZD_2	1.362	2.510			139.171
ZD_3	3.338	1.053	0.309		139.171
BM_2		0.671	2.667		142.110
Σ	8.184	4.989	4.233	1.038	

校核：$\Sigma a - \Sigma b = 3.195\text{m}$，$f_h = 0.037\text{m}$。

13. 在水准点 BM_a 和 BM_b 之间进行水准测量，所测得的各测段的高差和水准路线长如图 2.2-13 所示。已知 BM_a 的高程为 5.612m，BM_b 的高程为 5.400m。试将有关数据填在水准测量高差调整表 2.2-13-1，最后计算水准点 1 和 2 的高程。

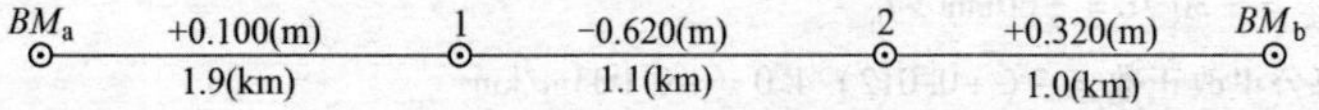

图 2.2-13 题图

水准测量高差调整表　　　　表 2.2-13-1

点号	路线长（km）	实测高差（m）	改正数（mm）	改正后高差（m）	高程（m）
BM_a					5.612
1					
2					
BM_b					
Σ					5.400

每公里改正数 =

答：据题意，其计算过程见表2.2-13-2。

水准测量高差调整表   表2.2-13-2

点号	路线（km）	实测高差（m）	改正数（m）	改正后高差（m）	高程（m）
BM_a					5.612
	1.9	+0.100	-0.006	+0.094	
1					5.706
	1.1	-0.620	-0.003	-0.623	
2					5.083
	1.0	+0.320	-0.003	+0.317	
BM_b					5.400
Σ	4.0	-0.200	-0.012	-0.212	

$H_b - H_a = 5.400 - 5.612 = -0.212m$

$f_h = \Sigma h - (H_b - H_a) = -0.200 + 0.212 = +0.012m$

$f_{h允} = \pm 30\sqrt{L} = \pm 60mm > f_h$

每公里改正数 $= -(+0.012)/4.0 = -0.003m/km$

改正后校核：$\Sigma h - (H_b - H_a) = -0.212 + 0.212 = 0$

14. 观测 BM_1 至 BM_2 间的高差时，共设 25 个测站，每测站观测高差中误差均为 $\pm 3mm$。

问：（1）两水准点间高差中误差时多少？

（2）若使其高差中误差不大于 $\pm 12mm$，应设置几个测站？

答：据题意知

（1）$\because h_{1-2} = h_1 + h_2 + \cdots\cdots + h_{25}$

$\therefore m_h = \pm \sqrt{m_1^2 + m_2^2 + \cdots\cdots + m_{25}^2}$

又因 $m_1 = m_2 = \cdots\cdots = m_{25} = m = \pm 3mm$

则 $m_h = \pm \sqrt{25m^2} = \pm 15mm$

（2）若 BM_1 至 BM_2 高差中误差不大于 ± 12（mm）时，该设的站数为 n 个。

152

则：$n \cdot m^2 = \pm 12^2$mm

$$\therefore n = \frac{144}{m^2} = \frac{144}{9} = 16 \text{（站）}$$

15. 如图 2.2-15 所示：由 BM_3（已知高程 43.714m）向施工现场引测 A、B 两点高程后，到 BM_6（已知高程 44.424m）附合校核，按规定填写记录表格、做计算和成果校核，若观测精度合格，应进行误差调整。

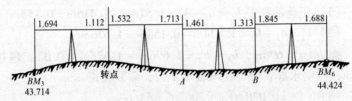

图 2.2-15　题图

答：

表 2.2-15

测点	后视读数 a	视线高 H_i	前视读数 b	高程 H	备注
BM_3	1.694	45.408		43.714	已知高程
转点	1.532	45.828	1.112	44.296	44.297
A	1.461	45.576	1.713	44.115	44.117
B	1.845	46.108	1.313	44.263	44.266
BM_6			1.688	44.420	44.424
计算校核	$\sum a = 6.532$　　$\sum b = 5.826$ $\sum h = \sum a - \sum b = 6.532 - 5.826 = 0.706$ $H_{始} = 43.714$　　$H_{终} = H_{始} + \sum h = 43.714 + 0.706 = 44.420$				
成果校核	实测闭合差 $= 44.420 - 44.424 = -0.004$m 精度合格 允许闭合差 $= \pm 6$mm$\sqrt{4} = \pm 12$mm 每站改正数 $= -(-4\text{mm}/4\ \text{站}) = 1\text{mm}/1\ \text{站}$				

16. 在对 S3 型微倾水准仪进行 i 角检校时，先将水准仪安置在相距 80m 的 A 和 B 两立尺点中间，使气泡严格居中，分别读得两尺读数为 $a_1 = 1.573$m，$b_1 = 1.415$m，然后将仪器搬到 A 尺附近，使气泡居中，读得 $a_2 = 1.834$m，$b_2 = 1.696$m，问：（1）正确高差是多少？（2）水准管轴是否平行视准轴？（3）计算 i 角；（4）若不平行，应如何校正？

答：据题意知：

（1）正确的高差 $h_1 = a_1 - b_1 = 1.573$m $- 1.415$m $= 0.158$m

（2）$b_2' = a_2 - h_1 = 1.834$m $- 0.158$m $= 1.676$m

而 $b_2 = 1.696$m，$b_2 - b_2' = 1.696$m $- 1.676$m $= 0.02$m 超过 5mm，说明水准管轴与视准轴不平行，需要校正。

（3）i 角 $= 0.020/D_{AB} \times 206265 = 51.6''$

（4）校正方法：水准仪照准 B 尺，旋转微倾螺旋，使十字丝对准 1.676m 处，水准管气泡偏离中央，拨调水准管的校正螺旋（左右螺丝松开、下螺丝退，上螺丝进）使气泡居中（或符合），拧紧左右螺丝，校正完毕。

17. 在 B 点上安置经纬仪观测 A 和 C 两个方向，盘左位置先照准 A 点，后照准 C 点，水平度盘的读数为 $6°23'30''$ 和 $95°48'00''$；盘右位置照准 C 点，后照准 A 点，水平度盘读数分别为 $275°48'18''$ 和 $186°23'18''$，试记录在测回法测角记录表中，表 2.2-17-1，并计算该测回角值是多少？

表 2.2-17-1

测站	盘位	目标	水平度盘读数 （° ′ ″）	半测回角值 （° ′ ″）	一测回角值 （° ′ ″）	备注

答：据题意，其计算过程见表2.2-17-2。

表2.2-17-2

测站	盘位	目标	水平度盘读数 (° ′ ″)	半测回角 (° ′ ″)	一测回角值 (° ′ ″)	备注
B	盘左	A	6 23 30	89 24 30	89 24 45	
		C	95 48 00			
	盘右	A	186 23 18	89 25 00		
		C	275 48 18			

18. 在等精度观测条件下，对某三角形进行四次观测，其三内角之和分别为：179°59′59″，180°00′08″，179°59′56″，180°00′02″。试求：（1）三角形内角和的观测中误差？（2）每个内角的观测中误差？

答：据题意，其计算过程见表2.2-18。

表2.2-18

观测 次数	角值 (° ′ ″)	Δi (″)	$\Delta\Delta$	计　算
1	179 59 59	+1″	1	(1) $m_\Delta = \pm\sqrt{\dfrac{[\Delta\Delta]}{n}} = \pm\sqrt{\dfrac{85}{4}} \pm 4.6″$
2	180 00 08	−8″	64	(2) $m_\Delta^2 = 3m_\beta^2$
3	179 59 56	+4″	16	$\therefore m_\beta = \pm\sqrt{\dfrac{m_\Delta^2}{3}} = \pm\sqrt{7.08} = \pm2.66″$
4	180 00 02	−2″	4	
Σ	720 00 05	−5″	85	

19. 已知四边形闭合导线内角的观测值见表2.2-19-1，并且在表中计算（1）角度闭合差。（2）改正后角度值。（3）推算出各边的坐标方位角。

155

表2.2-19-1

点号	角度观测值（右角） (° ′ ″)	改正数 (° ′ ″)	改正后角值 (° ′ ″)	坐标方位角 (° ′ ″)
1	112 15 23			123 10 21
2	67 14 12			
3	54 15 20			
4	126 15 25			
Σ				

答：据题意，其计算过程见表2.2-19-2。

表2.2-19-2

点号	角度观测值（右角） (° ′ ″)	改正值 (″)	改正后角值 (° ′ ″)	坐标方位角 (° ′ ″)
1	112 15 23	−5	112 15 18	123 10 21
2	67 14 12	−5	67 14 07	235 56 14
3	54 15 20	−5	54 15 15	1 40 59
4	126 15 25	−5	126 15 20	55 25 39
Σ	360 00 20	−20	360 00 00	

$$f_\beta = +20'' \qquad V_{\beta_i} - \frac{f_\beta}{4} = -5''$$

20. 在方向观测法的记录表中（表2.2-20-1），完成其记录的计算工作。

156

方向观测法记录表 表2.2-20-1

测站	测回数	目标	水平度盘读数 盘左 (° ′ ″)	水平度盘读数 盘右 (° ′ ″)	2C (″)	方向值 (° ′ ″)	归零方向值 (° ′ ″)	角值 (° ′ ″)
M	1	A	00 01 06	180 01 24				
		B	69 20 30	249 20 24				
		C	124 51 24	304 51 30				
		A	00 01 12	180 01 18				

答：据题意，其计算过程，见表2.2-20-2。

表2.2-20-2

测站	测回数	目标	水平度盘读数 盘左 (° ′ ″)	水平度盘读数 盘右 (° ′ ″)	2C ″	方向值 (° ′ ″)	归零方向值 (° ′ ″)	角值 (° ′ ″)
M	1	A	00 01 06	180 01 24	−18	(0 01 15) 00 01 15	0 00 00	69 19 12
		B	69 20 30	249 20 24	+6	69 20 27	69 19 12	55 31 00
		C	124 51 24	304 51 30	−6	124 51 27	124 50 12	235 09 48
		A	00 01 12	180 01 18	−6	00 01 15	0 00 00	

21. 如图2.2-21题图所示，已知AB边的方位角为$130°20′$，BC边的长度为82m，$\angle ABC = 120°10′$，$X_B = 460$m，$Y_B = 320$m，计算分别计算BC边的方位角和C点的坐标。

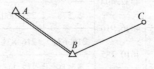

图2.2-21 题图

答：BC边的方位角为$\alpha_{BC} = 130°20′ + 180° + 120°10′ =$

$70°30'$

$$X_C = X_B + D_{BC}\cos\alpha_{BC} = 487.4\text{m}$$
$$Y_C = Y_B + D_{BC}\sin\alpha_{BC} = 397.3\text{m}$$

22. 如图 2.2-22 题图所示：ABCD 为建筑红线，为校核各边长、左角与其坐标对应，在表中计算有关数据，进行计算校核。

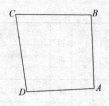

图 2.2-22 题图

坐标反算表   表 2.2-22-1

点	横坐标 y	Δy	纵坐标 x	Δx	距离 D	方位角	左角
A	6215.931		4615.726				
B	6210.497		4832.494				
C	5989.567		4826.916				
D	5998.883		4610.285				
A	6215.931		4615.726				
校核							

答：解题过程见表 2.2-22-2。

坐标反算表   表 2.2-22-2

点	横坐标 y	y	纵坐标 x	x	距离 D	方位角 (° ′ ″)	左角 (° ′ ″)
A	6215.931		4615.726				
		5.434		216.768	216.836	358°33′50″	
B	6210.497		4832.494				89°59′23″
		220.930		5.578	221.000	268°33′13″	
C	5989.567		4826.916				88°59′02″
		9.316		216.631	216.831	177°32′15″	
D	5998.883		4610.285				91°01′35″
		217.048		5.441	217.116	88°33′50″	
A	6215.931		4615.726				90°00′00″
校核		+226.364		+222.209		358°33′50″	
		226.364		222.209			360°00′00″
校核		0.000		0.000			

158

23. 如图 2.2-23 题图所示：NS 为建筑场地红线，甲、乙两幢为新建塔楼。为测量放线方便，进行以 N 点为建筑场地坐标原点、N—S 为场地坐标 A 轴方向的坐标转换计算。

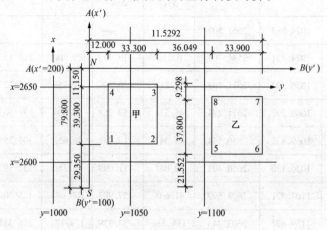

图 2.2-23　题图

答：计算过程，见表 2.2-23

表 2.2-23

点号	建筑场地坐标（B，A）				
	α'_{Ni}	ΔB_{Ni}	ΔA_{Ni}	B	A
N				100.000	200.000
S	180°00′00″	0.000	−79.800	100.000	120.200
1	166°37′12″	12.000	−50.450	112.000	149.550
2	138°04′43″	45.300	−50.450	145.300	149.550
3	103°49′40″	45.300	−11.150	145.300	188.850
4	132°53′51″	12.000	−11.150	112.000	188.850
5	125°35′22″	81.392	−58.248	181.392	141.752
6	116°48′14″	115.292	−58.248	215.292	141.752
7	100°03′26″	115.292	−20.448	215.292	179.552
8	104°06′09″	81.392	−20.448	181.392	179.552

点号	城市测量坐标（y，x）					
	y	x	Δy_{Ni}	Δx_{Ni}	D_{Ni}	α_{Ni}
N	1024.083	2661.502				
S	1024.421	2581.703	0.338	−79.799	79.800	179°45′26″
1	1036.297	2611.103	12.214	−50.399	51.858	166°22′38″
2	1069.597	2611.244	45.514	−50.258	67.804	137°50′09″
3	1069.430	2650.544	45.347	−10.958	46.652	103°35′06″
4	1036.130	2650.403	12.047	−11.099	16.380	132°39′17″
5	1107.721	2603.599	81.638	−57.903	100.088	125°20′48″
6	1139.621	2603.743	115.538	−57.759	129.171	116°33′40″
7	1139.461	2641.543	115.378	−19.959	117.092	99°48′52″
8	1105.561	2641.399	81.478	−20.103	83.921	103°51′35″

24. 已知某施工场地平面控制网布置成 1－2－3－4－5 闭合导线，已知起始数据和观测数据均列于下表。计算并回答以下问题。

（1）计算角度闭合差，当闭合差小于 $\pm 24''\sqrt{n}$ 时，应如何进行调整；（将闭合差反号、平均分配）。

（2）计算导线闭合差，当精度高于 1/5000 时，应如何进行调整并推算 2、3、4、5 各点坐标；（将闭合差反号、按边长比例分配）。

（3）说明整个计算过程中，有哪几项计算校核？各有什么意义？（角度闭合差调整后的总和校核，推算方位角的闭合校核，坐标增量闭合差调整后的总和校核，推算坐标的闭合校核）。

答:

闭合导线计算表   表 2.2-24-1

测站	左角 β 观测值 (° ′ ″)	调整值 (° ′ ″)	方位角 α (° ′ ″)	边长 D (m)	横坐标增量 Δy	横坐标 y	纵坐标增量 Δx	纵坐标 x
1	2	3	4	5	6	7	8	9
1			38°37′12″	142.256	−5 88.789	5000.000	+18 111.145	1000.000
2	+5 122°46′18″	122°46′23″	341°23′35″	118.736	−4 −37.886	5088.784	+15 112.530	1111.163
3	+6 102°17′48″	102°17′54″	263°41′29″	223.984	−8 −232.567	5050.894	+30 −25.711	1223.708
4	+5 104°44′12″	104°44′17″	188°25′46″	183.201	−7 −26.856	4818.319	+24 −181.222	1198.027
5	+5 86°11′24″	86°11′29″	94°37′15″	209.232	−8 208.552	4791.456	+27 −16.856	1016.829
1	+5 123°59′52″	123°59′57″	38°37′12″			5000.000		1000.000
2					297.341		+223.675	
Σ	539°59′34″	540°00′00″	ΣD = 887.409		−297.309 $f_y = +0.032$		−223.789 $f_x = −0.114$	

闭合差和精度	$f_\beta = 539°59′34″ − 540°00′00″ = −0′26″$ $f = \sqrt{f_x^2 + f_y^2} = \sqrt{(0.032)^2 + (−0.114)^2} = 0.118$ $f_{\beta允} = ±24″\sqrt{5} = ±0′54″$ $k = \dfrac{f}{\Sigma D} = \dfrac{0.018}{887.409} = \dfrac{1}{7500}$

25. 已知圆曲线半径 $R = 200.000$m,$\alpha = 36°46′20″$,现将经纬仪安放在 ZY 点,以 0°00′00″ 后视 JD 点,用偏角法测设圆曲线上各辅点(桩号如下表)。在表 2.2-25 中计算各辅点的偏角单值及累积值。

答:

偏角法圆曲线辅点测设表　　　　表 2.2-25

点名	里程桩号	曲线长 l (m)	弦切角（偏角）Δ (° ′ ″)		备注
			单角值	累积值	
ZY	2+930.059			0°00′00″	
		9.941	1°25′26.2″		
1	2+940			1°25′26″	
		20.000	2°51′53.2″		
2	2+960			4°17′19″	
		20.000	2°51′53.2″		
3	2+980			7°09′13″	
		14.238	2°02′22.0″		
QZ	2+994.238			9°11′35″	=α/4
		5.762	0°49′31.2″		=α/2
4	3+000			10°01′06″	
		20.000	2°51′53.2″		
5	3+020			12°52′59″	
		20.000	2°51′53.2″		
6	3+040			15°44′53″	
		18.418	2°38′17.4″		
YZ	2+058.418			18°23′10″	

26. 已知测站点高程 $H = 81.34$m，仪器高 $i = 1.42$m，各点视距测量记录如表 2.2-26-1。试求出各地形点的平距及高程（竖直角计算公式为：$\alpha_{左} = 90° - L$）。

表 2.2-26-1

点号	视距读数 (m)	中丝读数 (m)	盘左竖盘读数 (° ′)	竖角 (° ′)	平距 (m)	初算高差 (m)	$i - l$ (m)	高差 (m)	高程 (m)
1	53.6	2.71	87 51						
2	79.3	1.42	99 46						

答：据题意，其计算过程，见表 2.2-26-2。

点号	视距读数（m）	中丝读数（m）	盘左竖盘读数（° ′）	竖角（° ′）	平距（m）	初算高差（m）	$i-l$（m）	高差（m）	高程（m）
1	53.6	2.71	87 51	+2 09	53.3	2.01	-1.29	0.72	82.06
2	79.3	1.42	99 46	-9 46	77.0	-13.26	0	-13.26	68.08

27. 如表 2.2-27 为一段纵断面水准测量实测记录，在表中进行计算和校核。

答：

表 2.2-27

测点（桩号）	后视读数	视线高	前视读数		高程 H	备注
			转点	中间点		
BM2	1.694	50.747			49.053	已知高程
转点	1.532	51.167	1.112		49.635	
ZY2 +930.059				1.32	49.85	
2 +940				1.61	49.56	
2 +960				1.94	49.23	
2 +980				1.82	49.35	
QZ2 +994.248	1.461	50.915	1.713		49.454	
3 +000				1.60	50.32	
3 +020				1.52	50.40	
3 +040				1.44	50.48	
YZ2 +058.438	1.845	51.447	1.313		49.602	
BM4				1.688	49.759	已知高程 49.764

测点 （桩号）	后视读数	视线高	前视读数		高程 H	备注
			转点	中间点		
Σ	6.532		5.826			

计算 校核	$h = \sum a - \sum b = (6.532 - 5.826) = 0.706\text{m}$ $H_{BM4} - H_{BM2} = 49.759 - 49.053 = 0.706\text{m}$
成果 校核	实测闭合差 $f_h = 49.759 - 49.764 = -0.005\text{m}$ 允许闭合差 $f_{h容} = \pm 6\text{mm}\sqrt{n} = \pm 6\text{mm}\sqrt{4} = \pm 12\text{mm}$ 所以，由上计算可知，精度合格

28. 已知南北两楼设计净距 $D = 16.6\text{m}$，室外地面标高均为 -0.60m，南檐口顶部标高为 $H_{南顶} = +12.4\text{m}$，北楼底层窗台标高 $+0.80\text{m}$，冬至日中 12 点的太阳仰角 $\theta = 33°15'$，计算南北两楼设计日照间距是否符合要求？

答：已知南北两楼间距为 $D = 16.6\text{m}$，南楼檐口与北楼底层窗台高差为 $12.4\text{m} - 0.80\text{m} = 11.6\text{m}$，冬至日中 12 点的太阳仰角为 $\theta = 33°15'$，则 $11.6\text{m} \div \tan 33°15' = 17.7\text{m}$，所以大于设计净距 $D = 16.6\text{m}$，设计日照间距不满足要求。

2.3 简答题

1. 解释以下各种图例的含义。

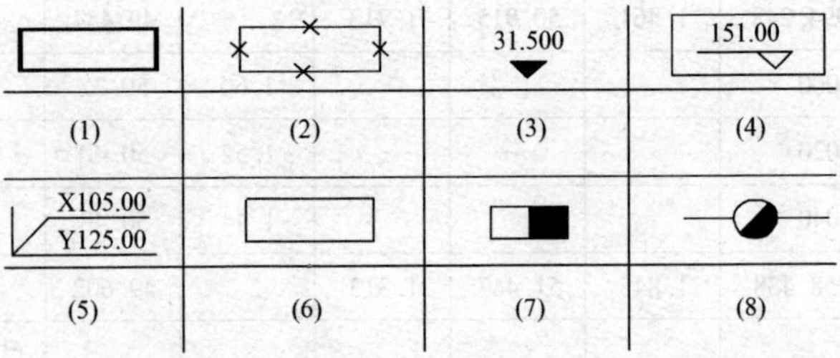

图 2.3-1 题图

164

答:

(1) —新建建筑;(2) —拆除的建筑物;(3) —室外地坪绝对标高;(4) —室内标高;(5) —坐标;(6) —原有建筑物;(7) —雨水井;(8) —消防栓井

2. 仔细识读以下楼梯详图,回答以下问题。

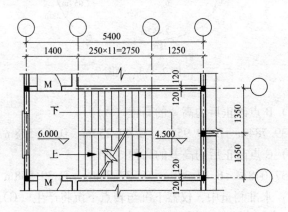

图 2.3-2 题图

(1) 补全窗子的编号(C)。

(2) 如果房屋的标准层高为 3.000m,那么本层楼梯为(二)层楼梯。

(3) 本楼梯为双跑楼梯,每跑有(10)级。

(4) 本楼梯的踏步的踢面高度为(150)mm。

(5) 楼梯的开间尺寸为(2700)mm。

(6) 楼梯间的进深尺寸是(5400)mm。

(7) 楼梯的上楼方向为(右侧)逆时针上楼。

3. 闭合水准路线高差观测如图 2.3-3 题图,已知 A 点高程 $H_A = 41.20$m,观测数据如图所示(环内单位为 m 的为两点高差,环外单位为 km 为两点距离),计算高差闭合差及改正后的高差的高程。

(1) 高差闭合差为(C)。

A. –20mm   B. –22mm   C. –24mm   D. –26mm

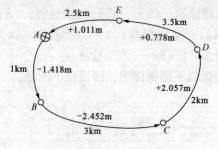

图 2.3-3   题图

（2）B 点改正后的高差的高程（A）。

A. 39.784m   B. 39.958m   C. 40.250m   D. 40.558m

（3）C 点改正后的高差的高程（B）。

A. 37.048m   B. 37.338m   C. 37.348m   D. 38.558m

（4）水准测量中，仪器下沉与转点下沉将产生（C）。

A. "+"号累积误差使测量终点高程变小

B. "–"号累积误差使测量终点高程变大

C. "+"号累积误差使测量终点高程变大

D. 随机误差使测量终点高程变化不定

（5）一组等精度观测值的算术平均值的中误差是每次观测中误差除以观测次数的（D）。

A. 平均值   B. 总和的平方   C. 总和   D. 总和的平方根

4. 已知一支水准路线 AB，水准点 A 的高程为 75.523m，往、返测站均为 15 站。往测高差为 –1.234m，返测高差为 +1.238m，试根据以上数据回答下列问题。

（1）高差闭合差（B）。

A. 3mm   B. 4mm   C. 5mm   D. 6mm

（2）高差容许闭合差为（C）。

A. 42mm   B. 44mm   C. 46mm   D. 48mm

（3）改正后高差 h_{AB} 为（A）。

A. −1.236m B. −1.254m C. −1.268m D. −1.284m

（4）B 点高程为（B）。

A. 74.015m B. 74.287m C. 74.458m D. 74.784m

（5）以下测量中不需要进行对中操作是（B）。

A. 水平角测量　　　B. 水准测量

C. 垂直角测量　　　D. 三角高程测量

5. 在测站 A 进行视距测量，仪器高 $i = 1.450\text{m}$，望远镜盘左照准 B 点标尺，中丝读数 $v = 2.560\text{m}$，视距间隔为 $l = 0.586\text{m}$，竖盘读数 $L = 93°28'$。

（1）水平距离为（A）。

A. 58.493m B. 58.482m C. 58.562m D. 58.683m

（2）高差为（C）。

A. 3.254m B. 3.376m C. 3.543m D. 3.782m

（3）水准测量中，每一测站前后视距相等可消除（B）影响。

A. 水准尺零点差　　　B. 视准轴误差

C. 气泡居中误差　　　D. 读数误差

（4）J6 型光学经纬仪一测回的方向中误差为（A）。

A. ±6″　　B. ±3″　　C. ±12″　　D. ±9″

（5）水准测量中，一对水准标尺的零点差对观测结果的影响可通过（D）消除。

A. 前后视距相等　　　B. 摇尺法

C. 对中整平　　　D. 偶数站上点

6. 水准仪 i 角检测中，仪器距离 A、B 尺均为 42m，移动仪器至 A 尺近旁求得 B 尺上读数 b'，其与应读前视 b 之差 $b' − b = −6\text{mm}$。

（1）此水准仪的 i 角为（A）。

A. −14.7″　　B. +14.7″　　C. −29.5″　　D. +29.5″

（2）水准仪 S4、S3、S1 及 S05，其精度最高和最低的为（D）。

A. S4、S05　　B. S1、S3　　C. S1、S4　　D. S05、S4

（3）水准管分划值 τ 的大小与水准管纵向圆弧半径 R 的关系是（B）。

A. 成正比　　B. 成反比　　C. 无关　　D. 平方比

（4）精密水准仪视准轴水平精度和放大率不低于（C）。

A. $\pm 0.5''$、60 倍　　B. $\pm 8.0''$、30 倍

C. $\pm 0.2''$、40 倍　　D. $\pm 0.5''$、40 倍

（5）国家四等水准测量的观测程序是（C）。

A. 后—前—前—后　　　B. 前—后—前—后

C. 后—后—前—前　　　D. 前—前—后—后

7. 用名义长 $L_名$ = 50m、实长 $L_实$ = 49.9951m 的钢尺，以标准拉力往返测得 A、B 两点水平间距平均值 D = 175.828m，丈量时平均温度 t = $-6℃$。

（1）相应的尺长改正数为（A）m。

A. -0.0172　　B. $+0.0172$　　C. -0.0172　　D. $+0.0172$

（2）相应的温度改正数为（C）m。

A. $+0.0549$　　B. $+0.0549$　　C. -0.0549　　D. -0.0549

（3）钢尺量距中，温度过高、拉力过大、实长大于名义长等，将对应产生（A）符号的累积误差。

A. "$-$"、"$-$"、"$-$"　　　B. "$+$"、"$+$"、"$+$"

C. "$+$"、"$-$"、"$-$"　　　D. "$-$"、"$-$"、"$+$"

（4）钢尺量距的下列误差中，属于随机误差的有（A）。

①拉力不准。②尺端投点不准。③拉力偏小。④测温不准。⑤司尺员配合不齐。⑥尺身下垂。

A. ①②④⑤　　B. ①④⑤⑥　　C. ①②⑤⑥　　D. ②③④⑤

（5）测量平差的任务是（C）。

①求最可靠性。②消除系统误差。③评定测量成果精度。④消除随机误差。

A. ①④　　　B. ①②④　　　C. ①③　　　D. ①②③④

8. 一边长丈量了 4 次，观测值为 98.342m、98.344m、

168

98.336m 和 98.350m。

（1）该边长的平均值为（B）。

A. 98.363m B. 98.343m C. 98.383m D. 98.389m

（2）该边长的观测值中误差为（A）。

A. ±5.8mm B. ±5.6mm C. ±5.4mm D. ±5.0mm

（3）该边长的平均值中误差为（D）。

A. ±2.5m B. ±2.7mm C. ±2.6mm D. ±2.9mm

（4）该边长的平均值相对中误差为（C）。

A. 2.9×10^{-5} B. 0.0000295

C. 1/33000 D. 1/34000

9. 用钢尺丈量某一段距离，6 次测量的距离值分别为（单位为 m）：20.290，20.295，20.298，20.291，20.289，20.296，试计算。

（1）距离算术平均值为（B）。

A. 20.132 B. 20.293 C. 20.451 D. 20.568

（2）距离观测值中误差为（A）。

A. ±3.7mm B. ±4.2mm C. ±4.8mm D. ±5.1mm

（3）算术平均值的中误差为（A）。

A. ±1.5mm B. ±1.8mm C. ±2.1mm D. ±2.6mm

（4）距离的相对中误差为（D）。

A. 1:13165 B. 1:13235 C. 1:13354 D. 1:13439

10. 分析下列有关钢尺丈量距离的计算结果，选择正确答案。

（1）作为标准尺的 1 号钢尺名义长度为 30m，在某一温度及规定拉力下的实际长度为 30.0045m，被检验的 2 号钢尺名义长度也是 30m，当两尺末端对齐时，2 号钢尺的零分划线对准 1 号钢尺的 0.0015m 处，（设此尺时气温为 t_0），2 号钢尺的实际长度是（C）。

A. 29.63m B. 29.852m C. 30.003m D. 20.341m

（2）已知名义长 L 为 30m，实际长为 30.003m 的 2 号钢尺，

量得 AB 线段间的长度 D 为 150.000m。AB 线段间实际长度为（D）？

A. 149.163m　B. 149.352m　C. 149.510m　D. 150.015m

（3）一条直线往测长为 227.47m，返测长为 227.39m，求此直线的返测最后丈量结果为（B）。

A. 227.13m　B. 227.43m　C. 227.65m　D. 227.78m

（4）某钢尺尺长方程式为 $l_t = 30 + 0.006 + 0.000012$（$t - 20°$）$×30$m。在 $-12℃$ 时使用标准拉力量得 M、N 两点间的倾斜距离为 128.035m，已测得高差 $h_{MN} = +1.53$m，M、N 两点间的实际水平距离是（D）。

A. 128.015m　B. 128.025m　C. 128.035m　D. 128.004m

（5）用一盘名义长度 50m，在拉力 150N，气温 $+20℃$，高差为 0 的条件下，检定长度为 50.0150m 的钢尺丈量某段距离得 49.8325m，丈量时的拉力仍为 150N，气温为 $+15℃$ 两端点高差为 0.67m，问此段水平距离实长是（C）m。

A. 49.580　　B. 49.730　　C. 49.840　　D. 49.950

11. 对某角度进行了 6 个测回，测量角值分别为 $42°20'26''$、$42°20'30''$、$42°20'28''$、$42°20'24''$、$42°20'23''$、$42°20'25''$，试计算：

（1）该角的算术平均值（D）。

A. $41°20'16''$　B. $41°20'36''$　C. $42°20'06''$　D. $42°20'26''$

（2）观测值的中误差（B）。

A. $±2.0''$　　B. $±2.6''$　　C. $±2.9''$　　D. $±3.3''$

（3）算术平均值的中误差（A）。

A. $±1.16''$　　B. $±156''$　　C. $±1.72''$　　D. $±1.96''$

（4）J6、J2 经纬仪测水平角，如取 2 倍中误差为允许误差，则上、下两半测回角值的互差的允许值为（D）。

A. $±16''$、$±48''$　　　　B. $±8''$、$±24''$

C. $±6''$、$±17''$　　　　D. $±40''$、$±20''$

（5）施工测量中，要求量边与测角精度相匹配，若测角精

度 $\Delta \beta = \pm 10''$、量距精度 $k = 1/8000$，则与其相匹配的量边精度 k、与测角精度 $\Delta \beta$ 为（B）。

　　A. 1/10000、 $\pm 20''$　　　　B. 1/20000、 $\pm 25''$

　　C. 1/50000、 $25''$　　　　　D. 1/20000、 $\pm 20''$

　　12. 在同一观测条件下，对某水平角观测了五测回，观测值分别为 $39°40'30''$、$39°40'48''$、$39°40'54''$、$39°40'42''$、$39°40'36''$，试计算：

　　（1）该角的算术平均值为（D）。

　　A. $39°15'40''$　　B. $39°20'35''$　　C. $39°30'12''$　　D. $39°40'42''$

　　（2）一测回水平角观测中误差为（C）。

　　A. $\pm 9.126''$　　B. $\pm 9.238''$　　C. $\pm 9.487''$　　D. $\pm 9.652''$

　　（3）五测回算术平均值的中误差（A）。

　　A. $\pm 4.243''$　　B. $\pm 4.382''$　　C. $\pm 4.468''$　　D. $\pm 4.542''$

　　（4）水平角观测工作时，当观测方向数超过（C）个时，需做度盘归零观测。

　　A. 5　　　B. 4　　　C. 3　　　D. 2

　　（5）J2 型光学经纬仪光学测微器两次重合读数之差不应超过（B）。

　　A. $1''$　　　B. $3''$　　　C. $6''$　　　D. $9''$

　　13. 如图 2.3 - 13 题图所示，已知直线 1 ~ 2 的坐标方位角 $\alpha_{12} = 75°10'25''$，用经纬仪测得水平角 $\beta_2 = 201°10'10''$，$\beta_3 = 170°20'30''$。

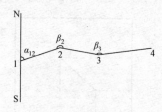

图 2.3-13　题图

　　（1）直线 2 ~ 3 的坐标方位角是（C）。

A. 96°20′25″ B. 96°20′45″ C. 96°20′35″ D. 96°20′15″

（2）直线 2~3 的坐标象限角是（A）。

A. 83°39′25″ B. 84°39′25″ C. 86°20′10″ D. 86°20′15″

（3）直线 3~4 的坐标方位角是（A）。

A. 86°41′05″ B. 86°41′08″ C. 86°41′10″ D. 86°41′15″

14. 如图 2.3-14 题图所示，已知 AB 边的方位角为 130°20′，BC 边的长度为 82m，$\angle ABC = 120°10′$，$X_B = 460$m，$Y_B = 320$m。

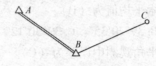

图 2.3-14　题图

（1）计算 BC 边的方位角为（B）。

A. 70°12′　　B. 70°30′　　C. 70°45′　　D. 70°56′

（2）C 点的纵坐标为（C）。

A. $X_C = 485.4$m　　B. $X_C = 486.5$m

C. $X_C = 487.4$m　　D. $X_C = 488.3$m

（3）C 点的横坐标为（B）。

A. $Y_C = 397.1$m　　B. $Y_C = 397.3$m

C. $Y_C = 397.7$m　　D. $Y_C = 397.9$m

15. 在 1∶2000 图幅坐标方格网 2.3-15 题图上，量测出 $ab = 2.0$cm，$ac = 1.6$cm，$ad = 3.9$cm，$ae = 5.2$cm。

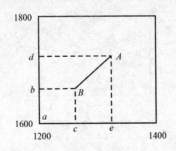

图 2.3-15　题图

（1）直线 AB 的长度是（A）。

A. 81. 413m   B. 81. 456m   C. 81. 481m   D. 81. 495m

（2）直线 AB 的方位角为（C）。

A. 240°10′20″   B. 241°15′50″

C. 242°10′33″   D. 243°10′32″

（3）在全站仪观测前，一定要先输入 3 个参数——棱镜常数、（B）及气压，以使仪器对测距数值进行自动改正。

A. 仪器高   B. 温度   C. 前视读数   D. 风速

16. 计算下列各题，并选择正确答案。

（1）A、B 两点位于 6°带第 20 带，自然坐标值为 $X_A = X_B = 236107. 860m$，$Y_A = -Y_B = 556103. 445m$，则 A、B 两点的通用坐标 Y_A、Y_B 应写为（A）m。

A. 20556103. 445，20443896. 555

B. 556103. 445，443. 896

C. 20056103. 445，–20056103. 445

D. 20556103. 445，–20443. 896

（2）直线 AB 和 BC 的方位角分别为 $\phi_{AB} = 250°$，$\phi_{BC} = 150°$，则它们的象限角分别为（C）。

A. 西 250°南，东 150°南   B. 70°，30°

C. 南 70°西，南 30°东   D. 西 70°南，东 30°南

（3）A、B 两点的坐标为 $y_A = 500. 000m$、$x_A = 500. 000m$，$y_B = 487. 623m$、$x_B = 663. 890m$。则距离 d_{AB} 为（B）。

A. 164. 357m   B. 164. 357m   C. 176. 267m   D. 176. 267m

（4）A、B 两点的坐标为 $y_A = 500. 000m$、$x_A = 500. 000m$，$y_B = 487. 623m$、$x_B = 663. 890m$。则方位角 ϕ_{AB} 为（D）。

A. –4°19′08″   B. 265°40′52″   C. 184°9′08″   D. 355°40′52″

（5）已知直线 ij 的水平距离 $d_{ij} = 140. 028m$，方位角 $\phi_{ij} = 181°56′47″$，则相应的横向增量 Δy_{ij} 和纵向增量 Δx_{ij} 为（C）。

A. –4. 756m、–139. 947m   B. +139. 947m、+4. 756m

C. –139. 947m、–4. 756m   D. +139. 947m、–4. 756m

17. 计算或判断下列各题，选择正确的答案。

（1）在三角高程测量中，已测得竖直角为仰角 a、倾斜距离为 S，则初算高差 h 为（B）。

A. $-S \times \sin a$ B. $S \times \sin a$ C. $-S \times \tan a$ D. $S \times \tan a$

（2）在检校经纬仪视准轴（CC）垂直横轴（HH）关系时，得到盘左盘右在尺上读数的差值 $B_1 B_2 = 10$mm，已知仪器到尺子的距离 $d = 45$m，则 CC 不垂直 HH 的误差 c 角为（D）。

A. $\pm 45.8''$ B. $\pm 22.9''$ C. $\pm 5.7''$ D. $\pm 11.5''$

（3）视距测量中，视线倾斜时水平距离的计算公式为（A）。

A. $D = kl\cos 2\alpha$ B. $D = kl\cos\alpha$
C. $D = kl\cos 2\alpha/2$ D. $D = kl\sin 2\alpha$

（4）视距测量中为了使尺子倾斜角小于 $30'$，在地面倾斜角大于（C）时，应在尺上附设水准器。

A. $3°$ B. $5°$ C. $8°$ D. $10°$

（5）竖直角观测中，竖盘指标差限差对应 J6 和 J2 经纬仪应在（B）范围内。

A. $\pm 40''$、$\pm 25''$ B. $\pm 25''$、$\pm 15''$
C. $\pm 15''$、$\pm 10''$ D. $\pm 10''$、$\pm 5''$

18. 计算或判断下列各题，选择正确的答案。

（1）已知长半轴 $a = 18$m，短半轴 $b = 12$m 的椭圆形厅，其测量坐标系方程为 $y^2/a^2 + x^2/b^2 = 1$，以椭圆中心为原点，采用直角坐标法放线，当 $y = 0.000$m 和 ± 10.000m 时，则 x 为（D）。

A. ± 12.000m、± 9.488m   B. $+12.000$m、$+9.978$m
C. $+12.000$m、$+9.498$m   D. ± 12.000m、± 9.978m

（2）已知测量坐标系的圆曲线方程为 $(y-4)^2 + (x-2)^2 = 32$，此圆上的最东点、最西点的坐标 (y, x) 为（D）。

A. $(4, 5)$、$(4, 1)$ B. $(5, 4)$、$(4, -1)$
C. $(5, 4)$、$(5, -1)$ D. $(7, 2)$、$(1, 2)$

（3）已知长半轴 $a = 18$m，短半轴 $b = 12$m 的椭圆形厅，其

174

测量坐标系方程为 $y2/a2 + x2/b2 = 1$，以椭圆中心为原点，采用直角坐标法放线，当 $x = 0.000\text{m}$ 和 $\pm 10.000\text{m}$ 时，则 y 为（D）。

  A. $\pm 18.000\text{m}$、$\pm 9.488\text{m}$ B. $+18.000\text{m}$、$+9.950\text{m}$

  C. $+18.000\text{m}$、$+9.498\text{m}$ D. $\pm 18.000\text{m}$、$\pm 9.950\text{m}$

  （4）一抛物线形建筑物，其测量坐标系方程为 $y^2 = 2px$（$p = 12.5$），以抛物线顶点为原点，采用直角坐标法测设，当 $y = \pm 1\text{m}$ 和 $\pm 10\text{m}$ 时，则 x 为（A）。

  A. $+0.04\text{m}$、4.00m B. $\pm 0.04\text{m}$、$\pm 4.00\text{m}$

  C. $+0.04\text{m}$、-4.00m D. $+0.04\text{m}$、$+8.00\text{m}$

  （5）一双曲线形建筑物，其测量坐标系方程为 $y^2/a^2 + x^2/b^2 = 1$，已知 $a = 14.000\text{m}$，求得 $b = 26.833\text{m}$，以双曲线中心为原点，采用直角坐标法测设时，当 $y = \pm 14\text{m}$ 和 $\pm 20\text{m}$ 时，则 x 为（C）。

  A. 0、$+21.000\text{m}$ B. 0、$\pm 21.000\text{m}$

  C. 0、$\pm 27.375\text{m}$ D. 0、$+27.375\text{m}$

  19. 某测量队欲对一直线距离进行精密距离测量，在进行准备工作时，找到 A、B、C、D 共四把钢尺，情况如下，钢尺检定的标准温度为 20℃、标准拉力为 49N。现有其检定情况如下：

  A 尺 50m，2012 年 7 月 1 日检定实长为 50.0026m，检定合格证丢失；

  B 尺 50m，2012 年 6 月 1 日检定实长为 49.9966m，有检定合格证；

  C 尺 50m，2012 年 7 月 1 日检定实长为 50.0032m，有检定合格证；

  D 尺 50m，2012 年 7 月 1 日检定实长为 30.0032m，有检定合格证。

  （1）按《钢卷尺检定规程》（JJG 4—1999）规定回答以下问题。

  根据钢卷尺检定规程和计量法有关规定，在今天（2013 年 6 月 2 日）进行放线工作，问哪盘钢尺可以使用，为什么？哪盘不可以使用，为什么？

答：A尺不能使用，因没有检定合格证；

B尺不能使用，因已超过检定周期；

C尺可以使用，因有检定合格证，不超周期且精度合格；

D尺不能使用，因精度不合格。

（2）用钢尺丈量一条直线，往测丈量的长度为217.30m，返测为217.38m，今规定其相对误差不应大于1/2000，试问：

1）此测量成果是否满足精度要求？2）按此规定，若丈量100m，往返丈量最大可允许相差多少毫米？

答：1）$K = \dfrac{\Delta D}{D_{平}} = \dfrac{1}{D_{平} / \mid \Delta D \mid} = \dfrac{0.08}{217.34} = \dfrac{1}{2716} < \dfrac{1}{2000}$，此测量成果满足精度要求。

2）按此规定，若丈量100m，往返丈量最大可允许相差$\Delta D = \dfrac{100m}{2000} = 0.05m$，即50mm。

（3）今用名义长为50m实长为50.0048m的钢尺，在高温34℃的条件下，试计算C尺的实际长度。用标准拉力，要准确地在平地上测设出48.000m的距离，根据该钢尺的名义长与实长的比例关系，问在该尺上读取什么读数才行？（该尺 $= 0.000012/℃$）。

答：34℃的条件下，该尺的实长是：

50.0048m + （34℃ − 20℃）×0.000012/℃

×50.0048m = 50.0132m

根据该钢尺的名义长与实长的比例关系，得到欲用该尺在34℃时，用标准拉力在平地上测设出准确的48.000m，则在该尺上应读数为：

$\dfrac{50.0000m}{50.0132m} \times 48.0000m = 47.9873m$

（4）精密量距时改正数有哪些？

答：为了精密测量地面上两点间的水平距离，应该对观测成果进行以下改正计算。

①尺长改正数。②温度改正数。③倾斜改正数。

（5）钢卷尺量距离时，应注意哪些事项？

答：①应使用核定过的钢卷尺量距，量距时采用核定时的拉力，记录下量距时的温度，高差，以便进行改正。

②定线要直，避免位移。

③前、后尺手动作配合好，用力均匀，待尺子稳定时再读数或插测钎。

④读数要细心，避免读错。

⑤插测钎要竖直，前、后尺所量测钎的部位应一致。

⑥记录应清楚，记好后及时回读，互相校核。

20. 对某段距离 *AB*，用 50m 的钢尺往返丈量结果已记录在距离丈量记录表中，试完成该记录表的计算工作，并求出其丈量精度，单位为 m。

表2.3-20-1

测线		整尺段	零尺段		总计	差数	平均值	精度
AB	往	5	18.964					
	返	4	46.456	22.500				

答：

表2.3-20-2

测线		整尺段	零尺段		总计	差数	平均值	精度
AB	往	5	18.964		268.964	0.008	268.960	1/34000
	返	4	46.456	22.500	268.956			

21. 一条钢尺名义长度为 20m，与标准长度比较，其实际长度为 20.003m。用此钢尺进行量距时，每量一尺段会产生 −0.003m 的误差。

177

请根据已知条件，回答下列问题：

（1）若该测量误差的大小和符号是固定的，则该误差属于哪种误差？该测量误差具有什么性质？如何尽量减小或消除该测量误差？

答：①若该测量误差的大小和符号是固定的，则该误差属于系统误差。

②系统误差具有积累性，对测量结果的影响很大，但它们的符号和大小有一定的规律。

③系统误差可以在观测前采取有效的预防措施、观测时采用合理的方法，观测后对观测结果进行必要的计算改正，来尽量消除或减小系统误差的影响。

（2）导致测量误差产生的主要原因有哪些？请具体分析各种原因。

答：测量误差产生的原因主要有三方面。

①外界条件：主要指观测环境中温度、风力、大气折光、空气湿度和清晰度等因素的不断变化，导致测量结果中带有误差。

②仪器条件：仪器在加工和装配等工艺过程中，其零部件的加工精密度不能达到百分之百的准确，这样仪器必然会给测量带来误差。

③观测者的自身条件：由于观测者视觉鉴别能力所限以及仪器使用技术熟练、程度不同，也会在仪器对中、平整和瞄准等方面产生误差。

22. 在对 DS3 型微倾水准仪进行 i 角检校时，先将水准仪安置在 A 和 B 两立尺点中间，使气泡严格居中，分别读得两尺读数 $a_1 = 1.573$m，$b_1 = 1.415$m，然后将仪器搬到 A 尺附近，使气泡居中，读得两尺读数 $a_2 = 1.834$m，$b_2 = 1.696$m。

请根据已知条件，回答下列问题。

（1）水准测量仪器从构造上可以分为哪两大类？

答：常用的水准仪从构造上可分为两大类：一类是利用水准管来获取水平视线的水准管水准仪，称为"微倾式水准仪"；

另一类是利用补偿器来获得水平视线的"自动安平水准仪"。

（2）正确高差应是多少？

答：正确的高差应为：$h_1 = a_1 - b_1 = 1.573\text{m} - 1.415\text{m} = 0.158\text{m}$。

（3）水准管轴是否平行视准轴？若不平行，应如何校正？

答：

1）由于 $b' = a_2 - h = 1.834\text{m} - 0.158\text{m} = 1.676\text{m}$，$b_2 = 1.696\text{m}$，$b_2 - b' = 1.696\text{m} - 1.676\text{m} = 0.02\text{m}$，超过 5mm，说明水准管轴与视准轴不平行，需要校正。

2）校正方法：水准仪照准 B 尺，旋转微倾螺旋，使十字丝对准 1.676m 处，水准管气泡偏离中央，拨调水准管的校正螺旋（左右螺丝松开、下螺丝返，上螺丝进）使气泡居中（或符合），拧紧左右螺丝，校正完毕。

23. 某市要在 2012 年完善新城区的四等水准测量，高程测量基准采用 1985 国家高程基准，由新城区范围外的四个二等水准点作为起算点。此项目采用招标方式对外采用公开招标，要求投标单位应具有乙级以上水准测量资质，某单位中标后，制定的测量方案中要求对拟采用的水准仪有微倾式水准仪、自动安平水准仪和电子水准仪，全部进行检校后方可使用，并提供项目所在地仪器鉴定机构所提供的鉴定合格证书。根据以上情况回答下列问题：

（1）水准测量测站上的基本工作是什么？

答：水准测量测站上的基本工作是：

①安置仪器，定平圆水准盒。

②照准后视、消除视差，读后视读数 a，若为微倾水准仪，应先定平长水准管再读数，读数后再检查水准管。

③照准前视、消除视差，读前视读数 b，若为微倾水准仪，应先定平长水准管再读数，读数后再检查水准管。

④做记录并计算高差（h）或视线高（H_i）及高程（H）。

（2）什么是"1985 国家高程基准？"

答：我国 1987 年规定，以青岛验潮站 1952 年 1 月 1 日～

1979 年 12 月 31 日所测定的黄海平均海水面作为全国高程的统一起算面，叫作"1985 国家高程基准"。

（3）水准仪上具有哪几条主要轴线，彼此之间应该满足什么几何关系？

答：水准仪上具有 4 条主要轴线，分别是圆水准轴 $L'L'$、长水准轴 LL、视准轴 CC 和竖轴 VV。它们彼此之间应该满足两个平行关系，即 $L'L' \parallel VV$、$LL \parallel CC$。

（4）简述水准仪 $LL \parallel CC$ 的检验与校正方法。

答：

1）检验。

①在大致平坦的场地上选择相距大约 80m 的两点 A、B 分别立尺，中间等距处安置水准仪，利用两次仪器高法测定两点的高差，当较差小于 ±3mm 时取平均值得出正确高差 h_{AB}；

②将水准仪移至近 A 尺处再读两尺读数，利用 h_{AB} 及近尺读数 a（视为正确读数）求出远尺应读读数 $b = a - h_{AB}$；

③比较 b 与实际 B 尺读数 b'，若相等则 $LL \parallel CC$，否则平行关系不满足，计算 $i = (b' - b) \rho''/D$ 式中 $\rho'' = 206265''$，D 为 A、B 距离，DS3 水准仪若 $i > 20''$ 需要进行校正。

2）校正。

①调整微倾螺旋，使读数为应读读数 b，此时视线 CC 已经水平；

②用校正针松开水准管校正端的左、右螺丝，上、下螺丝一松一紧使水准管气泡居中，此时 LL 也已水平，实现 $LL \parallel CC$。最后将左、右螺丝拧紧完成校正。

（5）试说明微倾式水准仪一次精密定平的目的和方法。

答：一次精密定平是为了使水准仪望远镜照准任何方向时水准管气泡都居中，即视线处于水平状态，从而能够实现一次后视测定多点高程的抄平工作。

具体操作方法是：

①概略整平后，将水准管平行于两个脚螺旋连线方向，利

180

用微倾螺旋使水准管气泡居中。

②调转望远镜180°，如气泡不居中，利用这两个脚螺旋与微倾螺旋各调整气泡偏离量的一半，使气泡居中。

③调转望远镜90°，利用第三个脚螺旋使气泡居中。

（6）水准测量时，前后视距相等具有什么好处？

答：好处有三，即：

①抵消长水准轴 LL 不平行于视准轴 CC 的误差影响。

②抵消弧面差及大气折光差的影响。

③减少调焦，提高观测精度和速度。

（7）试说明四等水准测量的主要技术要求。

答：四等水准测量的主要技术要求是：

①视距长度≤100m。

②前后视距差≤3m。

③前后视距累积差≤10m。

④黑红面读数差 ≤ ±3mm。

⑤黑红面高差之差 ≤ ±5mm。

⑥水准线路高差闭合差 ≤ ±20mm $\sqrt{L}$（平地）或 ≤ ±20mm $\sqrt{n}$（山地）。

24. 某道路项目控制测量方案采用一级附合导线，使用 DJ2 经纬仪进行 2 测回角度测量，在两条附合导线点相交处则采用全圆方向法进行角度测量，并在开始外业采集数据前进行仪器检校。导线控制网完成后，道路中线和边线采用极坐标法配合钢尺放样。根据以上情况回答下列问题：

（1）简述经纬仪的主要轴线及其几何关系。

答：经纬仪上具有四条主要轴线，分别是水准轴 LL、视准轴 CC、横轴 HH 和竖轴 VV。它们彼此之间应该满足三个垂直关系，即 $LL \perp VV$、$CC \perp HH$ 和 $HH \perp VV$。

（2）说明经纬仪 $CC \perp HH$ 的检验与校正方法。

答：

1）检验：

①在平坦的场地上 O 点安置经纬仪，选择与仪器相距大约100m 的一个明显的点状目标 A，在 AO 的延长线上距仪器约 10m 且与仪器同高的 B 点上横放一把带有毫米刻划的直尺。

②盘左瞄准目标 A，倒转望远镜在直尺上读取读数 b_1。

③盘右瞄准目标 A，倒转望远镜在直尺上读取读数 b_2；如果 $b_1 = b_2$，则 $CC \perp HH$，否则 CC 不垂直于 HH。

2）校正：

打开十字丝环保护盖，松开上、下两个校正螺丝，左、右两个校正螺丝一松一紧，使十字丝竖丝对准 b_2 到 b_1 之间距 b_2 四分之一处的 b_3，此时 $CC \perp HH$。拧紧上、下两个校正螺丝，扣好十字丝环保护盖完成校正。

（3）经纬仪采取盘左、盘右观测有哪些优点？

答：使用经纬仪进行测角、设角、延长直线、轴线投测等操作时，采取盘左、盘右观测取平均的方法优点有三：

①可以发现观测中的错误。

②能够提高观测精度。

③能够抵消仪器 CC 不垂直于 HH、HH 不垂直于 VV 以及竖盘指标差等误差影响。

（4）简述全圆测回法观测水平角的操作步骤。

答：全圆测回法观测水平角的操作步骤是（以 4 个观测方向为例）：

①将经纬仪安置在角顶点 O 上进行对中和整平。

②将望远镜调成盘左位置，并为起始方向（目标 1）配置水平度盘读数为 $0°00'00''$。

③在保持望远镜处于盘左的状态下，顺时针旋转照准部依次瞄准其他各观测目标（2、3、4）并读取度盘读数。之后继续顺时针旋转照准部瞄准起始目标 1（即归零）读取度盘读数，完成上半测回的观测。

④将望远镜调成盘右状态，瞄准起始方向（目标 1）读数，并逆时针旋转照准部依次瞄准其他各观测目标（4、3、2）读取

度盘读数，最后归零再次照准起始目标 1 读数，完成下半测回的观测。

（5）测设点位的基本方法有哪几种？主要优缺点是什么？

答：

①直角坐标法。适用于矩形布置的场地，计算简便、精度可靠，但安置仪器次数多、效率低。

②极坐标法。适用各种形状，只要通视，安置一次仪器可测设多个点位，但计算工作量大。

③角度交会法。适用距离较长，不便量距处，但计算工作量大，且交会角在 $30° \sim 120°$ 为好。

④距离交会法。适用场地平整，可不用经纬仪，交会距离不宜超过钢尺长度，故局限性大，适用范围小。

（6）简述导线测量的内业计算步骤。

答：导线测量的内业计算步骤有：

①根据导线夹角计算角度闭合差 f、闭合差允许值 $f_允$。

②若 $f \leqslant f_允$，将角度闭合差 f 反号平均分配。

③推算导线各边方位角，并计算坐标增量及坐标增量闭合差 f_x、f_y。

④计算导线全长闭合差 $f_s = \sqrt{f_x^2 + f_y^2}$，相对闭合差 $k = \dfrac{f_s}{D} = \dfrac{1}{M}$。

⑤若 k 值符合限差规定，将坐标增量闭合差 f_x、f_y 分别反号按与导线边长成正比例分配到各边增量中。

⑥最后计算各点坐标，并校核。

25. 请根据 × × 新城 1:500 地形图测绘技术设计书回答问题。

位于华北平原的 × × 新城为完成总体规划修编工作，需要测绘新城规划范围内的 1:500 地形图，包括老城区、新城区以及开发区，建立基础信息数据库。测区范围西至：龙凤河故道左堤；北至：龙凤新河右堤；东至：京津塘高速公路二线；南至：京山铁路、杨北公路，总面积约为 80km²，测区地势平坦，海拔约 3~5m。项目工期从 2008 年 6 月~2009 年 12 月，2008 年 9 月 30 日前完成测区 1:500 地形图测绘，2009 年底完成数据更新工作。本项目计划投入作业人员约 120 名，其中管理人员 8 名、技术人员约 60 名，组成控制组、地形组、内业组、技术组、审核组等 30 个作业班组，对参加本项目的作业人员先进行相关规程、本项目技术要求、质量要求、技术设计书的培训，以确保所有作业人员了解项目要求，保证产品质量。本项目计划投入 GPS 接收机 10 台套、全站仪 30 台、水准仪 15 台以及计算机、打印机、绘图仪等生产设备，作业所使用的测绘仪器在使用前，必须经国家认可的计量检定部门进行检定，经检定合格的测绘仪器才能用于本项目作业。

以二等三角平面控制点为起算点，在测区布设四等 GPS 控制网作为首级控制网，采用 GPS 静态测量技术施测；以四等 GPS 控制网为框架网，在其基础上采用 GPS 静态测量技术、GPS RTK 测量技术直接加密二级 GPS 控制点；图根控制点可根据情况采用 GPS RTK 或常规导线（导线网）测量方法施测。高程控制测量采用水准测量的方法。该项目要求采用测记法（全站仪采集数据存储在固体记录器，内业进行数据处理）成图，图形编绘要求采用 SCS G2004 多用途数字测绘与管理系统完成。

（1）地形图测绘有几种基本方法？

答：地形图测绘有以下几种基本方法：

①大平板仪测图。

②小平板仪、水准仪联合测图。

③小平板仪、经纬仪联合测图。

④全站仪数字化测图。

（2）地形图有哪些主要应用？

答：地形图的主要应用是：

①确定点的坐标。

②确定两点之间的距离和方位角。

184

③确定点的高程。

④确定两点之间的高差和坡度。

⑤求取图形的面积。

⑥绘制给定方向的断面图。

（3）什么叫等高线？等高线有哪些特征？

答：地面上高程相等的各相邻点所连接成的闭合曲线，称为等高线。

等高线特征：①同一等高线上各点的高程相等。②等高线为一闭合曲线。③除悬崖，峭壁外，不同高程的等高线不能相交。④山脊与山谷的等高线和山脊线与山谷线成正交。⑤在同一幅图内，等高线平距大，表示地面坡度小，反之，平距小，则表示坡度大，平距相等，则坡度相同。

（4）控制网的布设原则？

答：控制网的布设原则是：分级布网，逐级控制；应有足够的精度；应有足够的密度；应有统一的规格。

（5）高程控制测量除了水准测量还有其他什么方法？

答：三角高程测量和 GPS 高程测量。

（6）图根平面控制点测量常用哪些方法？简要叙述一种图根平面控制测量的作业流程。

答：图根平面控制点测量常用图根导线测量或 GPS RTK 测量，确定图根点坐标。图根导线测量的作业流程．收集测区的控制点资料；现场踏勘、布点；导线测量观测；导线点坐标计算；成果整理。

26. 北京光学仪器厂生产的 DCH 型红外测距仪的测程是 1km，标称精度 m_D = ± （5mm + 5ppm × D），回答式中 5mm、5ppm、D 各表示什么？又用该仪器测 200m 的距离时，其标称精度是多少？测距原理分哪两种？

答：5mm——叫固定误差，主要与仪器内部构造有关；

　　　5ppm——叫比例误差系数，主要与空气环境有关；

　　　D——测程。

用该仪器测 200m 的距离时，则：

$$m_D = \pm(5mm + 5ppm \times 200m) = \pm 6mm。$$

原理有脉冲式测距和相位式测距。

27. 现有一房地产开发公司欲对其即将开发的建筑某商务综合楼进行沉降监测，根据设计图纸可知该商务综合楼共 18 层，高度为 62m，位于商业核心区。为保证工程质量，由第三方进行检测。请根据以上情况回答下列问题：

（1）请结合你工作实际，对沉降监测做一个观测方案，以保证观测工作的顺利进行。

答：

①收集测区的相关测绘资料，特别是高程资料；收集测区的相关的水文地质资料和建筑物的设计资料。

②根据设计及规范要求，确定观测精度和观测周期。

③进行沉降监测网的技术设计。

④根据测区的水文、地质资料布设基准点和工作基点。

⑤根据建筑物的设计资料布置沉降观测点。

⑥根据观测度精度等级和观测周期的要求，制定监测的技术要求和标准，确定观测仪器、可行的观测作业方法。

⑦确定数据处理方法和沉降分析方法。

⑧进行监测网的联测和观测。

⑨按观测周期和作业的要求进行沉降点的观测。

（2）某测绘公司中标该项目的监测，拟投入 S1 电子水准仪采用二等水准要求进行监测工作，请简要陈述二等水准的主要技术参数要求。

答：二等水准观测的主要技术要求：

①水准仪精度要满足沉降观测要求。

②视线长度：大于 3m 小于 50m。

③前后视的距离较差：小于 1.5m。

④前后视的距离较差累积差限差：小于 6m。

⑤视线离地面的最低高度：大于 0.3m 小于 2.8m。

186

⑥往返测高差较差限差：0.6mm。

⑦基、辅分划或黑、红面读数较差限差：小于0.4。

⑧基、辅分划或黑、红面所测高差较差限差：小于0.6。

⑨附和或闭合路线闭合差限差：小于 $4\sqrt{R}$。

⑩每公里水准测量偶然中误差限差：±1mm。

⑪每公里水准测量全中误差限差：±2mm。

⑫检测间歇点高差的允许误差：±1.0mm。

（3）水准观测主要误差来源有哪些?

答：

1）仪器误差：①i 角的误差影响。②角误差的影响。③水准标尺长度误差的影响。④两水准尺零点差的影响。

2）外界因素引起的误差：①温度变化对 i 角的影响。②仪器和水准标尺垂直位移的影响。③大气垂直折光的影响。④磁场对补偿式自动安平水准仪的影响。

3）观测误差：按照设计总结的要求编写总结。

（4）二等水准奇数站和偶数站观测顺序有何不同?

答：奇数站观测顺序为：后前前后；偶数站观测顺序为：前后后前，先分别观测前后尺的基准面，再观测辅助面。

28. 请结合以下市政工程测量案例回答问题。

某市由于城市的迅速发展，中心城市与东部卫星城间交通压力日益加重，为此拟建一条按高速公路标准，时速 80km/h 的城市快速路，线路长 12km。初测阶段，需测绘规划路沿线 1:500 带状地形图，宽度为规划红线外 50m，遇规划及现状路口加宽 50m，同时调查绘图范围内地下管线。定测阶段，进行中线测量和纵横断面测量。

测绘成果采用地方坐标系和地方高程系。城市已建 GNSS 网络，已有资料：城市一级导线点和三、四等 GPS 点以及二、三等水准点。

（1）地下管线的实地调查方法有哪些?

答：地下管线实地调查有测井法、探测法和坑探法。测井法是量取检修井面到管外顶和管内底、沟内底的埋深，量取井中心到管中心线的偏距。

探测法是利用地下管线探测仪，探测各种管线在地面上的投影位置及埋深。坑探法是通过开挖进行实地调查和量测。

（2）简述市政工程建设规划设计阶段的测量任务及作业流程。

答：市政工程建设的勘测设计、施工和运营管理阶段进行的各种测量工作总称为市政工程测量。案例任务是勘测设计阶段，提供道路设计带状地形图。作业流程为踏勘和测量设计、平面和高程控制测量、地形图测绘、专项测绘（包括地下管线调查测量、中线测量和纵横断面测量）、质量检查和验收、产品交付和资料归档。

（3）简述在市政工程中线测量中中线断链的定义及处理方法。

答：在中线测量中，由于分段、局部改线等原因，造成中线里程不连续，称为中线断链。

当断链靠近线路的起点、终点时，可将断链点移至起点、终点。断链不应设在建（构）筑物上和曲线内，宜设在直线段的整里程桩处，实地应钉断链桩，桩上注记线路的来向、去向里程和应增减的长度。断链应在各有关资料和图表中注明。

29. 某建筑施工场地，设计楼层为 25 层，楼高为 75m，在施工项目部的现场技术会议上，现场测量负责人陈述了测量方案的主要内容，而项目部总工认为施工测量方案的平面控制网和高程控制网的布置形式不太满足施工要求，检校条件也太少，不容易保证控制网的稳定，并要求定期对平面控制网和高程控制网进行检校，以保证其数值正确。

根据以上情况回答下列问题：

（1）场地平面控制网有几种网形？

答：场地平面控制网常见的网形有：矩形网、多边形网、主轴线网。

（2）说明场地高程控制网布网原则。

答：场地高程控制网的布网原则是：

①在整个场地内各主要幢号附近设置 2～3 个高程控制点，或 ±0.000 水平线。

②相邻点间距在 100m 左右。

③构成闭合网形（附合线路或闭合线路）。

（3）施工场地控制网的作用是什么？场地平面控制网的布网原则是什么？

答：

1）施工场地控制网是整个场地内各栋建筑物、构筑物定位和确定高程的依据；是保证整个施工测量精度与分区、分期施工的基础。因此，控制网的布设、测定以及桩位的长期保留等均应与施工方案、场地布置统一安排确定。

2）场地平面控制网的布网原则是：

①控制网点应匀布全区，民用建筑间距以 30～50m、工业建筑以 50～100m 为宜，网中应包括作为场地定位依据的起始点与起始边，建筑物主点、主轴线。

②要尽量组成与建筑物外廓平行的闭合图形，以便于使用与校核。

③控制桩之间应通视、易量，桩位应设在易于长期保留之处。

（4）建筑施工测量放线中，发生错误的主要原因有几大方面？

答：

①起始依据的错误，主要是设计图与测量起始数据和测量仪器方面的错误。

②计算放线数据中的错误。

③测量观测中的错误。

④记录中听错、记错的错误。

⑤测量标志设置与使用中的错误。

（5）什么是测量放线工作的基本准则？

答：

①认真学习与执行国家法令与规范，明确为工程服务的工作目的。

②遵守先整体后局部的工作程序。

③严格审核测量起始依据的正确性，坚持测量计算工作步步校核的工作方法。

④测法要科学、简捷，遵循精度要合理、相称的工作原则。

⑤定位放线工作必须执行自检、互检合格后，由主管部门验线的工作制度。

⑥要有紧密配合施工、团结协作、认真负责的工作作风。

⑦虚心学习，努力开创新局面的工作精神。

2.4 实际操作题

1. 普通闭合水准路线测量

实验通知书

（1）题目

用自动安平水准仪按照普通水准测量的限差要求测一条闭合水准路线（不少于8站）。

（2）仪器工具准备表

见表2.4-1-1所示。

仪器工具准备表　　　　　　　表2.4-1-1

序号	名称	规格	单位	数量	备　注
1	水准仪	DS3	台	1	
2	三脚架	铝合金	只	1	
3	水准尺	木质 3m	对	1	
4	尺垫		个	2	
5	记录夹		个	1	

序号	名称	规格	单位	数量	备注
6	记录本		张	若干	
7	铅笔		根	2	
8	小刀		把	1	
9	计算器		个	1	非编程计算器
10	支杆		根	4	

（3）考核注意事项

1）考核场地要满足考核基本要求。

2）考核过程中要注意仪器操作安全和人身安全。

3）不宜选择在人流量比较大的位置安排考核。

4）考核过程应安排专人负责维持考场秩序。

5）实验考核老师要具有相关经验。

（4）考核内容

1）水准仪的检查和维护。

2）水准仪的架立和整平。

3）水准仪的观测和读数。

4）数据的记录与计算校核。

（5）考核要求

1）时间：准备时间：3min；操作时间：60min；从正式操作开始计时；考试时，提前完成操作不加分。

2）操作仪器严格按操作和观测程序作业，不得违反操作规程。

3）记录、计算完整、清洁、字体工整，无错误。

4）实地标定的点位清晰稳固。

5）严格按照检核要求，步步检核，$f_{h允} \leq \pm 12mm$。

（6）考核评分

①考试采用百分制，本题满分为100分，采用扣分制评分。

②考评员应具有本工种的大专以上专业知识水平和相应实际操作经验。

③考评员可根据考生考试的实际情况，对评分标准作适当调整。

④考试方式说明：实际操作，以操作过程，操作时间和结果精度进行评分。

1）以时间 T 为评分主要依据，如表 2.4-1-2，评分标准分四个等级制定，具体分数由所在等级内插评分，表中 M 代表分数。

评分标准表　　　　　　　　表 2.4-1-2

考核项目	评分标准（以时间 T 分钟为评分主要依据）			
	$M \geqslant 85$	$85 > M \geqslant 75$	$75 > M \geqslant 60$	$M < 60$
闭合水准路线测量	$T \leqslant 60'$	$60' < T \leqslant 65'$	$65' < T \leqslant 70'$	$T > 70'$

2）根据仪器操作符合操作规程情况，扣 1~5 分。

3）根据卷面整洁、字体清晰、记录准确情况，扣 1~5 分（记录划去 1 处，扣 1 分，合计不超过 5 分）。

4）当值考评员可以根据考核现场所使用仪器、学生水平以及其他实际情况制定相关考核标准。

（7）考核说明

1）考核时间自架立仪器开始，至递交记录表并拆卸仪器放进仪器箱为终止。

2）数据记录、计算及校核均填写在相应记录表中，记录表不可用橡皮擦修改，记录表以外的数据不作为考核结果。

3）主考人应在考核结束前检查并填写仪器对中误差及水准管气泡偏差情况，在考核结束后填写考核所用时间并签名。

（8）样题

已知水准点 BMA 的高程为 $H_A = 50.000$m，试用普通水准测量的方法，测出点 1、2、3 的高程。（注：高差闭合差不必进行分配）

普通水准测量记录表　　　　　表2.4-1-3

班级＿＿＿＿＿＿＿＿＿学号＿＿＿＿＿＿＿＿＿姓名＿＿＿＿＿＿＿＿＿

评分＿＿＿＿＿＿＿＿＿时间：＿＿＿＿＿＿＿＿＿

测点	水准尺读数(m)		高差 h(m)		高程 (m)	备注
	后视 a(m)	前视 b(m)	+	−		
		—				起点高程 设为50.000m
Σ						
计算 校核	$\sum a - \sum b =$			$\sum h =$		

主考人填写：①圆水准气泡居中和补偿器工作情况，扣分：＿＿＿＿＿。

②卷面整洁情况，扣分：＿＿＿＿＿＿

主考人：＿＿＿＿＿＿考试日期：＿＿＿年＿＿＿月＿＿＿日

2. 测回法测量四边形内角和

实验通知书

（1）题目

用J6光学经纬仪以测回法按图根导线精度要求对四点闭合导线水平角进行2测回观测。

（2）仪器工具准备表

见表 2.4-2-1 所示。

仪器工具准备表

表 2.4-2-1

序号	名　　　称	规　　格	单位	数量	备　　注
1	经纬仪	J6	台	1	
2	三脚架	木质	副	1	
3	对中杆	带支架	根	2	
4	对讲机		台	2	
5	遮阳伞		把	1	
6	记录夹		个	1	
7	记录手簿		本	1	
8	铅笔	H	根	2	
9	小刀		把	1	
10	计算器		个	1	非编程计算器
11	钢尺	50m	把	1	

（3）考核注意事项

1）考核场地要满足考核基本要求。

2）考核过程中要注意仪器操作安全和人身安全。

3）不宜选择在人流量比较大的位置安排考核。

4）考核过程应安排专人负责维持考场秩序。

5）实验考核老师应具有相关专业知识和工作经验。

（4）考核内容

1）经纬仪的检查和维护。

2）经纬仪的对中和整平。

3）经纬仪的观测和读数。

4）数据的记录与计算校核。

（5）考核要求

1）时间：准备时间：3min；操作时间：60min；从正式操作开始计时；考试时，提前完成操作不加分。

2）操作仪器严格按操作和观测程序作业，不得违反操作规程。

3）记录、计算完整、卷面清洁、字体工整，无错误。

4）实地标定的点位清晰稳固。

5）$f_{h允} \leq \pm 24 \sqrt{n''}$（$n$ 为三级导线的测站数）。

（6）考核评分

①考试采用百分制，本题满分为 100 分，采用扣分制评分。

②考评员应具有本工种的大专以上专业知识水平和相应实际操作经验。

③考评员可根据考生考试的实际情况，对评分标准作适当调整。

④考试方式说明：实际操作，以操作过程，操作时间和结果精度进行评分。

1）以时间 T 为评分主要依据，如表 2.4-2-2，评分标准分四个等级制定，具体分数由所在等级内插评分，表中 M 代表分数。

评分标准表　　　　　　　　表2.4-2-2

考核项目	评分标准（以时间 T 分钟为评分主要依据）			
	$M \geq 85$	$85 > M \geq 75$	$75 > M \geq 60$	$M < 60$
四边形内角和	$T \leq 60'$	$60' < T \leq 65'$	$65' < T \leq 70'$	$T > 70'$

2）根据仪器操作符合操作规程情况，扣 1~5 分。

3）根据卷面整洁、字体清晰、记录准确情况，扣 1~5 分（记录划去 1 处，扣 1 分，合计不超过 5 分）。

4）当值考评员可以根据考核现场所使用仪器、学生水平以及其他实际情况制定相关考核标准。

（7）考核说明

1）考核时间自架立仪器开始，至递交记录表并拆卸仪器放进仪器箱为终止。

2）考核仪器应为 J6 经纬仪或者全站仪。

3）数据记录、计算及校核均填写在相应记录表中，记录表不可用橡皮擦修改，记录表以外的数据不作为考核结果。

4）主考人应在考核结束前检查并填写仪器对中误差及水准管气泡偏差情况，在考核结束后填写考核所用时间并签名。

（8）样题

设 A、B、C 是地面上相互通视的三点，用测回法测出三角形三个内角 A、B、C 的角值。（注：每个角测两个测回，角度闭合差不必进行分配）。

水平角测回法记录表（参考范本）　　表 2.4-2-3

单位＿＿＿＿＿＿＿＿＿＿　姓名＿＿＿＿＿＿

评分＿＿＿＿＿＿　时间：＿＿＿＿＿＿＿＿

测点	盘位	目标	水平度盘读数 （°′″）	水平角		示意图
				半测回值 （°′″）	一测回值 （°′″）	
A	左	C	00　00　05	76　20　47	76　20　50	
		B	76　20　52			
	右	C	180　00　00	76　20　53		
		B	256　20　53			
B	左	A	00　01　00	65　06　22	65　06　23	
		C	65　07　22			
	右	A	180　01　09	65　06　24		
		C	245　07　33			
C	左	B	00　00　28	38　32　37	38　32　42	
		A	38　33　05			
	右	B	180　00　31	38　32　46		
		A	218　33　17			
校核		三角形闭合差 $f = 179°59'55'' - 180° = -5''$				

（主考人填写：对中误差：＿＿＿＿＿mm。水准管气泡偏差：＿＿＿＿格）

196

3. 用水准仪测设高程点

实验通知书

（1）题目

用 DS3 自动安平水准仪测设不少于 10 个高程点。

（2）仪器工具准备表

见表 2.4-3-1 所示。

仪器工具准备表　　　　表 2.4-3-1

序号	名　　称	规　　格	单位	数量	备　　注
1	水准仪	DS3	台	1	
2	三脚架	铝合金	只	1	
3	水准尺	木质 3m	对	1	
4	尺垫		个	2	
5	记录夹		个	1	
6	记录手簿		本	1	
7	铅笔	H	根	2	
8	小刀		把	1	
9	计算器		个	1	非编程计算器
10	支杆		根	4	
11	对讲机		台	2	

（3）考核注意事项

1）考核场地要满足考核基本要求。

2）考核过程中要注意仪器操作安全和人身安全。

3）不宜选择在人流量比较大的位置安排考核。

4）考核过程应安排专人负责维持考场秩序。

5）实验考核老师应具有相关专业知识和工作经验。

（4）考核内容

1）水准仪的检查和维护。

2）水准仪的架立和整平。

3）水准仪的观测和读数。

4）数据的记录与计算校核。

（5）考核要求

1）时间：准备时间：3min；操作时间：40min；从正式操作开始计时；考试时，提前完成操作不加分。

2）操作仪器严格按操作和观测程序作业，不得违反操作规程。

3）记录、计算完整、清洁、字体工整，无错误。

4）实地标定的点位清晰稳固。

5）与已知数据比较，误差小于 ±5mm。

（6）考核评分

①考试采用百分制，本题满分为 100 分，采用扣分制评分。

②考评员应具有本工种的大专以上专业知识水平和相应实际操作经验。

③考评员可根据考生考试的实际情况，对评分标准作适当调整。

④考试方式说明：实际操作，以操作过程，操作时间和结果精度进行评分。

1）以时间 T 为评分主要依据,如表 2.4-3-2，评分标准分四个等级制定，具体分数由所在等级内插评分，表中 M 代表分数。

评分标准表　　　　表 2.4-3-2

考核项目	评分标准（以时间 T 分钟为评分主要依据）			
	$M \geqslant 85$	$85 > M \geqslant 75$	$75 > M \geqslant 60$	$M < 60$
高程点测设	$T \leqslant 40'$	$40' < T \leqslant 45'$	$45' < T \leqslant 50'$	$T > 50'$

2）根据仪器操作符合操作规程情况，扣 1~5 分。

3）根据卷面整洁、字体清晰、记录准确情况，扣 1～5 分（记录划去 1 处，扣 1 分，合计不超过 5 分）。

4）当值考评员可以根据考核现场所使用仪器、学生水平以及其他实际情况制定相关考核标准。

（7）考核说明

1）考核时间自架立仪器开始，至递交记录表并拆卸仪器放进仪器箱为终止；

2）数据记录、计算及校核均填写在相应记录表中，记录表不可用橡皮擦修改，记录表以外的数据不作为考核结果；

3）主考人应在考核结束前检查并填写仪器对中误差及水准管气泡偏差情况，在考核结束后填写考核所用时间并签名。

（8）样题

考核时在现场任意标定一点为 A 点，设 A 点高程 H_A，试用水准仪在墙上测设一点 B，求 H_B。

答案：在 A 点及一面墙的大致中间位置，架设水准仪，后视 A 点上的水准尺，若读数为 a，则可计算出 $b = H_A + a - H_B$，在墙上上下移动水准尺，使读数恰好等于 b 值时，沿尺底划水平线，则该水平线上的点的高程即为测设的 B 点。

用水准仪测设高程点记录表　　表 2.4-3-3

单位＿＿＿＿＿＿＿＿＿　姓名＿＿＿＿＿＿＿＿

评分＿＿＿＿＿＿＿＿＿　时间：＿＿＿＿＿＿＿

请考生填写：

由水准仪读得 a =＿＿＿＿＿＿＿＿＿ m，经计算得 b =＿＿＿＿＿＿＿＿＿ m。（请在下面空白处，列出 b 的计算过程）

请主考人填写：

①圆水准气泡居中和补偿器工作情况，扣分：＿＿＿＿＿＿＿＿＿。

②卷面整洁情况，扣分：＿＿＿＿＿＿＿＿＿。

③实地标定点位的清晰度情况，扣分：＿＿＿＿＿＿＿＿＿。

主考人：＿＿＿＿＿＿＿＿＿

考试日期：＿＿＿＿＿＿＿＿＿年＿＿＿月＿＿＿日

4. 测回法测量五边形闭合导线内角和并平差，利用钢尺测距后，进行导线计算并平差

实验通知书

（1）题目

测回法测量五边形闭合导线内角和并平差，利用钢尺测距后，进行导线计算并平差。

（2）仪器工具准备表。

见表2.4-4-1所示。

仪器工具准备表   表2.4-4-1

序号	名　称	规　格	单位	数量	备　注
1	经纬仪	J6	台	1	
2	三脚架	木质	副	1	
3	对中杆	带支架	根	2	
4	对讲机		台	2	
5	遮阳伞		把	1	
6	记录夹		个	1	
7	记录手簿		本	1	
8	铅笔	H	根	2	
9	小刀		把	1	
10	计算器		个	1	非编程计算器
11	钢尺	50m	把	1	

（3）考核注意事项

1）考核场地要满足考核基本要求。

2）考核过程中要注意仪器操作安全和人身安全。

3）不宜选择在人流量比较大的位置安排考核。

4）考核过程应安排专人负责维持考场秩序。

5）实验考核老师应具有相关专业知识和工作经验。

（4）考核内容

1）经纬仪的检查和维护。

2）经纬仪的对中和整平。

3）经纬仪的观测和读数。

4）数据的记录与计算校核。

（5）考核要求

1）时间：准备时间：3min；操作时间：60min；从正式操作开始计时；考试时，提前完成操作不加分。

2）操作仪器严格按操作和观测程序作业，不得违反操作规程。

3）记录、计算完整、卷面清洁、字体工整，无错误。

4）实地标定的点位清晰稳固。

5）与已知数据比较，误差小于±5mm。

（6）考核评分

①考试采用百分制，本题满分为100分，采用扣分制评分。

②考评员应具有本工种的大专以上专业知识水平和相应实际操作经验。

③考评员可根据考生考试的实际情况，对评分标准作适当调整。

④考试方式说明：实际操作，以操作过程，操作时间和结果精度进行评分。

1）以时间 T 为评分主要依据，如表2.4-4-2，评分标准分四个等级制定，具体分数由所在等级内插评分，表中 M 代表分数。

2）根据仪器操作符合操作规程情况，扣1~5分。

3）根据卷面整洁、字体清晰、记录准确情况，扣1~5分（记录划去1处，扣1分，合计不超过5分）。

4）当值考评员可以根据考核现场所使用仪器、学生水平以及其他实际情况制定相关考核标准。

评分标准表　　　　表2.4-4-2

考核项目	评分标准（以时间 T 分钟为评分主要依据）			
	$M \geqslant 85$	$85 > M \geqslant 75$	$75 > M \geqslant 60$	$M < 60$
闭合导线水平角测量平差	$T \leqslant 60'$	$60' < T \leqslant 65'$	$65' < T \leqslant 70'$	$T > 70'$

（7）考核说明

1）考核时间自架立仪器开始，至递交记录表并拆卸仪器放进仪器箱为终止。

2）考核仪器应为 J6 经纬仪或者全站仪。

3）数据记录、计算及校核均填写在相应记录表中，记录表不可用橡皮擦修改，记录表以外的数据不作为考核结果。

4）主考人应在考核结束前检查并填写仪器对中误差及水准管气泡偏差情况，在考核结束后填写考核所用时间并签名。

（8）样表

水平角测回法记录表（参考范本）　　表2.4-4-3

单位＿＿＿＿＿＿＿＿＿　姓名＿＿＿＿＿＿＿＿

评分＿＿＿＿＿＿＿　时间：＿＿＿＿＿＿＿

测点	盘位	目标	水平度盘读数（°′″）	水平角		示意图
				半测回值（°′″）	一测回值（°′″）	
A	左	C	00 00 05	76 20 47	76 20 50	
		B	76 20 52			
	右	C	180 00 00	76 20 53		
		B	256 20 53			
B	左	A	00 01 00	65 06 22	65 06 23	
		C	65 07 22			
	右	A	180 01 09	65 06 24		
		C	245 07 33			

测点	盘位	目标	水平度盘读数 (°′″)	水平角		示意图
				半测回值 (°′″)	一测回值 (°′″)	
C	左	B	00 00 28	38 32 37	38 32 42	
		A	38 33 05			
	右	B	180 00 31	38 32 46		
		A	218 33 17			
校核	三角形闭合差 $f = 179°59'55'' - 180° = -5''$					

（主考人填写：对中误差：_____ mm。水准管气泡偏差：_____格）

5. 正倒镜分中法测设水平角

实验通知书

（1）题目

用 J6 光学经纬仪将一待放样水平角放样到地面上。

（2）仪器工具准备表

见表 2.4-5-1。

仪器工具准备表　　　　　　　　表 2.4-5-1

序号	名称	规格	单位	数量	备注
1	经纬仪	J6	台	1	
2	三脚架	木质	副	1	
3	对中杆	带支架	根	2	
4	对讲机		台	2	
5	遮阳伞		把	1	
6	记录夹		个	1	

序号	名称	规格	单位	数量	备注
7	记录手簿		本	1	
8	铅笔	H	根	2	
9	小刀		把	1	
10	计算器		个	1	非编程计算器
11	钢尺	50m	把	1	

（3）考核注意事项

1）考核场地要满足考核基本要求。

2）考核过程中要注意仪器操作安全和人身安全。

3）不宜选择在人流量比较大的位置安排考核。

4）考核过程应安排专人负责维持考场秩序。

5）实验考核老师应具有相关专业知识和工作经验。

（4）考核内容

1）经纬仪的检查和维护。

2）经纬仪的对中和整平。

3）经纬仪的观测和读数。

4）数据的记录与计算校核。

（5）考核要求

1）时间：准备时间：3min；操作时间：20min；从正式操作开始计时；考试时，提前完成操作不加分。

2）操作仪器严格按操作和观测程序作业，不得违反操作规程。

3）记录、计算完整、卷面清洁、字体工整，无错误。

4）实地标定的点位清晰稳固。

5）与已知数据比较，误差小于 $\pm 30''$。

（6）考核评分

①考试采用百分制，本题满分为100分，采用扣分制评分。

②考评员应具有本工种的大专以上专业知识水平和相应实际操作经验。

③考评员可根据考生考试的实际情况，对评分标准作适当调整。

④考试方式说明：实际操作，以操作过程，操作时间和结果精度进行评分。

1）以时间 T 为评分主要依据，如表 2.4-5-2，评分标准分四个等级制定，具体分数由所在等级内插评分，表中 M 代表分数。

表 2.4-5-2

考核项目	评分标准（以时间 T 分钟为评分主要依据）			
	$M \geqslant 85$	$85 > M \geqslant 75$	$75 > M \geqslant 60$	$M < 60$
水平角测设	$T \leqslant 20'$	$20' < T \leqslant 25'$	$25' < T \leqslant 30'$	$T > 30'$

2）根据仪器操作符合操作规程情况，扣 1~5 分。

3）根据卷面整洁、字体清晰、记录准确情况，扣 1~5 分（记录划去 1 处，扣 1 分，合计不超过 5 分）。

4）当值考评员可以根据考核现场所使用仪器、学生水平以及其他实际情况制定相关考核标准。

（7）考核说明

1）考核时间自架立仪器开始，至递交记录表并拆卸仪器放进仪器箱为终止。

2）考核仪器应为 J6 经纬仪或者全站仪。

3）数据记录、计算及校核均填写在相应记录表中，记录表不可用橡皮擦修改，记录表以外的数据不作为考核结果。

4）主考人应在考核结束前检查并填写仪器对中误差及水准管气泡偏差情况，在考核结束后填写考核所用时间并签名。

（8）样题

考核时在现场任意标定两点为 A、O，已知 $\angle AOB = 160°20'$

30″，试用正倒镜分中法在 O 点测站，后视 A 点，测设出 B 点。

答案：在 O 点安置经纬仪，开机、初始化，盘左瞄准 A 点，按置零键；先后旋转仪器及水平微动螺旋，使水平度盘读数为 $160°20′30″$，根据望远镜竖丝位置指挥一同学在地面上投下一点 B_1；换成盘右，瞄准 A 点，用同样的方法在地面上投下一点 B_2，若 $B_1B_2 < 1$ cm（当 $OB < 100$ m 时），取 B_1B_2 中间位置 B。

正倒镜分中法测设水平角记录表　　　　表 2. 4-5-3

单位_____姓名_____

评分_____时间：_____

请主考人填写：

①对中误差：_____ mm，扣分：_____。

②水准管气泡偏差_____格，扣分：_____。

③实地标定点位的清晰度情况，扣分：_____。

主考人：_____

考试日期：_____年___月___日

6. 用自动安平水准仪按四等水准测量要求实测一条闭合水准路线，总站数不少于 6 站

实验通知书

（1）题目

用自动安平水准仪按四等水准测量要求实测一条闭合水准路线，总站数不少于 6 站。

（2）仪器工具准备表

见表 2. 4-6-1 所示。

仪器工具准备表　　　　表 2. 4-6-1

序号	名称	规格	单位	数量	备　注
1	水准仪	DS3	台	1	
2	三脚架	铝合金	只	1	
3	水准尺	木质 3m	对	1	

続表

序号	名称	规格	单位	数量	备注
4	尺垫		个	2	
5	记录夹		个	1	
6	记录手簿		本	1	
7	铅笔	H	根	2	
8	小刀		把	1	
9	计算器		个	1	非编程计算器
10	支杆		根	4	
11	对讲机		台	2	

（3）考核注意事项

1）考核场地要满足考核基本要求。

2）考核过程中要注意仪器操作安全和人身安全。

3）不宜选择在人流量比较大的位置安排考核。

4）考核过程应安排专人负责维持考场秩序。

5）实验考核老师应具有相关专业知识和工作经验。

（4）考核内容

1）水准仪的检查和维护。

2）水准仪的架立和整平。

3）水准仪的观测和读数。

4）数据的记录与计算校核。

（5）考核要求

1）时间：准备时间：3min；操作时间：60min；从正式操作开始计时；考试时，提前完成操作不加分。

2）操作仪器严格按操作和观测程序作业，不得违反操作规程。

3）记录、计算完整、清洁、字体工整，无错误。

4）实地标定的点位清晰稳固。

5）按照规范要求，步步检核，$f_{h允} \leq \pm 20\sqrt{L}$mm。（注：$L$ 为线路总长，单位：km。）

（6）考核评分

①考试采用百分制，本题满分为 100 分，采用扣分制评分。

②考评员应具有本工种的大专以上专业知识水平和相应实际操作经验。

③考评员可根据考生考试的实际情况，对评分标准作适当调整。

④考试方式说明：实际操作，以操作过程，操作时间和结果精度进行评分。

1）以时间 T 为评分主要依据，如表 2.4-6-2，评分标准分四个等级制定，具体分数由所在等级内插评分，表中 M 代表分数。

评分标准表

表 2.4-6-2

考核项目	评分标准（以时间 T 分钟为评分主要依据）			
	$M \geq 85$	$85 > M \geq 75$	$75 > M \geq 60$	$M < 60$
四等闭合水准路线测量	$T \leq 60'$	$60' < T \leq 65'$	$65' < T \leq 70'$	$T > 70'$

2）根据仪器操作符合操作规程情况，扣 1~5 分。

3）根据卷面整洁、字体清晰、记录准确情况，扣 1~5 分（记录划去 1 处，扣 1 分，合计不超过 5 分）。

4）当值考评员可以根据考核现场所使用仪器、学生水平以及其他实际情况制定相关考核标准。

（7）考核说明

1）考核时间自架立仪器开始，至递交记录表并拆卸仪器放进仪器箱为终止。

2）数据记录、计算及校核均填写在相应记录表中，记录表不可用橡皮擦修改，记录表以外的数据不作为考核结果。

3）主考人应在考核结束前检查并填写仪器对中误差及水准管气泡偏差情况，在考核结束后填写考核所用时间并签名。

（8）样表

四等水准记录表   表2.4-6-3

单位_____姓名_____

评分_____时间：_____

测点编号	后尺	上丝	前尺	上丝	方向及尺号	标尺读数		K+黑－红(mm)	高差中数(m)	备注
		下丝		下丝		黑面(m)	红面(m)			
	后距		前距							
	视距差		累加差							
										已知BM_1的高程为10.000m。

主考人填写：①圆水准气泡居中和补偿指标线不脱离小三角形情况，扣分：_____。

②卷面整洁情况，扣分：_____。

主考人：_____考试日期：____年___月___日

7. 利用水准仪测量一片土地的高程，并根据设计要求对其进行土地平整（不少于40个高程点）

实验通知书

（1）题目

利用水准仪测量一片土地的高程，并根据设计要求对其进行土地平整（不少于40个高程点）。

（2）仪器工具准备表

见表 2.4-7-1 所示。

仪器工具准备表   表 2.4-7-1

序号	名称	规格	单位	数量	备注
1	水准仪	DS3	台	1	
2	三脚架	铝合金	只	1	
3	水准尺	木质 3m	对	1	
4	尺垫		个	2	
5	记录夹		个	1	
6	记录手簿		本	1	
7	铅笔	H	根	2	
8	小刀		把	1	
9	计算器		个	1	非编程计算器
10	支杆		根	4	
11	对讲机		台	2	

（3）考核注意事项

1）考核场地要满足考核基本要求。

2）考核过程中要注意仪器操作安全和人身安全。

3）不宜选择在人流量比较大的位置安排考核。

4）考核过程应安排专人负责维持考场秩序。

5）实验考核老师应具有相关专业知识和工作经验。

（4）考核内容

1）水准仪的检查和维护。

2）水准仪的架立和整平。

3）水准仪的观测和读数。

4）数据的记录与计算校核。

（5）考核要求

1）时间：准备时间：3min；操作时间：60min；从正式操

作开始计时；考试时，提前完成操作不加分。

2）操作仪器严格按操作和观测程序作业，不得违反操作规程。

3）记录、计算完整、清洁、字体工整，无错误。

4）实地标定的点位清晰稳固。

5）与已知高程点数据比较小于±5mm。

（6）考核评分

①考试采用百分制，本题满分为100分，采用扣分制评分。

②考评员应具有本工种的大专以上专业知识水平和相应实际操作经验。

③考评员可根据考生考试的实际情况，对评分标准作适当调整。

④考试方式说明：实际操作，以操作过程，操作时间和结果精度进行评分。

1）以时间 T 为评分主要依据，如表2.4-7-2，评分标准分四个等级制定，具体分数由所在等级内插评分，表中 M 代表分数。

评分标准表 表2.4-7-2

考核项目	评分标准（以时间 T 分钟为评分主要依据）			
	$M \geqslant 85$	$85 > M \geqslant 75$	$75 > M \geqslant 60$	$M < 60$
土地平整测量	$T \leqslant 60'$	$60' < T \leqslant 65'$	$65' < T \leqslant 70'$	$T > 70'$

2）根据仪器操作符合操作规程情况，扣1~5分。

3）根据卷面整洁、字体清晰、记录准确情况，扣1~5分（记录划去1处，扣1分，合计不超过5分）。

4）当值考评员可以根据考核现场所使用仪器、学生水平以及其他实际情况制定相关考核标准。

（7）考核说明

1）考核时间自架立仪器开始，至递交记录表并拆卸仪器放进仪器箱为终止。

2）数据记录、计算及校核均填写在相应记录表中，记录表不可用橡皮擦修改，记录表以外的数据不作为考核结果。

3）主考人应在考核结束前检查并填写仪器对中误差及水准管气泡偏差情况，在考核结束后填写考核所用时间并签名。

8. 对一台长期没有使用过的水准仪进行 i 角检验，并对其能否使用作出判断，如有必要对其进行校正（以 DS3 水准仪为例）。

实验通知书

（1）题目

对一台长期没有使用过的水准仪进行 i 角检验，并对其能否使用作出判断，如有必要对其进行校正（以 DS3 水准仪为例）。

（2）仪器工具准备表

见表 2.4-8-1 所示。

仪器工具准备表 2.4-8-1

序号	名称	规格	单位	数量	备注
1	水准仪	DS3	台	1	
2	三脚架	铝合金	只	1	
3	水准尺	木质3m	对	1	
4	尺垫		个	2	
5	记录夹		个	1	
6	记录手簿		本	1	
7	铅笔	H	根	2	
8	小刀		把	1	
9	计算器		个	1	非编程计算器
10	支杆		根	4	
11	对讲机		台	2	

212

（3）考核注意事项

1）考核场地要满足考核基本要求。

2）考核过程中要注意仪器操作安全和人身安全。

3）不宜选择在人流量比较大的位置安排考核。

4）考核过程应安排专人负责维持考场秩序。

5）实验考核老师应具有相关专业知识和工作经验。

（4）考核内容

1）水准仪的检查和维护。

2）水准仪的架立和整平。

3）水准仪的观测和读数。

4）数据的记录与计算校核。

（5）考核要求

1）时间：准备时间：3min；操作时间：20min；从正式操作开始计时；考试时，提前完成操作不加分。

2）操作仪器严格按操作和观测程序作业，不得违反操作规程。

3）记录、计算完整、清洁、字体工整，无错误。

（6）考核评分

①考试采用百分制，本题满分为100分，采用扣分制评分。

②考评员应具有本工种的大专以上专业知识水平和相应实际操作经验。

③考评员可根据考生考试的实际情况，对评分标准作适当调整。

④考试方式说明：实际操作，以操作过程，操作时间和结果精度进行评分。

1）以时间 T 为评分主要依据，如表2.4-8-2，评分标准分四个等级制定，具体分数由所在等级内插评分，表中 M 代表分数。

2）根据仪器操作符合操作规程情况，扣1~5分。

3）根据卷面整洁、字体清晰、记录准确情况，扣1~5分（记录划去1处，扣1分，合计不超过5分）。

<table>
<tr><th colspan="5">评分标准表   表2.4-8-2</th></tr>
</table>

考核项目	评分标准（以时间 T 分钟为评分主要依据）			
	$M \geqslant 85$	$85 > M \geqslant 75$	$75 > M \geqslant 60$	$M < 60$
I 角检核	$T \leqslant 20'$	$20' < T \leqslant 25'$	$25' < T \leqslant 30'$	$T > 30'$

4) 当值考评员可以根据考核现场所使用仪器、学生水平以及其他实际情况制定相关考核标准。

（7）考核说明

1) 考核时间自架立仪器开始，至递交记录表并拆卸仪器放进仪器箱为终止。

2) 数据记录、计算及校核均填写在相应记录表中，记录表不可用橡皮擦修改，记录表以外的数据不作为考核结果。

3) 主考人应在考核结束前检查并填写仪器对中误差及水准管气泡偏差情况，在考核结束后填写考核所用时间并签名。

9. 利用电子水准仪对一施工中的基坑进行监测，不少于10个点

实验通知书

（1）题目

利用电子水准仪对一施工中的基坑进行监测，不少于10个点。

（2）仪器工具准备表

见表2.4-9-1所示。

<table>
<tr><th colspan="6">仪器工具准备表   表2.4-9-1</th></tr>
</table>

序号	名称	规格	单位	数量	备注
1	电子水准仪	DS1	台	1	
2	三脚架	铝合金	只	1	
3	水准尺	铟瓦尺 3m	对	1	

序号	名称	规格	单位	数量	备注
4	尺垫		个	2	
5	记录夹		个	1	
6	记录手簿		本	1	
7	铅笔	H	根	2	
8	小刀		把	1	
9	计算器		个	1	非编程计算器
10	支杆		根	4	
11	对讲机		台	2	

（3）考核注意事项

1）考核场地要满足考核基本要求。

2）考核过程中要注意仪器操作安全和人身安全。

3）不宜选择在人流量比较大的位置安排考核。

4）考核过程应安排专人负责维持考场秩序。

5）实验考核老师应具有相关专业知识和工作经验。

（4）考核内容

1）水准仪的检查和维护。

2）水准仪的架立和整平。

3）水准仪的观测和读数。

4）数据的记录与计算校核。

（5）考核要求

1）时间：准备时间：3min；操作时间：20min；从正式操作开始计时；考试时，提前完成操作不加分。

2）操作仪器严格按操作和观测程序作业，不得违反操作规程。

3）记录、计算完整、清洁、字体工整，无错误。

4）实地标定的点位清晰稳固。

5）与已知高程点数据进行比较，小于±5mm。

（6）考核评分

①考试采用百分制，本题满分为100分，采用扣分制评分。

②考评员应具有本工种的大专以上专业知识水平和相应实际操作经验。

③考评员可根据考生考试的实际情况，对评分标准作适当调整。

④考试方式说明：实际操作，以操作过程，操作时间和结果精度进行评分。

1）以时间 T 为评分主要依据，如表2.4-9-2，评分标准分四个等级制定，具体分数由所在等级内插评分，表中 M 代表分数。

评分标准表　　　　表2.4-9-2

考核项目	评分标准（以时间 T 分钟为评分主要依据）			
	$M \geqslant 85$	$85 > M \geqslant 75$	$75 > M \geqslant 60$	$M < 60$
基坑监测测量	$T \leqslant 20'$	$20' < T \leqslant 25'$	$25' < T \leqslant 30'$	$T > 30'$

2）根据仪器操作符合操作规程情况，扣1~5分。

3）根据卷面整洁、字体清晰、记录准确情况，扣1~5分（记录划去1处，扣1分，合计不超过5分）。

4）当值考评员可以根据考核现场所使用仪器、学生水平以及其他实际情况制定相关考核标准。

（7）考核说明

1）考核时间自架立仪器开始，至递交记录表并拆卸仪器放进仪器箱为终止。

2）数据记录、计算及校核均填写在相应记录表中，记录表不可用橡皮擦修改，记录表以外的数据不作为考核结果。

3）主考人应在考核结束前检查并填写仪器对中误差及水准

管气泡偏差情况，在考核结束后填写考核所用时间并签名。

（8）样表

二等水准记录表　　　　　表2.4-9-3

单位_____ 姓名_____ 评分_____ 时间：_____

测点编号	后尺	上丝	前尺	上丝	方向及尺号	标尺读数		$K+$基$-$辅（mm）	高差中数（m）	备注
		下丝		下丝		基面（m）	辅面（m）			
	后距		前距							
	视距差		累加差							
									已知BM_1的高程为10.00000m。

主考人填写：①圆水准气泡居中和补偿指标线不脱离小三角形情况，扣分：___

_____。②卷面整洁情况，扣分：_____。

主考人：_____ 考试日期：____年___月___日

10. 用 S1 电子水准仪精密水准仪沉降观测对一栋教学楼进行沉降观测，不少于 20 个点

实验通知书

（1）题目

用 S1 电子水准仪精密水准仪沉降观测对一栋教学楼进行沉降观测，不少于 20 个点。

（2）仪器工具准备表

见表 2.4-10-1 所示。

仪器工具准备表

表 2.4-10-1

序号	名称	规格	单位	数量	备注
1	电子水准仪	DS1	台	1	
2	三脚架	铝合金	只	1	
3	水准尺	铟瓦尺 3m	对	1	
4	尺垫		个	2	
5	记录夹		个	1	
6	记录手簿		本	1	
7	铅笔	H	根	2	
8	小刀		把	1	
9	计算器		个	1	非编程计算器
10	支杆		根	4	
11	对讲机		台	2	

（3）考核注意事项

1）考核场地要满足考核基本要求。

2）考核过程中要注意仪器操作安全和人身安全。

3）不宜选择在人流量比较大的位置安排考核。

4）考核过程应安排专人负责维持考场秩序。

5）实验考核老师应具有相关专业知识和工作经验。

（4）考核内容

1）水准仪的检查和维护。

2）水准仪的架立和整平。

3）水准仪的观测和读数。

4）数据的记录与计算校核。

（5）考核要求

1）时间：准备时间：3min；操作时间：20min；从正式操作开始计时；考试时，提前完成操作不加分。

2）操作仪器严格按操作和观测程序作业，不得违反操作规程。

3）记录、计算完整、清洁、字体工整，无错误。

4）实地标定的点位清晰稳固。

5）与已知高程点数据进行比较，小于±5mm。

（6）考核评分

①考试采用百分制，本题满分为100分，采用扣分制评分。

②考评员应具有本工种的大专以上专业知识水平和相应实际操作经验。

③考评员可根据考生考试的实际情况，对评分标准作适当调整。

④考试方式说明：实际操作，以操作过程，操作时间和结果精度进行评分。

1）以时间 T 为评分主要依据，如表2.4-10-2，评分标准分四个等级制定，具体分数由所在等级内插评分，表中 M 代表分数。

评分标准表　　　　　　　　表2.4-10-2

考核项目	评分标准（以时间 T 分钟为评分主要依据）			
	$M \geqslant 85$	$85 > M \geqslant 75$	$75 > M \geqslant 60$	$M < 60$
沉降观测测量	$T \leqslant 20'$	$20' < T \leqslant 25'$	$25' < T \leqslant 30'$	$T > 30'$

2）根据仪器操作符合操作规程情况，扣1~5分。

3）根据卷面整洁、字体清晰、记录准确情况，扣1~5分（记录划去1处，扣1分，合计不超过5分）。

4）当值考评员可以根据考核现场所使用仪器、学生水平以及其他实际情况制定相关考核标准。

（7）考核说明

1）考核时间自架立仪器开始，至递交记录表并拆卸仪器放进仪器箱为终止。

2）数据记录、计算及校核均填写在相应记录表中，记录表不可用橡皮擦修改，记录表以外的数据不作为考核结果。

3）主考人应在考核结束前检查并填写仪器对中误差及水准管气泡偏差情况，在考核结束后填写考核所用时间并签名。

（8）样表

二等水准记录表　　　　　表2.4-10-3

单位＿＿＿＿＿＿　姓名＿＿＿＿　评分＿＿＿＿　时间：＿＿＿

测点编号	后尺 上丝 下丝 后距 视距差	前尺 上丝 下丝 前距 累加差	方向及尺号	标尺读数		$K+$基－辅(mm)	高差中数(m)	备注
				基面(m)	辅面(m)			
								已知 BM_1 的高程为 10.00000m。

主考人填写：

①圆水准气泡居中和补偿指标线不脱离小三角形情况，扣分：＿＿＿＿＿。

②卷面整洁情况，扣分：＿＿＿＿＿。

主考人：＿＿＿＿　考试日期：＿＿＿年＿＿月＿＿日

11. 用全站仪进行约 200m 的纵断面测量

实验通知书

（1）题目

用全站仪进行约200m的纵断面测量。

（2）仪器工具准备表

见表2.4-11-1所示。

仪器工具准备表 表2.4-11-1

序号	名称	规格	单位	数量	备注
1	全站仪	2″	台	1	
2	三脚架	木质	副	1	
3	对中杆	带支架	根	2	
4	对讲机		台	2	
5	棱镜		只	1	
6	记录夹		个	1	
7	记录手簿		本	1	
8	铅笔	H	根	2	
9	小刀		把	1	
10	计算器		个	1	非编程计算器
11	钢尺	50m	把	1	
12	遮阳伞		把	1	

（3）考核注意事项

1）考核场地要满足考核基本要求。

2）考核过程中要注意仪器操作安全和人身安全。

3）不宜选择在人流量比较大的位置安排考核。

4）考核过程应安排专人负责维持考场秩序。

5）实验考核老师应具有相关专业知识和工作经验。

（4）考核内容

1）经纬仪的检查和维护。

2）经纬仪的对中和整平。

3）经纬仪的观测和读数。

4）数据的记录与计算校核。

（5）考核要求

1）时间：准备时间：3min；操作时间：60min；从正式操作开始计时；考试时，提前完成操作不加分。

2）操作仪器严格按操作和观测程序作业，不得违反操作规程。

3）记录、计算完整、卷面清洁、字体工整，无错误。

4）实地标定的点位清晰稳固。

5）每个特征点所测高程与已知高程点数据进行比较，小于±10mm。

（6）考核评分

①考试采用百分制，本题满分为100分，采用扣分制评分。

②考评员应具有本工种的大专以上专业知识水平和相应实际操作经验。

③考评员可根据考生考试的实际情况，对评分标准作适当调整。

④考试方式说明：实际操作，以操作过程，操作时间和结果精度进行评分。

1）以时间 T 为评分主要依据，如表 2.4-11-2，评分标准分四个等级制定，具体分数由所在等级内插评分，表中 M 代表分数。

评分标准表　　表 2.4-11-2

考核项目	评分标准（以时间 T 分钟为评分主要依据）			
	$M \geqslant 85$	$85 > M \geqslant 75$	$75 > M \geqslant 60$	$M < 60$
纵断面测量	$T \leqslant 60'$	$60' < T \leqslant 65'$	$65' < T \leqslant 70'$	$T > 70'$

2）根据仪器操作符合操作规程情况，扣1~5分。

3）根据卷面整洁、字体清晰、记录准确情况，扣1~5分（记录划去1处，扣1分，合计不超过5分）。

4）当值考评员可以根据考核现场所使用仪器、学生水平以及其他实际情况制定相关考核标准。

（7）考核说明

1）考核时间自架立仪器开始，至递交记录表并拆卸仪器放进仪器箱为终止。

2）考核仪器应为J6经纬仪或者全站仪。

3）数据记录、计算及校核均填写在相应记录表中，记录表不可用橡皮擦修改，记录表以外的数据不作为考核结果。

4）主考人应在考核结束前检查并填写仪器对中误差及水准管气泡偏差情况，在考核结束后填写考核所用时间并签名。

12. 用全站仪往返测三角高程和水平距离（不少于200m）

实验通知书

（1）题目

用全站仪往返测三角高程和水平距离（不少于200m）。

（2）仪器工具准备表

见表2.4-12-1所示。

仪器工具准备表 表2.4-12-1

序号	名称	规格	单位	数量	备注
1	全站仪	2"	台	1	
2	三脚架	木质	副	1	
3	对中杆	带支架	根	2	
4	对讲机		台	2	
5	棱镜		只	1	
6	记录夹		个	1	
7	记录手簿		本	1	

序号	名称	规格	单位	数量	备注
8	铅笔	H	根	2	
9	小刀		把	1	
10	计算器		个	1	非编程计算器
11	钢尺	50m	把	1	
12	遮阳伞		把	1	

（3）考核注意事项

1）考核场地要满足考核基本要求。

2）考核过程中要注意仪器操作安全和人身安全。

3）不宜选择在人流量比较大的位置安排考核。

4）考核过程应安排专人负责维持考场秩序。

5）实验考核老师应具有相关专业知识和工作经验。

（4）考核内容

1）经纬仪的检查和维护。

2）经纬仪的对中和整平。

3）经纬仪的观测和读数。

4）数据的记录与计算校核。

（5）考核要求

1）时间：准备时间：3min；操作时间：60min；从正式操作开始计时；考试时，提前完成操作不加分。

2）操作仪器严格按操作和观测程序作业，不得违反操作规程。

3）记录、计算完整、卷面清洁、字体工整，无错误。

4）实地标定的点位清晰稳固。

5）与已知点数据进行比较，距离差和高差均小于±10mm。

（6）考核评分

①考试采用百分制，本题满分为100分，采用扣分制评分。

②考评员应具有本工种的大专以上专业知识水平和相应实际操作经验。

③考评员可根据考生考试的实际情况，对评分标准作适当调整。

④考试方式说明：实际操作，以操作过程，操作时间和结果精度进行评分。

1）以时间 T 为评分主要依据，如表 2.4-12-2，评分标准分四个等级制定，具体分数由所在等级内插评分，表中 M 代表分数。

评分标准表　　　　表 2.4-12-2

考核项目	评分标准（以时间 T 分钟为评分主要依据）			
	$M \geqslant 85$	$85 > M \geqslant 75$	$75 > M \geqslant 60$	$M < 60$
三角高程距离往返测	$T \leqslant 60'$	$60' < T \leqslant 65'$	$65' < T \leqslant 70'$	$T > 70'$

2）根据仪器操作符合操作规程情况，扣 1~5 分。

3）根据卷面整洁、字体清晰、记录准确情况，扣 1~5 分（记录划去 1 处，扣 1 分，合计不超过 5 分）。

4）当值考评员可以根据考核现场所使用仪器、学生水平以及其他实际情况制定相关考核标准。

（7）考核说明

1）考核时间自架立仪器开始，至递交记录表并拆卸仪器放进仪器箱为终止。

2）考核仪器应为 J6 经纬仪或者全站仪。

3）数据记录、计算及校核均填写在相应记录表中，记录表不可用橡皮擦修改，记录表以外的数据不作为考核结果。

4）主考人应在考核结束前检查并填写仪器对中误差及水准管气泡偏差情况，在考核结束后填写考核所用时间并签名。

2.5 中级工操作考试评分标准

见表 2.5-1、表 2.5-2 所示。

1. 水准测量评分标准

表 2.5-1

序号	考试项目	考试内容	评分标准	配分	扣分	得分
1	准备工作	准备工具、用具	每少一件扣 0.5 分	3		
	仪器检查及维护	检查仪器	漏检任一项轴系扣 0.5 分	1		
			漏检任一项螺旋或制动扣 0.5 分	1		
			漏检目镜或物镜一项扣 0.5 分	1		
			漏检度盘及分划一项扣 0.5 分	1		
		检查仪器附件	漏检仪器箱、提手及背带任一项扣 0.5 分	1		
			漏检连接螺旋或固定螺旋任一项扣 0.5 分	1		
			漏检标尺扣 0.5 分	1		
	合　计			10		
2	仪器安置与整平	仪器操作	未正确安放三脚架扣 0.5 分	1		
			未正确取出仪器扣 0.5 分	1		
			未正确连接仪器扣 0.5 分	1		
			未稳定脚架扣 0.5 分	1		
			气泡不在圆气泡圈内扣 0.5 分	2		
			管水准气泡不符合扣 0.5 分	2		
			未正确收放仪器扣 0.5 分	1		
			未收拢三脚架扣 0.5 分	1		
	合　计			10		

序号	考试项目	考试内容	评分标准	配分	扣分	得分
3	水准测量观测和记录	仪器操作	正确操作，完成整个过程得20分，违反操作规程一次扣1分。 a. 正确安置仪器； b. 严格按照水准测量的观测程序进行观测并读取数据； c. 正确搬运仪器； d. 正确收放仪器并放置仪器箱内； e. 正确收放好三脚架	20		
			质量合格得40分，单站精度合格得5分，每超一项限差扣1分。 各观测成果均应在限差范围内：线路测量成果满足限差要求不扣分，超出限差扣20分	40		
	合　计			60		
4	记录与计算	记录	记录正确得10分，出现一处修改或涂改扣1分	10		
		计算	计算正确得10分，每错（漏）算一处扣0.5分	10		
	合　计			20		
总　计				100		

227

2. 经纬仪或全站仪水平角观测、坐标测量测设评分标准

表 2.5-2

序号	考试内容	考试要求	评分标准	配分	扣分	得分
1	仪器检查	准备工作 准备工具	每少一件扣 0.5 分	3		
		检查仪器	漏检任一项轴系扣 0.5 分	1		
			漏检任一项螺旋或制动扣 0.5 分	1		
			漏检目镜或物镜一项扣 0.5 分	1		
			漏检度盘及分划一项扣 0.5 分	1		
		检查仪器附件	漏检仪器箱、提手及背带任一项扣 0.5 分	1		
			漏检连接螺旋或固定螺旋任一项扣 0.5 分	1		
			漏检标尺扣 0.5 分	1		
		合　　计		10		
2	经纬仪的安置及对中整平	仪器操作	未正确安放三脚架扣 0.5 分	1		
			未正确取出仪器扣 0.5 分	1		
			未正确连接仪器扣 0.5 分	1		
			未稳定脚架扣 0.5 分	1		
			气泡不在圆气泡圈内扣 0.5 分	1		
			对中点不在对中圆圈内扣 0.5 分	1		
			未正确收放仪器并收拢三脚架扣 0.5 分	1		
		合　　计		10		
3	水平角观测	仪器操作	正确操作，完成整个过程得 20 分，违反操作规程一次扣 1 分 a. 正确安置仪器； b. 严格以测回法按照图根导线水平角的观测程序观测并读取数据； c. 正确收放仪器并放置仪器箱内； d. 正确收放好三脚架	20		

続表

序号	考试内容	考试要求	评分标准	配分	扣分	得分
3	水平角观测	仪器操作	成果质量合格得40分，单角精度合格5分，每超过一项限扣1分。各观测成果均应在限差范围内：每个水平角半测回较差小于等于±30″，内角和差小于等于±60″	40		
		合　计		60		
4	记录计算	记录	记录正确得10分，出现一处修改或涂改扣1分	10		
		计算	计算正确得10分，错（漏）算一处扣0.5分	10		
		合　计		20		
		总　计		100		

229

第三部分 高级测量放线工

3.1 选择题

1. 1∶1000 地形图的比例尺精度和测图精度是（B）。

A. 0.1m、0.1m　　　　B. 0.1m、0.5m

C. 0.5m、0.5m　　　　D. 0.5m、0.1m

2. 一组闭合的等高线是山丘还是盆地，可根据（C）来判断。

A. 助曲线　B. 首曲线　C. 高程注记　D. 等高线的稀疏

3. 在比例尺为 1∶2000，等高距为 2m 的地形图上，如果按照指定坡度 $i=5\%$，从坡脚 A 到坡顶 B 来选择路线，其通过相邻等高线时在图上的长度为（B）。

A. 10mm　　B. 20mm　　C. 25mm　　D. 15mm

4. 在地形图上，量得 A 点高程为 21.17m，B 点高程为 16.84m，AB 距离为 279.50m，则直线 AB 的坡度为（C）。

A. 6.8%　　B. 1.5%　　C. −1.5%　　D. −6.8%

5. 地形图上的地物符号有：①不依比例尺绘制的符号也叫非比例尺符号，如电线杆、井。②依比例绘制的符号叫比例符号，如房屋。③（B）。④注记符号名。

A. 条形符号，如河流

B. 线形符号也叫半依比例尺符号，如铁路

C. 带状符号，如绿化带

D. 形象范围符号，如湖泊

6. 地形图上的地物符号有：①不依比例尺绘制的符号也叫非

比例尺符号，如电线杆、井。②依比例尺绘制的符号叫比例符号，如房屋。③线形符号也叫半依比例尺符号，铁路。④（B）。

A. 条形符号，如河流   B. 注记符号，如地名

C. 带状符号，如绿化带   D. 形象范围符号，如湖泊

7. 接图表的作用是（C）。

A. 表示本图的边界线或范围

B. 表示本图的代号

C. 表示本图幅与其他图幅的位置关系

D. 都不是

8. 已知 $X_a = 2160.7$m，$Y_a = 1148.6$m。$X_b = 2300$m，$Y_b = 1300$m，则 AB 的水平距离 D_{ab} 为（A）。

A. 205.73   B. 206.73   C. 207.73   D. 208.73

9. 用图解法，在图上量得直线 AB 的坐标角 a'_{AB} 和直线 BA 的方位角 a'_{BA}，则直线 AB 方位角为（C）。

A. $\alpha_{AB} = 1/2\ (a'_{AB} - a'_{BA} \pm 180°)$

B. $\alpha_{AB} = 1/2\ (a'_{AB} - a'_{BA})\ \pm 180°$

C. $\alpha_{AB} = 1/2\ (a'_{AB} + a'_{BA} \pm 180°)$

D. $\alpha_{AB} = 1/2\ (a'_{AB} + a'_{BA})\ \pm 180°$

10. 已知 $X_1 = 500.000$，$Y_1 = 500.000$，$X_2 = 515.000$，$Y_2 = 505.000$，$X_3 = 505.000$，$Y_3 = 510.000$，该多边形的面积是（B）。

A. 1250m^2 B. 62.5m^2 C. 125m^2 D. 12.5m^2

11. 在 1：5000 地形图上要选一条坡度不超过 2% 输水线路，若地形图的等高距为 2m，则线路通过相邻等高线间的最短平距为（D）。

A. 5mm   B. 10mm   C. 15mm   D. 20mm

12. 民用建筑工程施工图，是由建筑总平面、（C），水、空调设备施工图及电气施工图 5 部分组成。

A. 建筑立面图，建筑剖面图

B. 基础施工图，首层平面图

C. 建筑施工图，结构施工图

D. 建筑平面图，结构标准图

13. 测量放线人员学习与审校建筑总平面图时，在查明场地所在地理位置、用地界限（即建筑红线），新建建筑物的总体布置和场地及其周围的原地物、地貌情况三大情况之后，最重要的是要查清（D）。

A. 用地界限（即建筑红线）范围内，需要拆迁的建筑物

B. 用地界限（即建筑红线）范围内，地下管网情况

C. 用地界限（即建筑红线）范围内，规划地面与原地面的土地平整情况

D. 新建建筑物平面位置和高程的定位依据和定位条件

14. 测量放线人员要严格审校定位轴线图中的各种尺寸、角度关系，这是以后审校建筑与结构平面图的基础。审校定位轴线要遵守以下 4 项原则：①先校核建筑物整体四廓闭合交圈后，再查各细部的原则。②（B）的原则。③校核必须有独立、有效地计算校核的原则。④工程总体布局合理、适用，各局部布置符合各种工程设计与施工规范要求的原则。

A. 先审定各轴线间距，再审定其外包尺寸

B. 先审定基本依据数据，再校核推导数据

C. 先审定各轴线间距是否符合模数

D. 先审定细部尺寸，再核对轴线尺寸与外廓总尺寸

15. 道路施工测量中，校核 JD 间距是首要的。已知 JD_{n+1}、JD_n 与 QZ_n 的桩号，则 $JD_{n+1} \sim JD_n$ 的间距为（C）。

A. JD_{n+1} 桩号 $- JD_n$ 桩号

B. JD_{n+1} 桩号 $- QZ_n$ 桩号

C. JD_{n+1} 桩号 $- JD_n$ 桩号 $+2$（JD_n 桩号 $- QZ_n$ 桩号）

D. JD_{n+1} 桩号 $- JD_n$ 桩号 $-$（JD_n 桩号 $- QZ_n$ 桩号）

16. 道路施工测量中，校核 JD 间距是首要的。已知 JD_{n+1}、JD_n 与 ZY_{n+1}、YZ_n 的桩号，则 $JD_{n+1} \sim JD_n$ 的间距为（B）。

A. JD_{n+1} 桩号 $- JD_n$ 桩号

B. JD_{n+1} 桩号 $- YZ_n$ 桩号 $+$（JD_n 桩号 $- ZY_n$ 桩号）

C. JD_{n+1} 桩号 – YZ_n 桩号 + (YZ_n 桩号 – ZY_n 桩号) /2

D. JD_{n+1} 桩号 – JD_n 桩号 + (YZ_n 桩号 – JD_n 桩号)

17. 测量放线人员审校复杂施工图的方法是（D）。

A. 由外向里看，由粗到细看，图样与说明结合着看

B. 以总图为准，相关联图纸交叉着看；以轴线图为准，建施与结施对着看

C. 土建图和水电图等设备图对照着看

D. A + B + C

18. 各种管线竣工测量检查验收主要内容有：①各项测量是否符合规定，起始数据是否正确。②（C），记录、计算是否正确。③项目是否齐全，说明是否清楚。④所测地下管线有无错误或丢漏、管线来龙去脉是否正确，与施工图是否符合。

A. 原始依据是否有错　　　　B. 测量是否有校核

C. 成果表是否完全正确　　　D. 成果是否合格

19. 编制市政竣工图时，凡属施工图纸不完整、施工图纸改动部分在同一幅图中覆盖面积超过 1/3，不宜用施工图纸改绘的，包括（D），都必须重新绘制工程竣工图。

A. 主要构筑物　　　B. 道路管线

C. 工程边界　　　　D. 各种地下管线（除小型管线外）

20. 各种专业竣工图绘制的有关（D）等均按国家、专业相应的有关标准、规定、通则要求进行。

A. 图形、比例尺、说明　　　　B. 内容格式

C. 图形、三维坐标、比例尺　　D. 内容、图式、格式

21. 竣工测量中，三级导线的方位角闭合差、坐标相对闭合差为（C）。

A. $\pm 20'' \sqrt{n}$、1/1000　　B. $\pm 12'' \sqrt{n}$、1/1000

C. $\pm 24'' \sqrt{n}$、1/5000　　D. $\pm 20'' \sqrt{n}$、1/5000

22. 公路中线里程桩测设时，短链是指（B）。

A. 实际里程大于原桩号

B. 实际里程小于原桩号

C. 原桩号测错

D. 因设置圆曲线使公路的距离缩短

23. 横断面的绘图顺序是从图纸的（C）依次按桩号绘制。

A. 左上方自上而下，由左向右

B. 右上方自上向下，由左向右

C. 左下方自下而上，由左向右

D. 右上方自下向上，由左向右

24. 工程测量学的任务是（B）。

A. 为人民服务　　B. 工程建设服务

C. 基础建设服务　　D. 地形测绘服务

25. 任何一项测设工作是由放样依据、（D）、放样数据三个部分组成。

A. 高程　　B. 角度　　C. 坐标　　D. 放样方法

26. 水准仪的视准轴与水准管轴不平行时产生的高差误差是（D）。

A. 误差大小一定，与前、后视无关

B. 误差大小与前、后视距大小成正比

C. 误差大小与前、后视距之和成正比

D. 误差大小与前、后视距之差成正比

27. 根据操作过程的不同，放样可以归纳为直接放样和归化法放样。其基本内容可分为：（D）。

A. 建筑工程放样　　B. 管道工程放样

C. 道路工程放样　　D. 平面位置和高程位置放样

28. 用经纬仪或水准仪望远镜在标尺上读数时，都应首先消除视差，产生视差的原因是（B）。

A. 外界亮度不够　　B. 标尺的像面与十字丝平面没能重合

C. 标尺不稳　　D. 物镜调焦不好

29. 测量误差影响的是数据，放样误差影响的则是：（C）。

A. 点的平面坐标数据　　B. 点的高程数据

C. 实地点位　　D. 距离和高差等数据

30. 以中央子午北端作为基本方向顺时针方向量至直线的夹角称为（D）。

A. 真方位角　　B. 子午线收敛角

C. 磁方向角　　D. 坐标方位角

31. 无论是测定还是测设都是（B）。

A. 确定方位　　　　B. 确定点的位置

C. 确定建筑红线　　D. 确定角度

32. 大地坐标系（地理坐标系）是整个地球椭球体上统一的坐标，是（D）的坐标系。

A. 中国使用　B. 工程测量　C. 大地测量　D. 世界公用

33. 大地坐标系（地理坐标系），通过某点作参考椭球体的法线，此法线与赤道平面的夹角叫做该点的（C）。

A. 大地经度　B. 方位角　C. 大地纬度　D. 竖直角

34. 某点位于东经121°48′18″，则该点位于6°带的带号及其中央子午线的经度为（D）。

A. 21 带、东经 126°　　　B. 20 带、东经 123°

C. 20 带、东经 126°　　　D. 21 带、东经 123°

35. 在高斯正形投影6°带和3°带中，离中央子午线愈远则地球表面上的边长和方向变形愈大；而在中央子午线上的边长和方向变化则为（C）。

A. 愈小、愈大　　　　B. 愈小、无变形

C. 均无变形　　　　　D. 愈大、愈小

36. 除赤道上的点以外的地面上东、西两点的真子午线的方向均不平行，这是因为真子午线方向间存在（D）的原因。

A. 磁偏角　B. 坐标磁偏角　C. 真方位角　D. 收敛角

37. 大地水准面是重力等位面，它（A）数学方程表示。

A. 不能直接用　　　　B. 可用椭球面

C. 可用圆球面　　　　D. 可用旋转面

38. 绝对高程是指以（B）为基准面计算的。

A. 水准面　B. 大地水平面　C. 水平面　D. 任意水平面

39. 水准面的曲率对水平角度的影响计算公式为 $\varepsilon'' = \rho'' \dfrac{A}{R^2}$，式中：$\rho''$ 为 1 弧度的秒值，R 为地球半径，A 为（D）。

　　A. 球面多边形内角和　　　B. 球面多边形最大边长

　　C. 球面多边形各边长和　　D. 球面多边形面积

40. 水平面是指与水准面（A）的平面。

　　A. 相切　　B. 垂直　　　C. 相交　　　D. 平行

41. 地面点到大地水平面的铅垂距离称为（B）。

　　A. 相对高程　　B. 绝对高程　　C. 高程　　　D. 高差

42. （D）是先测定未知点对已知点的高差，再根据已知点高程推算未知点高程的方法。

　　A. 水准测量　　　　　　　B. 三角高程测量

　　C. 视距高程测量　　　　　D. A + B + C

43. 地球半径 $R = 6371$km，当两点间的距离为 1000m，产生的弧面差影响约为（D）。

　　A. 3mm　　　B. 39mm　　　C. 8mm　　　D. 78mm

44. 水准仪 S4、S3、S1 及 S05，其精度最高和最低的为（D）。

　　A. S4、S05　B. S1、S3　　C. S1、S4　　D. S05、S4

45. 在工程测量中，用水平面代替大地水准面会产生距离误差。要使所产生的距离误差不超过 1/30 万，在半径为（C）km 的范围内可以用水平面代替大地水准面。

　　A. 5km　　　B. 10km　　　C. 20km　　　D. 30km

46. 在进行精度分析时，误差传播定律是精度分析的常用手段。在分析中，影响误差的各个因素被认为是（B）。

　　A. 等精度的　　　　　　　B. 相互独立的

　　C. 相互不独立的　　　　　D. 不是主要的影响因素

47. 随机误差的特性有 4 个：①小误差产生的密集性。②大误差产生的有界性。③（C）。④全部误差的抵消性。

　　A. 正负误差的一致性　　　B. 正负误差的相等性

236

C. 正负误差的对称性　　　D. 正负误差的相似性

48. 施工测设中，要求量边与测角精度相匹配，若测角精度 $\Delta\beta = \pm 10''$，量距精度 $k = 1/8000$，则与其相匹配的量边精度 k 与测角精度 $\Delta\beta$ 为（B）。

　　A. 1/10000、 $\pm 20''$　　　　B. 1/20000、 $\pm 25''$
　　C. 1/15000、 $25''$　　　　　D. 1/20000、 $\pm 20''$

49. 水准测量的下列误差中，属于系统误差的有（A）。

①视线 i 角误差。②转点下沉。③塔尺上节下落。④弧面差。⑤存在视差。⑥水准尺不铅直。

　　A. ①②④⑥　　　　　　　B. ①④⑤⑥
　　C. ②③④⑥　　　　　　　D. ②③④⑤

50. 3 条水准路线的长度分别为 1km、2km 和 4km，设每公里高差的权为 1，则可得到 3 条路线权的为（A）。

　　A. 1、0. 5、0. 25　　　　　B. 1、2、4
　　C. ± 1、 ± 0.5、 ± 0.25　　D. ± 1、 ± 2、 ± 4

51. 观测了 3 段水准路线，测站数分别为 2、4、10，设每一测站的权为 1，则各段的权为（C）。

　　A. ± 0.5、 ± 0.25、 ± 0.1　　B. 2、4、10
　　C. 0. 5、0. 25、0. 1　　　　D. ± 2、 ± 4、 ± 10

52. 加权平均值的中误差等于单位权中误差除以观测值权的（D）。

　　A. 平均值　B. 总和的平方　C. 总和　D. 总和的平方根

53. 在不等精度观测中，用改正数计算单位权中误差的公式是（C）。

　　A. $\pm\sqrt{\dfrac{[P\Delta\Delta]}{n}}$　B. $\pm\sqrt{\dfrac{[P\Delta\Delta]}{n-1}}$　C. $\pm\sqrt{\dfrac{P\omega}{n-1}}$　D. $\pm\sqrt{\dfrac{[P\omega]}{n}}$

54. 一段距离丈量 4 次，平均值为 135.498m，观测值中误差为 ± 0.012m，则可分别求得平均值中误差和最后结果的相对中误差为（B）。

　　A. ± 0.024m、1/5600　　　B. ± 0.006m、1/22000

C. ±0.024m、1.8×10^{-4} D. ±0.006m、±1/2200

55. 两个小组对一角度进行观测,一组以一测回测角中误差 $m_1 = \pm10''$ 观测 4 测回,二组以一测回测角中误差 $m_2 = \pm15''$ 观测 9 测回,则一、二两组各自的平均值中误差 M_1 和 M_2 为(D)。

A. ±6.9″、±6.9″   B. ±20″、+45″

C. ±2.5″、±1.7″   D. ±5″、±5″

56. 函数式 $z = 3x + y + 2x$ 和 $F = 5x + y$,已知 $m_x = 1$ 和 $m_y = 2$,则可分别求出 m_z 和 m_F 为(C)。

A. ±4.1、±5.4   B. ±7、±7

C. ±5.4、±5.4   D. +4.1、+5.4

57. 圆半径长为 27.500m,测量半径的中误差为 ±1cm,则圆周长的中误差为(D)cm。

A. ±27.5   B. 3.14   C. ±1   D. ±6.28

58. 对某角观测了 9 个测回,每测回的测角中误差为 ±6″,则该角平均值的中误差是(B)。

A. ±0.67″   B. ±2″   C. ±18″   D. ±6″

59. 测水平角时用望远镜照准目标由于望远镜放大倍数有限和外界原因,照准样可能偏左或偏右而引起照准误差属于(B)。

A. 系统误差   B. 偶然误差   C. 中误差   D. 相对误差

60. 一把名义为 30mm 的钢卷尺,实际长度为 30.005m,每量一整尺段误差为 5mm,此误差属于(A)。

A. 系统误差   B. 相对误差   C. 半误差   D. 偶然误差

61. 在不等精度观测下,对某量进行多次观测取其(A)作为观测结果。

A. 加权平均值   B. 算术平均值

C. 最大观测值   D. 最小观测值

62. 观测值中误差与观测值之比称为(A)。

A. 相对中误差   B. 限差   C. 中误差   D. 绝对误差

63. 三、四等水平测量每测段的测站数均为偶数是为了(A)。

A. 清除两把水准尺零点高度差所引起的误差

B. 便于观测

C. 便于计算

D. 清除水准尺刻度划不均匀误差

64. 水准仪的 i 角是指（A）两者在竖直面与视准轴平行上的投影交角。

A. 水准管轴与视准轴　　　B. 圆水准器轴与视准轴

C. 竖轴与视准轴　　　　　D. 纵轴与视准轴

65. 工程测量中所用的精密水准仪有（D）。

A. 光学微倾精密水准仪　　　B. 光学自动安平精密水准仪

C. 电子自动安平精密水准仪　D. A+B+C

66. 水准仪视线不水平，分别对于微倾式水准仪和自动安平水准仪的校正部位是（C）。

A. 水准盒校正螺丝、十字线分划板校正螺丝

B. 十字线分划板校正螺丝、水准盒校正螺丝

C. 水准管一端校正螺丝、十字线分划板校正螺丝

D. 水准管一端校正螺丝、水准盒校正螺丝

67. 有一种精密水准尺，分划为左、右两排，叫做基本分划和辅助分划，两排分划相差一个尺常数，则水平视线在两排分划上的读数之差是否等于尺常数可用于检查（D）。

A. 高差是否合格　　　B. 尺子是否立直

C. 尺刻划线是否准确　D. 读数精度

68. 水准仪 i 角检测中，前后视距均为 42m 求得高差后，移仪器于一尺近旁求和远处尺上读数 b'，其与应读前视 b 之差 $b' - b = -6mm$，则此仪器的 i 角为（A）。

A. $-14.7''$　B. $+14.7''$　C. $-29.5''$　D. $+29.5''$

69. 《光学经纬仪检定规程》JJG414—2011 规定：J6 经纬仪视准轴误差 C 和横轴误差 i 应在（C）范围内。

A. $\pm20''$、$\pm10''$　　　　B. $\pm20''$、$\pm40''$

C. $\pm10''$、$\pm20''$　　　　D. $\pm40''$、$\pm20''$

70. 《光学经纬仪检定规程》JJG414—2011 规定：J2 经纬

仪视准轴误差 C 和横轴误差 i 应在（B）范围内。

  A. ±15″、±18″   B. ±8″、±15″

  C. ±20″、±10″   D. ±10″、±20″

  71. 当观测方向数不大于 3 时的测角方法应采用（C）。

  A. 复测法   B. 测回法

  C. 方向观测法（全圆测回法） D. A + B

  72. 用名义长 $L_名$ =50m，实长 $L_实$ =49.9951m 的钢尺，以标准拉力往返测得 A、B 两点水平间距平均值 D = 175.828m，丈量时平均温度 t = −6℃，则相应的尺长改正数和温度改正数为（A）m。

  A. −0.0172、−0.0549 B. +0.0172、+0.0549

  C. −0.0172、+0.0549 D. +0.0172、−0.0549

  73. 用经纬仪正倒镜观测不能消除（C）。

  A. 盘度偏心差   B. 横轴误差

  C. 竖轴倾斜误差   D. 照准部偏心差

  74. 已知测量坐标系的圆曲线方程为 $(y-4)^2 + (x-2)^2 = 32$，此圆上的最北点、最南点的坐标 (y, x) 为（D）。

  A. (4,5)、(4,1)   B. (5,4)、(4, −1)

  C. (5,4)、(4,1)   D. (4,5)、(4, −1)

  75. 已知测量坐标系的圆曲线方程为 $(y-4)^2 + (x-2)^2 = 32$，此圆上的最东点，最西点的坐标 (y,x) 为（D）。

  A. (4,5)、(4,1)   B. (5,4)、(4, −1)

  C. (5,4)、(5, −1)   D. (7,2)、(1,2)

  76. 一双曲线形建筑物，其测量坐标系方程为 $y^2/a^2 + x^2/b^2 = 1$，已知 a = 14.000m，b = 26.833m，以双曲线中心为原点，采用直角坐标法测设时，当 x = 0m 和 ±10m 时，则 y 为（C）。

  A. +14.000m、+21.000m B. ±14.000m、±21.000m

  C. ±14.000m、±14.941m D. +14.000m、+14.941m

  77. 一抛物线形建筑物，其测量坐标系方程为 $y^2 = 2px$（p = 12.5），以抛物线顶点为原点，采用直角坐标法测设，当 x = 1m

和 10m 时，则 y 为（B）。

    A. +5.000m、+15.811m   B. ±5.000m、±15.811m

    C. +2.000m、±4.472m   D. +2.000m、+4.472m

78. 缓和曲线 5 个主点的名称以汉语缩写自起点依次排列为（D）

    A. ZH、YH、QZ、HY、HZ   B. HZ、HY、QZ、YH、ZH

    C. ZY、HY、QZ、HZ、YH   D. ZH、HY、QZ、YH、HZ

79. 在缓和曲线测设中，已知缓和曲线终点的直角坐标 $X_h =$ 69.90，$Y_h = 2.72m$，则对应缓和曲线的弦长 C_h 和总偏角 Δh 为（A）。

    A. 69.95m、2°13′42″   B. 69.95m、3°20′32″

    C. 69.95m、2°13′42″   D. 69.95m、3°20′32″

80. 下面属于工业建筑的是（D）。

    A. 学校   B. 商店   C. 水塔   D. 仓库

81. 建筑红线是（B）的界线。

    A. 施工地图用地范围   B. 规划用地范围

    C. 建筑物占地范围   D. 建筑单位申请用地范围

82. 市政工程测量技术方案应包括的主要内容是：①工程概况。②质量目标与误差分析。③平面与高程控制方法。④（B）。⑤特殊施工方法的测量应对措施。⑥各种表格与填写要求。⑦人员与仪器的配备。

    A. 仪器检验   B. 施工中测量作业程序和具体方法

    C. 审核图纸   D. 精度要求

83. 道路边桩放线常用的方法是（D）。

    A. 利用路基横断面图放样边桩

    B. 利用给定的边坡率放样边桩

    C. 利用路基中心填挖高度放样边桩

    D. A + C

84. 道路边桩上测设纵坡线时，桩顶改正数：桩顶前视 − 应读前视，当改正数为"−"或"+"时，说明（A）。

A. 自桩顶向下量或向上量改正数

B. 自桩顶向上量或向下量改正数

C. 当前桩顶低或高

D. 当前桩顶高或低

85. 道路中线测量是把道路的设计中心线测设在实地上，其主要工作是：测设中线上各交点和转点、（D）、测量偏角及测设曲线。

A. 导线测量　B. 水准测量　C. 线路复测　D. 离距和钉桩

86. 凸竖曲线上两点的坡道设计高程分别为 48.880m 和 48.580m，其对应的竖曲线上的改正数为 0.060m 和 0.020m，则此两处竖曲线的高程为（A）。

A. 48.820m、48.560m　　B. 48.940m、48.600m

C. 48.880m、48.580m　　D. 48.820m、48.600

87. 路基土石方量通常采用（B）计算。

A. 方格网法　　　　　　B. 平均横断面法

C. 等高线法　　　　　　D. 估算方法

88. 市政工程中，场站建（构）筑物工程施工测量平面控制网要求：钢尺量距、光电测距、光电测距返往较差、测角及延长直线等项的精度是（D）。

A. 高于 1/20000、小于 ±2 $(A + B \times 10^{-6} \times D)$、±10″

B. 高于 1/10000、小于 ±2 $(A + B \times 10^{-6} \times D)$、±20″

C. 高于 1/20000、小于 ± $(A + B \times 10^{-6} \times D)$、±10″

D. 高于 1/10000、小于 ±2 $(A + B \times 10^{-6} \times D)$、±20″

89. 桥涵工程施工测量主要内容有：①中心线、里程与控制桩测设。②水准点设置与观测。③基础工程定位与高程测设。④墩台控制桩测设、上部结构测量。⑤附属工程放线及（C）。

A. 平面控制网测量

B. 高程控制网测量

C. 施工中检测和竣工验收测量

D. 基坑定位

90. 桥（涵）位放线最常用的 3 种方法是（B）。

①距离交会法。②直接丈量法。③直角坐标法。④角度交会法。⑤极坐标法。

A. ①②⑤　　B. ②④⑤　　C. ③④⑤　　D. ①④⑤

91. 高速公路工程中，为了行车安全，在转弯时通常设置缓和曲线。设计的缓和曲线是（B）。

A. 道路勘测坐标系中的参数方程

B. 是以 ZH 点所在切线方向为 Y 轴所建立的参数方程

C. 缓和曲线的圆心位置是固定的

D. 缓和曲线的半径是固定的

92. 管道的主点，是指管道的起点、终点和（C）。

A. 中点　　B. 交点　　C. 转向点　　D. 接点

93. 巷道掘进时，给定掘进的方向通常叫做给（B）。

A. 方向线　　B. 中线　　C. 腰线　　D. 坡度线

94. 国家平面控制网布设在全国范围内的三角测量控制网称为国家级平面控制网，它有几个（C）等级。

A. 两个　　B. 三个　　C. 四个　　D. 五个

95. 小地区平面控制网的建立，一般把面积在（C）以内的地区叫小地区。

A. 5km² 　　B. 10km² 　　C. 15km² 　　D. 20km²

96. 三、四等水平测量一般与国家一、二等级水平网连测，测区高层一般用（B）国家高层基准。

A. 1980 年　　B. 1985 年　　C. 1990 年　　D. 1995 年

97. 青岛水准点高程 72.260m 是（B）系统中的高程。

A. 1965 年黄海高程　　　B. 1985 年国家高程标准

C. 北京高程　　　　　　D. 山东省地方高程

98. 某工程对高度、精度要求在 1～3mm 以内，则应采用（C）等水准测量进行高程控制测量。

A. 一　　　B. 二　　　C. 三　　　D. 四

99. 工程控制网中，为了限制投影变形，可采用测区平均高程面或高程抵偿面作为投影面，其投影变形不允许超过（A）。

    A. ±2.5cm/km　　　　　B. ±5.0cm/km

    C. ±0.5cm/km　　　　　D. ±7.5cm/km

100. 在工程测量中，二等水准测量的前后视距累积差不应超过（B）。

    A. 2m　　　　B. 6m　　　　C. 4m　　　　D. 5m

101. 四等水准测量每公里高差中误差为（D）。

    A. ±2mm　　B. ±4mm　　C. ±8mm　　D. ±10mm

102. 在水准测量中，每站观测高差的中误差为±5mm，若从已知点推算待定点高程，要求高程中误差不大于20mm，所设站数最大不能超过（C）。

    A.4站　　　B.8站　　　C.16站　　　D.24站

103. 把图样上设计好的建筑物，构筑物的平面和高层位置按设计要求标定在地面上，作为施工的依据称为（D）。

    A. 测定　　　B. 测量　　　C. 测绘　　　D. 测设

104. 《工程测量规范》（GB 50026—2007）规定：使用 DS3 型水准仪进行三、四等水准测量观测中，同一尺的尺常数加黑面尺读数与红面尺读数之差的允许值分别为（A）mm。

    A. ±2、±3　　B.2、3　　C. ±5、±6　　D.5、6

105. 《工程测量规范》（GB 50026—2007）规定：三、四等水准测量按测站数 n 计算的往返较差，附合或环线闭合差的公式分别为（B）。

    A.4$\sqrt{n}$mm、6$\sqrt{n}$mm　　　　B. ±4$\sqrt{n}$mm、±6$\sqrt{n}$mm

    C. ±3$\sqrt{n}$mm、±6$\sqrt{n}$mm　　　D. ±2$\sqrt{n}$mm、±5$\sqrt{n}$

106. 《工程测量规范》GB 50026—2007 规定：三、四等水准测量中，同一测站黑面尺测得的高差与红面高差的允许误差为（B）。

    A. ±2mm、±3mm　　　　B. ±3mm、±5mm

    C. ±2mm、±5mm　　　　D. ±3mm、±3mm

107. 方向观测法（全圆测回法）中，各方向前、后两半测回读数之差叫做 2 倍照准差（2C）。对应 J6 和 J2 经纬仪的 2C 值应在（D）范围内。

    A. $\pm40''$、$\pm20''$ B. $\pm20''$、$\pm13''$

    C. $\pm18''$、$\pm8''$ D. $\pm24''$、$\pm18''$

108. 方向观测法（全圆测回法）中，半测回再次照准起始目标的水平度盘读数之差，叫做归零差。J6 和 J2 经纬仪观测得到的归零差应在（A）范围内。

    A. $\pm18''$、$\pm12''$ B. $\pm6''$、$\pm2''$

    C. $\pm40''$、$\pm20''$ D. $\pm20''$、$\pm13''$

109. 仪器安置在 A 点进行视距测量，仪器高 $i=1.550$m，B 点上立尺，读得上、中、下线读数为 1.802m、1.601m、1.400m，此时视线水平。则水平距离 D_{ab} 和高差 H_{ab} 为（B）。

    A. 40.2m、+0.051m   B. 40.2m、−0.051m

    C. 20.1m、−0.051m   D. 80.4m、−0.102m

110. 欲在顶梁的侧立面测设 +3.600mm 的水平线，安置仪器后，在 ±0.000mm 处立水准尺，读得后视读数 $a=1.521$m，然后将水准尺倒立贴在梁侧立面并上下移尺，当视线对准（D）m 时，水准尺底画线即为 3.600m 水平线。

    A. 0.000   B. 1.521   C. 3.600   D. 2.079

111. 测量外业校核的方法有 4 种：①（D）。②几何条件校核。③变换测法校核。④概略估测校核。

    A. 复测校核   B. 总和校核   C. 附合校核   D. 闭合校核

112. 测量外业校核的方法有 4 种：①复测校核。②（B）。③变换测法校核。④概略估测校核。

    A. 总和校核   B. 几何条件校核

    C. 附合校核   D. 闭合校核

113. 水准测量的测站校核方法有 3 种：①双镜位法。②双面尺法。③（B）。

    A. 往返测法   B. 双视线高法   C. 双转点法   D. 附合测法

114. 计算校核的方法有 5 种：①复算校核。②几何条件校核。③变换算法校核。④（B）。⑤概略估算校核。

    A. 附合算法校核   B. 闭合算法校核

    C. 总和校核   D. 结点算法校核

115. 计算校核的方法有 5 种：①复算校核。②几何条件校核。③变换算法校核。④总和校核。⑤（D）。

    A. 附合算法校核   B. 闭合算法校核

    C. 结点算法校核   D. 概略估算校核

116. 取得正确的施工测量起始依据,是施工测量准备工作的核心,是做好施工测量的基础。施工测量起始依据主要包括 3 个方面:①通过检定与检校取得测量仪器与钢尺的检定与检校数据。②通过对设计图纸的核校与参加图纸会审,取得正确的定位依据、定位条件及建(构)筑物的自身设计尺寸。③(C)。

    A. 通过实测取得施工现场地面高程

    B. 通过实测取得施工现场地下各种管线位置

    C. 通过校算与校测取得正确的测量依据点位及数据

    D. 通过与组织设计联系，取得施工现场布置总平面图

117. 在设计作业方案时，一般没有唯一解。因此需要引入附加条件。通常采用（A）作为附加条件。

    A. 等影响原则   B. 高程已知条件

    C. 边长已知条件   D. 方位角已知条件

118. 制定建筑施工测量方案，应包括的主要内容是：①工程概况与对施工测量的基本要求。②场地准备测量与测量起始依据的校测。③场地控制网的测设与保留。④（C）。⑤±0.000 以上施工测量与特殊工程施工测量。⑥室内外装饰、安装与绿化测量。⑦竣工测量与变形观测。⑧验线工作与组织管理。

    A. 拆迁测量与排水沟测量

    B. 三通一平与暂设工程测量

    C. 建筑物定位与基础施工测量

    D. 平整场地与土方计算

119. 对四边形闭合红线桩进行现场边长与左角全面校测均

合格后，可能是（D）。

　　A. 各红线桩点位正确　　　　B. 四边形红线有整体移动

　　C. 四边形红线有整体转动　　D. A + B + C

　　120. 根据闭合红线桩各点坐标（y_i，x_i），可用（C）公式计算其闭合图形内的面积 A。

　　A. $A = \sum (x_{i-1} - x_i)(y_{i-1} - y_i)$　　　　B. $A = \sum x_i(y_i - y_{i-1})$

　　C. $2A = \sum x_i(y_{i-1} - y_{i+1})$　　　　D. $2A = \sum y_i(x_i - x_{i-1})$

　　121. 工业建筑定位测量必须测设厂房（A）。

　　A. 矩形控制网　　B. 小三角网

　　C. 高程控制网　　D. 小区平面控制网

　　122. 下列不能用来顶建筑位置的是（A）。

　　A. 临时围样　B. 原有建筑　C. 已知控制点　D. 建筑红线

　　123. 常用的场地平面控制网有：十字主轴线、建筑方格或矩形网、三角网和（D）。

　　A. 正方形网　B. 梯形网　　C. 平行四边网　D. 导线网

　　124. 根据场地控制网进行矩形建筑物定位后，放线班组要进行验线，首先检测建筑物矩形的（C），再检测矩形两对边和两对角线长度要相等。

　　A. 定位依据正确

　　B. 定位条件正确

　　C. A + B

　　D. 对角线长度是否等于矩形两直角边平方和的开方

　　125. 在基坑垫层上验矩形建筑物基础线时，首先要验（A），再验矩形两对边及对角线是否相等。

　　A. 基槽上轴线控制桩位有无碰动及向槽内投测"井字形"轴线是否正确

　　B. 基槽上轴线控制桩位有无碰动

　　C. 根据轴线控制桩向槽内投测"井字形"轴线是否正确

　　D. 根据轴线控制桩向槽内投测"十字形"轴线是否正确

　　126. 验线工作必须独立，尽量与放线工作不相关，主要包括：观测人员，仪器及（B）。

A. 测法与顺序　　　　B. 测法与观测路线

C. 测法与记录　　　　D. 测法与算法

127. 在多层或高层建筑施工中用经纬仪做竖向投测的方法有：延长轴线法、侧向借线法和（B）。

A. 极坐标法　　　　　B. 正倒镜挑直法

C. 直角坐标法　　　　D. 偏角法

128. 竣工图的基本要求中，凡结构形式改变、工艺改变、平面布置改变、项目改变以及其他重大改变，或者在张图纸上改变部分大于（D）以及修改后图面混乱，分辨不清的图纸均需重新绘制。

A. 1/6　　　　B. 1/5　　　　C. 1/4　　　　D. 1/3

129. 施工控制网的主要任务是用来放样各建筑工程的中心线和各建筑工程之间的连接轴线的，对于精度要求较高的建筑工程内部的安装测量，可采用（A）。

A. 单独建立各系统工程的控制网

B. 原施工控制网

C. 在原控制网的基础上按"从高级到低级"的原则进行加密布网

D. 国家控制网的等级形式布网

130. 给水管、污水管在管线调查中各自的高程施测部位是（A）。

①管内底高。②管外顶高。

A. ②①　　　B. ①②　　　C. ②②　　　D. ①①

131. 地下管线竣工测量中，用解析坐标法测量管线点的点位误差和管线点的高程中误差不应超过（B）。

A. ±5cm、±1cm　　　　B. ±5cm、±2cm

C. ±2cm、±2cm　　　　D. ±5cm、±5cm

132. 在进行平整场地时，为了保证挖填平衡，设计高程是场地中的（B）。

A. 任意高程　B. 平均高程　C. 最高高程　D. 最低高程

133. 在 A 点进行视距测量，A 点的高程为 $H_A = 1918.380m$，仪器高 $i = 1.40m$，测得视距为 $36.8m$。现在 B 点立尺，中丝读数为 $1.45m$，垂直角为 $87°16'$，则 B 点的高程为（A）。

A. 1920.083mm　　　　B. 1916.577mm

C. 1920.086mm　　　　D. 1916.573mm

134. 柱子吊装垂直校正时，安置经纬仪离柱子的距离不小于柱子高的（B）零件的表面粗糙度。

A. 1 倍　　　B. 1.5 倍　　　C. 2 倍　　　D. 3 倍

135. 水平桥墩中心的位置的测量一般采用（B）进行。

A. 极坐标法　　　　B. 角度交会法

C. 直角坐标法　　　　D. 距离交会法

136. 沉降观测的特点是：①精度要求高。②观测时间性强。③（D）。

A. 观测成果要可靠　　　B. 资料要完整

C. 记录要正确　　　　D. A + B

137. 变形观测的精度要求取决于观测的目的和该建筑物的（D）。

A. 面积大小　　　　B. 重量大小

C. 体积大小　　　　D. 允许变形值的大小

138. 若变形观测的目的是确保建筑物安全，则观测值中误差应小于允许变形的（A）。

A. 1/10 ~ 1/20　　　　B. 1/15 ~ 1/25

C. 1/10 ~ 1/25　　　　D. 1/20 ~ 1/30

139. 某下水管道 AB 坡度为 $-0.3‰$，BC 坡度为 $-0.8‰$，则 ABC 管道在 B 点的竖向折角为（D）。

A. $-1'02''$　　　B. $-2'45''$　　　C. $-3'47''$　　　D. $-1'43''$

140. 导线控制的作用是测绘地形图或测设建（构）筑物定位放线的依据，是保证其整体精度的根本措施。此外，更是为各局部（B）。

A. 测图或测设保证精度　　B. 测图或测设打开工作面

C. 测图或测设的依据　　　D. 测图或测设创造良好环境

141. 附合导线选点的基本原则是：①与起始已知边及终点已知边的连接边长要适当、不能太短，以保证连接角的精度。②各导线点要均布全区、控制全区。③相邻导线点间要通视、易量，边长大致相等（150～250m）。④导线点（B）。

A. 点位附近要开阔便于施测

B. 点位附近要开阔、土质坚固能较长期保留点位

C. 点位附近开阔、地势较高

D. 点位附近开阔不被水淹

142. 用附合导线与闭合导线相比较，除测区条件外，最大的优点是（B）。

A. 适用于条形地带控制

B. 能发现两端已知边、点的起始数据与点位是否有误

C. 能发现两端已知边、点的起始数据是否有误

D. 能发现两端已知边、点的起点点位是否有误

143. 根据导线点测绘碎部地形的测法有：平板仪测法、经纬仪测记法、经纬仪测绘法与（D）。

A. 极坐标测图法　　　　B. 直角坐标测图法

C. 方向交会测图法　　　D. 全站仪数字化测图法

144. 在测区内布置一条从一已知点出发，经过若干点后终止于另一已知点，并且两端与已知方向连接的导线是（B）。

A. 闭合导线　　B. 附合导线　　C. 支导线　　D. 导线网

145. 用各种测量仪器和工具把地貌的位置绘成地形图称为（A）。

A. 测定　　B. 测设　　C. 测量　　D. 观测

146. 一幅 1：2000 地形图实地面积含有 1：500 图的幅数是（C）。

A. 4 幅　　B. 8 幅　　C. 16 幅　　D. 24 幅

147. 凡被权属界线所封闭的地块称为（B）。

A. 单位   B. 宗地   C. 街坊   D. 街道

148. 《中、短程光电测距规范》GB/T 16818—2008 规定，按 1km 的测距标准偏差计算，其精度分为四级（Ⅰ、Ⅱ、Ⅲ、Ⅳ级），Ⅰ级测距仪的测距中误差（标准偏差）绝对值为（D）。

A. $1mm < | m_D | \leqslant 2mm$ B. $2mm < | m_D | \leqslant 3mm$

C. $| m_D | = 1mm$ D. $| m_D | \leqslant 2mm$

149. 今用 $\pm (5mm + 3 \times 10^{-6}D)$ 测距仪分别测量 1000m、600m 和 100m 的距离，则各自的精度为（A）。

A. 1/125000、1/88000、1/18000

B. 1/130000、1/88000、1/18000

C. 1/130000、1/90000、1/20000

D. 1/100000、1/90000、1/20000

150. 全站仪可以同时测出水平角、斜距和（B），并通过仪器内部的微机计算出有关的结果。

A. Δy、Δx B. 竖直角   C. 高程   D. 方位角

151. 全站仪主机是一种光、机、电、算、储存一体化的高科技全能测量仪器。测距部分由发射、接收与照准成共轴的系统的望远镜完成，测角部分由（D）系统完成，机中微机编有各种应用程序，可完成各种计算与储存功能。

A. 光学度盘   B. 测微轮光学度盘

C. 测微尺光学度盘   D. 电子编码测角

152. 用全站仪施测地物时，若棱镜偏离地物中心点大于（B）时，应加偏心距改正。

A. 3cm   B. 5cm   C. 8cm   D. 10cm

153. 有一全站仪，标称精度为 2mm + 2ppm，用其测量了一条 1km 的边长，边长误差为：（B）。

A. ±2mm   B. ±4mm   C. ±6mm   D. ±8mm

154. 在光电测距仪观测前，一定要先输入 3 个参数（B）、温度及气压，以使仪器对测距数值进行自动改正。

A. 仪器高   B. 棱镜常数   C. 前视读数   D. 风速

155. GPS 全球卫星定位系统的英文缩写，它由 3 大部分组成，即空间卫星部分、(C) 部分及地面用户部分。

A. 精密测时　B. 棱镜常数　C. 控制　D. 风速

156. GPS 全球卫星定位系统地面接收机测定的三维坐标是 (C)。

A. 1980 坐标系　　　　　　B. 大地坐标系

C. WGS-84 坐标系　　　　D. 高斯坐标系

157. 测量高新技术 3s 是指 GPS、GIS、RS 即（C）系统、地理信息系统、遥感技术。

A. 激光测距　　　　　　　B. 光电信息

C. 全球卫星定位　　　　　D. 卫星测地

158. GPS 网的同步观测是指（B）

A. 用于观测的接收机是同一品牌和型号

B. 两台以上接收机同时对同一组卫星进行的观测

C. 两台以上接收机不同时刻所进行的观测

D. 一台收机所进行的二个以上时段的观测

159. 采用坐标法放样中，在选择制点时，一般应使待测设点（A）。

A. 离测站点近一些　　　　B. 离定向点近一些

C. 离测站点远一些　　　　D. 离定向点远一些

160. 建筑工程测量对保证工程的（A）等方面的质量与安全营运都有很重要的意义。

A. 规划，设计，施工　B. 防水　C. 竣工　D. 交接工序

161. 对新进场或转岗工作和重新上岗人员，必须进行上岗前的三级教育，即：公司教育、(C)。

A. 项目教育与自我教育　　B. 班组教育与自我教育

B. 项目教育与班组教育　　D. 班组教育与上岗教育

162. 《中华人民共和国安全生产法》规定：(C) 是我国安全生产的基本方针。高级测量放线工应能根据安全基本方针，制定切实可行的，现场施工测量安全生产守则。

A. 安全第一、生产为主　　B. 安全第一、不出事故

C. 安全第一、预防为主　　D. 安全第一、与生产两不误

163. 高级测量放线工应能向中级测量放线工传授技能，主要应包括：①明确中级测量放线工的重要责任，传授班组生产的组织领导能力。②传授做好施测前的准备工作的能力。③传授按计量法要求送检仪器和定期检校仪器的能力。④（B）。⑤传授新仪器新技术。⑥传授工序管理，全面贯彻有关施工测量规程、规范的要求。

A. 传授编写施测作业指导书，解决施测中具体操作方法

B. 传授中级普通水准仪与经纬仪的检校方法

C. 传授普通水准仪与经纬仪的检校方法

D. 传授测量与计算的校核方法

164. 高级测量放线工应能较好地解决工作中出现的疑难问题，主要有以下 4 个方面：①解决审校图纸、校测测量起始依据中的疑难问题。②解决普通水准仪与经纬仪在检校中的问题，并能进行一般的维修。③（B）。④努力学习新知识，推广应用新技术、新设备。

A. 能编写施测作业指导书，解决工作中具体操作方法

B. 能编制复杂、大型工程的施工测量方案，并能组织实施

C. 能进行较复杂建（构）筑物的放线工作

D. 能用精密水准仪进行沉降观测

165. 2001 年 9 月 20 日中共中央印发《公民道德建设实施纲要》中规定公民的基本道德规范为：（A）、团结友善、勤俭自强、敬业奉献。

A. 爱国守法、明礼诚信　　B. 勤俭持家、努力工作

C. 勤俭节约、奉献社会　　D. 勤俭自律、刻苦工作

166.《公民道德建设实施纲要》规定职工的职业道德规范为：（B）、办事公道、服务群众、奉献社会。

A. 服务群众、建设国家　　B. 爱岗敬业、诚实守信

C. 服从工作、奉献社会　　D. 努力工作、认真负责

167. 测量放线人员应从做好工作的需要出发，严格要求自己，自觉执行公民道德与职业道德规范，做（A）、有文化、有纪律的四有新人。

A. 有理想、有道德　　　B. 有理论、有技术

C. 有技术、有成就　　　D. 有知识、有本领

168. 测量放线工的目的主要是进行（B）。

A. 绘制地形图　　　　　B. 建筑工程施工测量

C. 小地区控制测量　　　D. 为科研服务的测量

3.2　计算题

1. 对下表进行计算及校核。

【解】

三、四等水准测量记录　　　　表3.2-1-1

测站编号	后尺 上丝 下丝	前尺 上丝 下丝	方向及尺号	标尺读数		K+ 黑-红	高差中数	备注
	后距	前距		基本分划	辅助分划			
	视距差 d	累积差 Σ						
BM1 1A	(1.571)	(0.739)	后	(1.384)	(6.171)	0		$K_1=4.787$
	(1.197)	(0.363)	前	(0.551)	(5.239)	-1		
	0.374	0.376	后-前	0.833	0.932	+1	0.8325	
	-0.2	-0.2						
A 2B	(2.121)	(2.196)	后	(1.934)	(6.621)	0		$K_2=4.687$
	1.747	(1.821)	前	(2.008)	(6.796)	1		
	0.374	0.375	后-前	-0.074	-0.175	1	-0.0745	
	-0.1	-0.3						

2. 对下表进行计算及校核。

254

【解】

精密水准测量记录　　　　　　　表 3.2-2-2

测站编号	后尺 上丝 下丝 后距 视距差 d	前尺 上丝 下丝 前距 累积差 Σ	方向及尺号	标尺读数 基本分划	标尺读数 辅助分划	K+ 黑-红	高差中数	备注
BM3 1A	(2.506)	(1.909)	后	(2.19836)	(5.21384)	2		$K_1 = 3.01550$
	(1.886)	(1.291)	前	(1.60062)	(4.61634)	-22		
	0.620	0.618	后-前	0.59774	0.59750	+24	+0.59762	
	+0.2	+0.2						
A 2B	(1.901)	(1.740)	后	(1.57504)	(4.59058)	-4		
	(1.252)	(1.090)	前	(1.41502)	(4.43024)	+28		
	0.649	0.650	后-前	0.16002	0.16034	-32	+0.16018	
	-0.1	+0.1						

3. 如图 3.2-3 题图所示：从 A、B、C、D 个已知高程点出发，通过四条水准路线测到结点 K，求 K 点高程 H_K 及其中误差 m_K。

【解】

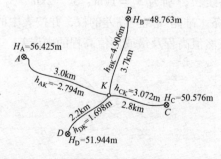

图 3.2-3　题图

255

结点水准网平差计算表　　　　表3.2-3

路线	起始点高程（m）	观测高程（m）	结点观测高程（m）	路线长 S_i(km) 权 $P_i = 1/S_i$	δ_i (mm)	$P_i \cdot \delta_i$	ν_i (mm)	$P_i\nu_i$	$P_i\nu_i\nu_i$
AK	(56.425)	(-2.794)	53.631	(3.0) 0.3333	0	0.000	15.1	5.033	75.998
BK	(48.763)	(4.906)	53.669	(3.7) 0.2703	38	10.2703	-22.9	-6.190	141.751
CK	(50.576)	(3.072)	53.648	(2.8) 0.3571	17	6.0714	-1.9	-0.678	1.288
DK	(51.944)	(1.698)	53.642	(2.2) 0.4545	11	5.0000	4.1	1.863	7.638
Σ				1.4153		21.3417		0.028	226.675

设 $H_K^0 = 53.631$m

加权平均值：$H_K = H_K^0 + \dfrac{[P\delta]_K}{[P]} = 53.631 + \dfrac{21.3417}{1.4153} = 53.6461$m

单位权中误差：$\mu = \pm \sqrt{\dfrac{[P\omega]}{n-1}} = \pm \sqrt{\dfrac{226.675}{4-1}} = \pm 8.7$mm

加权平均值中误差：$m_K = \pm \dfrac{\mu}{\sqrt{[P]}} = \pm \dfrac{9.7}{\sqrt{1.4153}} = \pm 7.3$mm

最后结果：$H_K = 53.6461 \pm 0.0073$m

4. 如图3.2-4题图所示：由4个水准点 A、B、C、D 发出的4条水准路线长分别为 $S_1 = 1$km、$S_2 = 2$km、$S_3 = 4$km、$S_4 = 3$km，确定4条水准路线观测高差的权，并按表中的观测数据计算 E 点的最或然值高程及最或然值高程的中误差。

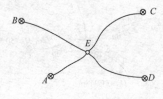

图3.2-4　题图

【解】

结点水准网平差计算表 表3.2-4

水准路线编号	观测高程 H_i(m)	水准路线长度 S_i(km)	权 $P_i = \dfrac{6}{S_i}$	$\Delta H_i = H_i - H_0$ (mm)	$P_i \Delta H_i$	$v_i = H - H_i$ (mm)	$P_i v_i$	$P_i v_i v_i$
AE	(48.759)	1	6	9	54	8.4	50.4	423.36
BE	(48.784)	2	3	34	102	−16.6	−49.8	826.08
CE	(48.768)	4	1.5	18	27	−0.6	−0.9	0.54
DE	(48.767)	3	2	17	34	0.4	0.8	0.32
Σ			12.5		217		0.5	1250.90

设 $H_0 = 48.750$

加权平均值：$H_K = H_K^0 + \dfrac{[P\Delta H]}{[P]} = 48.750 + \dfrac{217}{12.5} = 48.7674\text{m}$

单位权中误差：$\mu = \pm \sqrt{\dfrac{[P\omega]}{n-1}} = \pm \sqrt{\dfrac{1250.90}{4-1}} = \pm 20.4\text{mm}$

加权平均值中误差：$m_K = \pm \dfrac{\mu}{\sqrt{[P]}} = \pm \dfrac{20.4}{\sqrt{12.5}} = \pm 5.8\text{mm}$

5. 如图 3.2-5 题图所示，为会议大厅的东北 1/4 象限，该厅东西为双曲线，南北为抛物线，现以双曲线中心为坐标原点 O（0，0）建立测量直角坐标系，在表中计算用极坐标法测设 1~8 各点的数据。

【解】

（1）抛物线设以 1 点为顶点，其坐标为（0，35），5 点坐标为（20，−5），则其方程：$y^2 = -\dfrac{400}{5}x'$

（2）双曲线根据 5 点与 8 点的坐标，可以得到：

$$a = 16 \quad b = 40$$

方程：$\dfrac{y^2}{16^2} - \dfrac{x^2}{40^2} = 1$

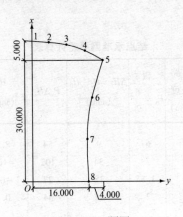

图 3.2-5　题图

点位测设表 表 3.2-5

测站	后视	点名	直角坐标 R		极坐标 P		间距 D
			横坐标 y	纵坐标 x	极距 d	极角 φ	
O			(0.000)	(0.000)	(0.000)	不	—
	X		(0.000)			(0°00′00″)	—
		1	0.000	35.000	35.000	0°00′00″	
							5.097
		2	5.000	34.688	35.047	8°12′08″	
							5.087
		3	10.000	33.750	35.200	16°12′08″	
							5.238
		4	15.000	32.188	35.512	24°59′10″	
							5.458
		5	20.000	30.000	36.056	33°41′24″	
							10.220
		6	17.889	20.000	26.833	41°48′40″	
							10.097
		7	16.492	10.000	19.287	58°46′09″	
							10.012
		8	16.000	0.000	16.000	90°00′00″	

6. 如图 3.2-6 题图所示: 椭圆形大厅长半径 $a = 25.000 \mathrm{m}$、

258

短半径 $b = 16.000$m，在表中计算以 S 为极点、以 N 点为后视，用极坐标放线数据。

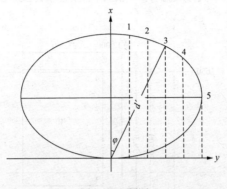

图 3.2-6 题图

【解】

表 3.2-6

测站	后视	点名	直角坐标 R		极坐标 P		间距 D
			横坐标 y	纵坐标 x	极距 d	极角 φ	
S			(0.000)	(0.000)	(0.000)	不	
	N		(0.000)	(32.000)	(32.000)	(0°00′00″)	
		1	5.000	31.677	32.069	8°58′11″	
							5.010
		2	10.000	30.664	32.253	18°03′43″	
							5.102
		3	15.000	28.800	32.472	27°30′43″	
							5.336
		4	20.000	25.600	32.486	37°59′55″	
							5.936
		5	25.000	16.000	29.682	57°21′51″	
							10.804

7. 如图 3.2-7 题图所示，NS 为建筑场地西红线，甲（1、2、3、4）为新建塔楼，其城市测量坐标如表中。

【解】

（1）为测量放线方便，在换算表中进行以 N 点为建筑场地坐标原点，N-S 为场地坐标 A 轴方向的坐标转换计算。

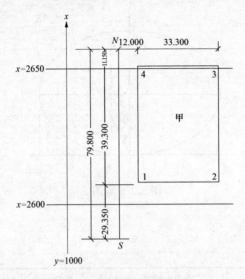

图 3.2-7 题图

城市测量坐标（y，x）和建筑坐标（B，A）的换算表

表 3.2-7-1

| 点号 | 城市测量坐标（y，x） | | | | | |
	y	x	Δy_{Ni}	Δx_{Ni}	D_{Ni}	ϕ_{Ni}
N	(1024.083)	(2661.502)				(0°14′34″)
S	(1024.421)	(2581.703)	0.338	−79.799	79.800	179°45′26″
1	(1036.297)	(2611.103)	12.214	−50.399	51.858	166°22′38″
2	(1069.597)	(2611.244)	45.514	−50.258	67.804	137°50′09″
3	(1069.430)	(2650.544)	45.347	−10.958	46.652	103°35′06″
4	(1036.130)	(8650.403)	12.047	−11.099	16.380	132°39′17″

260

点号	建筑场地坐标（B，A）				
	ϕ'_{Ni}	ΔB_{Ni}	ΔA_{Ni}	B	A
N	$(0°14'34'')$			0.000	0.000
S	$(180°00'00'')$	0.000	− 79.800	0.000	− 79.800
1	$166°37'12''$	12.000	− 50.450	12.000	− 50.450
2	$138°04'43''$	45.300	− 50.450	45.300	− 50.450
3	$103°49'40''$	45.300	− 11.150	45.300	− 11.150
4	$132°53'51''$	12.000	− 11.150	12.000	− 11.150

（2）在点位测设表中，计算经纬仪在 N 点，以 180°00′00″ 后视 S 点的，1、2、3、4 各点极坐标值。

点位测设表　　　　　　表3.2-7-2

测站	后视	测点	直角坐标 R		极坐标 P		间距 D
			横坐标 B	纵坐标 A	极距 d	极角 φ	
	S		(0.000)	(− 79.800)		$(180°00'00'')$	
N			(0.000)	(0.000)	(0.000)	不	
		1	12.000	− 50.450	51.858	$166°37'13''$	
		2	45.300	− 50.450	67.803	$138°04'43''$	33.300
		3	45.300	− 11.150	46.652	$103°49'40''$	39.300
		4	12.000	− 11.150	16.381	$132°53'50''$	33.300

8. 如图 3.2-8 题图所示，新建建筑物的Ⓐ、Ⓖ与①、⑯各轴线断点的城市测量坐标如表 3.2-8-1 中。

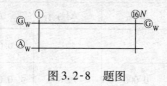

图 3.2-8　题图

【解】（1）为测量放线方便，在换算表中，进行以Ⓖ_W 为建筑场地坐标原点，Ⓖ_W ~ Ⓖ_E 方向为建筑 B 轴（y'）方向的坐标转换计算。

城市测量坐标（y, x）和建筑坐标（B, A）的换算表

表 3.2-8-1

| 点号 | 城市测量坐标（y, x） | | | | | |
	y	x	Δy_{Ci}	Δx_{Ci}	D_{Ci}	ϕ_{Ci}
Ⓖ_W	50 (3957.454)	30 (4115.430)				(2°13′48″)
Ⓖ_E	4183.972	(4124.251)	(226.518)	(8.821)	(226.690)	(87°46′12″)
Ⓐ_W	(3058.701)	(4083.405)	1.247	−32.025	32.049	177°46′12″
①_N	(3961.256)	(4120.582)	3.802	5.152	6.403	36°25′34″
⑯_N	(4178.781)	(4129.052)	221.327	13.622	221.746	86°28′41″

| 点号 | 建筑场地坐标（B, A） | | | | |
	ϕ'_{Ci}	ΔB （$\Delta y'_{Ci}$）	ΔA （$\Delta x'_{Ci}$）	B （Y'）	
Ⓖ_W	(2°13′48″)			(100.000)	(50.000)
Ⓖ_E	(90°00′00″)	226.690	0.000	326.690	50.000
Ⓐ_W	180°00′00″	0.000	−32.049	100.000	17.951
①_N	38°39′22″	4.000	5.000	104.000	55.000
⑯_N	88°42′29″	221.690	5.000	321.690	55.000

（2）在点位测设表中，计算经纬仪在Ⓖ$_W$点，以90°00′00″后视Ⓖ$_E$点的，①$_N$、⑯$_N$及Ⓐ$_W$各点极坐标值。

点位测设表　　表3.2-8-2

测站	后视	测点	直角坐标 R		极坐标 P		间距 D
			横坐标 B	纵坐标 A	极距 d	极角 φ	
	Ⓖ$_E$		(0.000)		(226.600)	(90°00′00″)	226.690
Ⓖ$_W$		不		(0.000)	(0.000)	(0.000)	
		①$_N$	4.000	5.000	6.403	38°39′35″	217.690
		⑯$_N$	221.690	5.000	221.746	88°42′29″	
		Ⓐ$_W$	0.000	−32.049	32.049	180°00′00″	

9. 在高级导线点 PQ 与 MN 之间布设了附合导线1、2、3、4，已知起始数据与应当观测的数据均列于下表。计算并回答以下问题。

（1）计算角度闭合差，当闭合差在 ±24″$\sqrt{n}$ 范围内时，应如何进行调整（将闭合差反号、平均分配）。

（2）计算导线闭合差，当精度高于1/5000时，应如何进行调整并推算1、2、3、4各点坐标（将闭合差反号，按边长比例分配）。

（3）说明在整个计算过程中，有哪几项计算校核？各有什么意义？（角度闭合差调整后的总和校核，推算方位角的附合校核，坐标增量闭合差调整后的总和校核，推算坐标的附合校核。）

（4）根据计算结果，在表3.2-9下部绘出附合导线略图。（见计算表中的略图）

附合导线计算表

表 3.2-9

测站	左角β 观测值	调整值	方位角 φ	边长 D	横坐标增量 Δy	横坐标 y	纵坐标增量 Δx	纵坐标 x
1	2	3	4	5	6	7	8	9
P			(237°59′30″)					
Q	+4 (99°01′03″)	99°01′07″	157°00′37″	(255.848)	−14 88.209	50 (7215.637)	+34 −207.910	30 (3507.684)
1	+4 (167°45′36″)	167°45′40″	144°46′17″	(139.031)	−8 80.199	7303.832	+20 −113.568	3299.808
2	+4 (123°11′24″)	123°11′28″	87°57′45″	(172.567)	−10 172.458	7384.023	+26 6.135	3186.260
3	+4 (189°20′42″)	189°20′47″	97°18′32″	(100.068)	−6 99.255	7896.431	+15 −12.730	3192.421
4	+4 (179°59′18″)	179°59′27″	97°11′56″	(102.482)	−6 101.652	7655.720	+15 13.026	3119.706
M	+4 (129°27′24″)	129°27′28″	(46°45′24″)			50 (7757.366)		30 (3166.701)
N								
Σ	888°45′27″			ΣD = 739.996	f_y = 0.44		f_x = −0.110	

264

测站	左角 β		方位角	边长	横坐标增量	横坐标	纵坐标增量	纵坐标
	观测值	调整值	φ	D	Δy	y	Δx	x

闭合差精度

$f_{\beta测} = \varphi_{PQ} + \Sigma\beta_测 - \varphi_{MN} - 6 \times 180° = -0'27''$

$f = \sqrt{f_y^2 + f_x^2} = \sqrt{(0.044)^2 + (-0.110)^2} = 0.118\text{m}$

$f_{\beta允} = \pm24''\sqrt{n} = \pm24''\sqrt{6} = \pm58''$

$K = \dfrac{f}{\Sigma D} = \dfrac{0.118}{739.996} = \dfrac{1}{6200}$

说明略图

265

【解】

10. 一闭合曲线的测量坐标系方程为 $y^2 + x^2 - 8y - 4x + 11 = 0$，计算与回答以下问题。

（1）计算该曲线的主要参数，绘图并说明是什么曲线。

【解】$(y^2 - 8y + 16) + (x^2 - 4x + 4) = 9$

$(y-4)^2 + (x-2)^2 = 3^2$ 是 $R = 3$ 的圆曲线

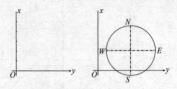

图 3.2-10　题图

（2）求该曲线上，以下各点坐标。

中心点 M 坐标（4，2）；

Y_{max} 点 E 坐标（7，2），y_{min} 点 W 坐标（1，2）；

X_{max} 点 N 坐标（4，5），x_{min} 点 S 坐标（4，-1）。

（3）将经纬仪安在坐标系原点 O，以 $90°00'00''$ 后视 y 轴，在表 3.2-10 中计算直角坐标与极坐标测设数据。

点位测设表　　　　表 3.2-10

测站	后视	测点	直角坐标 R		极坐标 P		间距 D
			横坐标 B	纵坐标 A	极距 d	极角 ϕ	
			(0.000)			(90°00'00'')	
			(0.000)	(0.000)	(0.000)	不	
							4.472
		M	4.000	2.000	4.472	63°26'06''	
							3.000
		N	4.000	5.000	6.403	38°39'35''	
							4.243
O	Y	E	7.000	2.000	7.280	74°03'17''	
							4.243
		S	4.000	-1.000	4.123	104°02'10''	
							4.243
		W	1.000	2.000	2.236	26°33'54''	
		Y				90°00'00''	

11. 一条直线往测长为 227.47m，反测长为 227.39m，求此直线的丈量结果。

【解】 $D_{平均} = (1/2)(227.47 + 227.39) = 227.43m$

$K = (|227.47 - 227.39|/227.43)$

$= (1/2843) < (1/2000)$

精度合格，$D_{平均} = 227.43m$。

答：往返测最后丈量结果为 227.43m。

12. 在分段丈量过程中，AB 段三次测量的长度分别为 29.3870m，29.3890m，29.3880m，试计算其平均值。

【解】 因为 $29.3890 - 29.3870 = 0.0020 = 2mm = \sum f < 3mm$

$29.3880 - 29.3870 = 0.0010m = 1mm = \sum f < 3mm$

$\therefore l = (29.3870 + 29.3890 + 29.3880) \div 3 = 29.3880m$

答：其平均值为 29.3880mm。

13. 如图 3.2-13 题图所示，A 至 B 的设计坡度 $i = +1.5\%$，在 A 点上仪器的高度 $l = 1.65m$，$HA = 82.760m$，AB 之间的距离为 $s = 30m$，求 B 点尺上读数应为多少？B 点高程是多少？

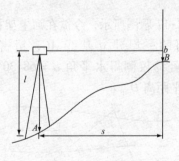

图 3.2-13 题图

【解】 $h = si = 30 \times 1.5\% = 0.45m$

$h = H_B - H_A H_B = 82.760 + 0.45 = 83.210m$

$b + h = l\ b = l - h = 1.65 - 0.45 = 1.2m$

答：B 点尺上的读数应为 1.2m，B 点高程为 83.210m。

267

14. 用照准仪测得标尺上丝读得 0.805，下线读得 2.306，已知该视距仪 $k = 100$，求其测得视距为多少？

【解】标尺间距 $l = 2.306 - 0.805 = 1.501$m

$$D = kl = 100 \times 1.501 = 150.1 \text{m}$$

答：测得视距为 150.1m。

15. 已知视线水平时，$K = 100$，视距丝上丝读数为 0.895，下丝读数为 2.145，求视距间隔。

【解】∵ 视线水平，根据视距测量原理

∴ $D = KL = 100 \times (2.145 - 0.895) = 100 \times 1.240 = 124$m

答：视距间隔为 124m。

16. 已知 M 点的高程 $H_M = 50.053$m，N 点高程 $H_N = 51.010$m，求 N 点对 M 点的高差是多少？M 点对 N 点的高差是多少？

【解】$h_{NM} = H_N - H_M = 51.010 - 50.053 = 0.957$m

$h_{MN} = H_M - H_N = 50.053 - 51.010 = -0.957$m

答：N 点对 M 点的高差是 0.957m，M 点对 N 点的高差是 -0.957m。

17. 如图 3.2-17 题图所示，今欲在河上架桥，AB 两点不能直接丈量，在河的一岸建立基线 AC，精密丈量基距离为 85.3650m，又用经纬仪测得水平角 $\alpha = 68°30'20''$，$\gamma = 56°42'40''$，求 AB 的水平距离 D_{AB}。

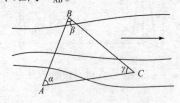

图 3.2-17 题图

【解】$\beta = 180° - (68°30'20'' + 56°42'40'') = 54°47'00''$

$(85.3650 / \sin\beta) = (D_{AB} / \sin\gamma)$

$$D_{AB} = (\sin\gamma/\sin\beta) \times 85.3650$$
$$= (\sin 56°42'40''/\sin 54°47'00'') \times 85.3650$$
$$= 87.3505m$$

答：AB 的水平距离为 87.3505m。

18. 如图 3.2-18 题图，设已知 A 的坐标，$x_A = 80.00m$，$y_A = 60.00m$，ϕ_{AB} $= 30°00'00''$，由设计图 3.2-18 题图上查得 P 点的坐标 $x_P = 40.00m$，$y_P = 100.00m$，求用极坐标法测设 P 点时的测设数据。

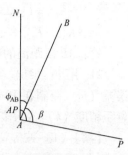

图 3.2-18　题图

【解】 $\mathrm{tg}\phi_{AP} = (y_P - y_A)/(x_P - x_A) = (100 - 60)/(40 - 80) = -1$

$R_{AP} = 45°$

$\phi_{AP} = 180° - 45° = 135°$

$\beta = \phi_{AP} - \phi_{AB} = 135° - 30° = 105°00'00''$

$D = (y_P - y_A)/\sin\alpha A_P = (100 - 60)/\sin 105° = 41.411m$

答：用极坐标法测设 P 点到 A 点的距离为 41.411m。

19. 已知 A 点的磁偏角为东偏 1°42′，通过 A 点的真子午线与轴子午线间的收敛角 $\gamma = +16''$，直线 AB 的坐标方位角 $\alpha = 76°24'$，求 AB 直线的真方位角和磁方位角各是多少？

【解】 $\delta = 1°42'$　$\gamma = +16''$　$\alpha = 76°24'$

真方位角 $A = 76°24' + 16'' = 76°24'16''$

磁方位角 $A_m = A - \delta = 76°24'16'' - 1°42'$
$$= 75°84'16'' - 1°42'$$
$$= 74°42'16''$$

答：AB 直线的真方位角是 76°24′16″，磁方位角是 74°42′16″。

20. 现测量了 AB 和 CD 两段距离，得：

$D_{AB} = 121.34m$，$D_{BA} = 121.29m$，$D_{CD} = 235.56m$，$D_{DC} = 235.61m$，计算说明哪段距离的精度高？

【解】 $K_{AB} = \left[\ |D_{AB} - D_{BA}| /(D_{AB} + D_{BA})/2 \right]$

$$= (\mid 121.34 - 121.29 \mid /121.315) = 1/2426$$

$$K_{CD} = [\mid D_{CD} - D_{DC} \mid /(D_{CD} + D_{DC})/2]$$

$$= (\mid 235.56 - 235.61 \mid /235.585) = 1/4711.7$$

$$K_{AB} > K_{CD}$$

答：AB 段距离的精度高。

21. 用 J6 经纬仪测设距离 100m 一点位，若希望测设点位总误差（m）控制在 10mm 之内，问应控制的测角误差（$\Delta\beta$）和量距精度（k）各为多少。

【解】（1）按等精度原则

点位横向误差 $m_横 = \pm \dfrac{10}{\sqrt{2}} = \pm 7.1$mm

点位纵向误差 $m_纵 = \pm \dfrac{10}{\sqrt{2}} = \pm 7.1$mm

（2）测角误差（$\Delta\beta$）与量距精度（k）

测角误差 $\Delta\beta = \dfrac{\pm 7.1}{100000} \times \rho'' = 14.6''$

量距精度 $k = \dfrac{0.010}{100} = \dfrac{1}{10000}$

（3）J6 经纬仪测角中误差为 $\pm 6'' \sqrt{2} = \pm 8.4''$，按 2 倍中误差计算值测角允许误差为 $\pm 16.8''$、一般取 $\pm 20''$，若要求 $\Delta\beta$ 为 $\pm 14.6''$，则要求 J6 经纬仪取 2 测回，即 $\dfrac{\pm 20''}{\sqrt{2}} = \pm 14.1''$ 可满足要求。

22. 设从 $1:500$ 地形图上量得 AB 两点间的图上长度 $d = 85.4$mm，其中误差 $m_d = \pm 0.3$mm，求 AB 两点间的实地水平距离 D 及其中误差 m_D。

【解】水平距离：$D = 500 \times 85.4 = 42.7$m

中误差：$m_d = 500 \times 0.3 = \pm 0.15$m

$D = 42.7$m ± 0.15m

答：AB 两点间的实地水平距离为 42.7m，中误差 $m_D = \pm 0.15$m。

23. 对某距离进行五次等精度观测数据见表 3.2-23-1 所示，计算观测值平均值 X，观测值改正数 V，中误差 m。（列式计算，必须有计算过程）。

表 3.2-23-1

观察顺序	观测值（m）	V（mm）	$v \times v$	计算
1	157.803			
2	157.835			
3	157.812			
4	157.809			
5	157.821			m
X				

【解】

表 3.2-23-2

观察顺序	观测值（m）	V（mm）	$v \times v$	计算
1	157.803	+13	169	$m = \pm 12.4\text{mm}$
2	157.835	-19	361	
3	157.812	+4	16	
4	157.809	+7	49	
5	157.821	-5	25	
X	157.816	0	620	

计算步骤：$X = (157.803 + 157.853 + 157.812 + 157.809$
$+ 157.821) \div 5 = 157.816$

$1 = 157.816 - 157.803 = +13\text{mm}$

$2 = 157.816 - 157.853 = -19\text{mm}$

$3 = 157.816 - 157.812 = +4\text{mm}$

$4 = 157.816 - 157.809 = +7\text{mm}$

$5 = 157.816 - 157.821 = -5\text{mm}$

$m = \pm [v \times v / (n-1)]^{0.5} = \pm 12.4\text{mm}$

24. 作为标准尺的 1 号钢尺名义长度为 30m，在某一温度及规定拉力下的实际长度为 30.0045m，被检验的 2 号钢尺名义长度也是 30m，当两尺末端对齐时，2 号钢尺的零分划线对准 1 号钢尺的 0.0015m 处，（设此尺时气温为 t_0），求 2 号钢尺的实际长度是多少？

【解】$30.0045 - (30.0045/30) \times 0.0015 = 30.003m$

答：2 号钢尺的实际长度是 30.003m。

25. 已知名义长 L 为 30m，实际长 l' 为 30.003m 的 2 号钢尺，量得 AB 线段间的长度 D' 为 150.000m。求 AB 线段间实际长度为多少？

【解】$D = D' + [(l' - L)/l']D'$
$= 150.000 + [(30.003 - 30)/30.003] \times 150$
$= 150 + 0.010 = 150.010m$

答：AB 线段间的实际长度为 150.010m。

26. 水准仪在与 AB 点等距处测得高差 $h_{AB} = -0.211m$，仪器迁到靠近 A 点后，在 A 尺上读数为 1.023m，在 B 尺读数为 1.254m，计算说明该水准仪视准轴与水准管轴是否平行，如果不平行，水准管气泡居中时，视准轴是向上还是向下倾斜？已知 A_1B，点间距离为 80m，i 角是多少？仪器在靠近 A 点处如何进行校正？

【解】$b_2' = a_2 - h = 1.023 - (-0.211) = 1.234 \neq 1.254 = b_2$

∴ 视准轴不平行于水准管轴

水准管气泡居中时，视准轴是向下倾斜的

$i'' = (b_2' - b_2/D) \cdot \rho''$
$= (1.234 - 1.254/80) \cdot 206265''$
$= -51.57''$

仪器在靠近 A 点处，转动微倾螺旋使视准轴对准 B 尺上的 1.254，此时，视准轴已成水平位置，但水准管气泡已不居中，即水准管轴尚不水平，转动水准管一端的上下两个校正螺丝，使气泡居中，这时，水准管轴也成水平位置，从而使水准管轴与视准轴相平行。

27. 某水准仪靠近 A 尺时测得高差 $h_{AB}' = +0.246\text{m}$，在靠近 B 尺时测得高差 $h''_{AB} = +0.281\text{m}$，试问 B 点对 A 点的正确高差是多少？

【解】
$$h_{AB}' + h_{AB}'' = 0.246\text{m} + 0.281\text{m} = 0.527\text{m}$$
$$h_{AB} = (h_{AB}' + h_{AB}'')/2 = 0.264\text{m}$$

答：B 点对 A 点的正确高差是 0.264m。

28. 如图 3.2-28 题图所示，设某方格顶点 P 的施工坐标为 $x_P = 200\text{m}$，$y_P = 600\text{m}$，方格网原点的坐标国家坐标系内为：$x_0 = 2789.241\text{m}$，$y_0 = 7649.008\text{m}$，方格网纵轴与国家坐标系纵轴之间的夹角（即方位角）为 θ 为 $30°$，求计算 P 点在国家坐标系中的坐标。

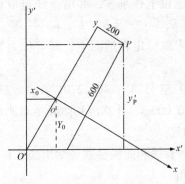

图 3.2-28　题图

【解】$x_P' = x_0 + x_P\cos\alpha - y_P\sin\alpha$

$\qquad y_P' = y_0 + y_P\sin\alpha + y_P\cos\alpha$

$\qquad x_P' = 2789.241 + 200\cos30° - 600\sin30° = 2662.45\text{m}$

$\qquad y_P' = 7649.008 + 600\sin30° + 600\cos30° = 8468.62\text{m}$

答：P 点在国家坐标系中的坐标为

$\qquad x_P' = 2662.45\text{m}$，$y_P' = 8468.62\text{m}$。

29. 设某椭圆形建筑物的长半轴 $a = 15\text{m}$，短半轴 $b = 9\text{m}$，试计算用解析法测设该建筑物的数据（要求列表）。

【解】$(x^2/22.5) + (y^2/81) = 1$

$a = 15\text{m}$　$b = 9\text{m}$　$x = 3$、5、7、9、12、15m 则相应 y 值见表 3.2-29 所示。

表 3.2-29

x	3	5	7	9	12	15
y	8.82	8.48	7.36	7.20	5.40	0

放样椭圆中心为 O 及长半轴 15m，短半轴 9m 的方向。

以长半轴作 x 轴，放样出 x 等于 3、5，……15m 的点位。

在放样出的点位上作垂线，并沿垂线量取相应的 y 值，即得椭圆曲线点 a，b，c……及 a'，b'，c'……等。

将这些点用木桩标定在地面上，即可作为椭圆形建筑的施工的依据。

30. 已知 JD 桩号 $4 + 400.270$，$\alpha_{左} = 31°10'06''$，$R = 300.000\text{m}$，$l_h = 70.000\text{m}$，计算缓和曲线主点测设元素及主点桩号，并做计算校核。

【解】（1）计算缓和曲线参数（给出公式）

①缓和曲线角

$$\beta = \rho'' \cdot l_h/2R = 206265'' \times 70.000\text{m}/2 \times 300.000\text{m}$$
$$= 6°41'04''$$

②缓和曲线偏角

$$\Delta_h = \beta/3 = 6°41'04''/3 = 2°13'41''$$

③HY 点坐标

$$y_h = l_h^2/6R = (70.000\text{m})^2/6 \times 300.000\text{m} = 2.722\text{m}$$

$$x_h = l_h - l_h^3/40R^2 = 70.000\text{m} - (70.000\text{m})^3/40(300.000\text{m})^2$$
$$= 69.905\text{m}$$

$$C_h = \sqrt{y_h^2 + x_h^2} = \sqrt{(2.722\text{m})^2 + (69.905)^2} = 69.958\text{m}$$

$$T_d = x_h - y_h \cot\beta = 69.905\text{m} - 2.722\text{m} \cdot \cot 6°41'04''$$

$$= 46.679\text{m}$$

④内移值

$$p = l_h^2/24R = (70.000\text{m})^2/24 \times 300.000\text{m} = 0.681\text{m}$$

⑤切线增加值

$$q = l_h/2 - l_h^3/240R^2$$

$$= 70.000\text{m}/2 - (70.000\text{m})^3/240 \times (300.000\text{m})^2$$

$$= 34.984\text{m}$$

⑥两项尾加数

$$t = p \cdot \tan\alpha/2 + q = 0.681\text{m} \cdot \tan 15°35'02'' + 34.984\text{m}$$

$$= 35.174\text{m}$$

$$e = p \cdot \sec\alpha/2 = 0.681\text{m} \cdot \sec 15°35'02'' = 0.707\text{m}$$

（2）计算缓和曲线主点元素（不给出公式）

①切线长

$$T_h = T + t = 300.000\text{m} \cdot \tan 15°35'02'' + 35.174\text{m}$$

$$= 118.846\text{m}$$

②曲线长

$$L_y = L + l_h = 300.000\text{m} \ (31°10'06'') \ \cdot \pi/180°$$

$$= 93.198\text{m}$$

③外距

$$E_h = E + e = 30.000\text{m} \ (\sec 15°35'02'' - 1) \ + 0.707\text{m}$$

$$= 12.157\text{m}$$

④校正值

$$J = 2T_h - L_h = 2 \times 118.846\text{m} - 233.197\text{m} = 4.495\text{m}$$

（3）计算缓和曲线主点桩号（不给出公式）

JD 桩号	4 + 400.270
$- T_h$	118.846
ZH 桩号	4 + 281.424
$+ l_h$	70.000

HY 桩号	4 +351.424	
+ L_y	93.198	
YH 桩号	4 +444.622	
+ l_h	70.000	
HZ 桩号	4 +514.622	
− $L_h/2$	116.599	
QZ 桩号	4 +398.023	以下为计算校核
+ $J/2$	2.247	
JD 桩号	4 +400.270	

（计算校核无误）

31. 某车间两个相对角的坐标为已知，如图 3.2-31 题图所示，拟将矩形控制网设置在角点外 5m 处，试求出四个角桩 P、Q、R、S 的坐标。

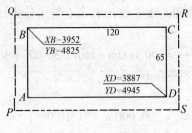

图 3.2-31　题图

【解】 $y_D - y_B = 4945 - 4825 = 120\text{m}$

$x_B - x_D = 3952 - 3887 = 65\text{m}$

$x_P = 3887 - 5 = 3882$　$y_P = 4825 - 5 = 4820$　∴ $P(3882,4820)$

$x_S = 3887 - 5 = 3882$　$y_S = 4945 + 5 = 4950$　$S(3882,4950)$

$x_Q = 3952 + 5 = 3957$　$y_Q = 4825 - 5 = 4820$　$Q(3957,4820)$

$x_R = 3952 + 5 = 3957$　$y_R = 4945 + 5 = 4950$　$R(3957,4950)$

∴ 四个角桩 $P(3882,4820)$，$Q(3957,4820)$，

$R(3957,4950)$，$S(3882,4950)$。

32. 已知水准点高程为 69.831m，渠边起点的渠底设计高程

为 68.90m，渠深为 0.60m，坡度为 2‰，按表所记读数计算渠
边每 20m 桩号处的平台应读前视。

表 3. 2 -32

测点（桩号）	后视读数	视线高	前视读数	高程	设计高程	应读前视
BM	1. 4222	71. 253		63. 831		
0 + 000					63. 500	1. 75
020					63. 460	1. 73
040					63. 420	1. 83
060					63. 380	1. 87
080					63. 340	1. 31
0 + 100	1. 313	70. 619	1. 353	63. 300	63. 300	1. 35（1. 31）
120					63. 260	1. 36
140					63. 220	1. 40
160					63. 180	1. 44
180					63. 140	1. 48
0 + 200					63. 100	1. 52

【解】渠边起点 0 +000 的平台设计高程为 $68.90 + 0.60 = 69.50$m

渠边上每 20m 的高差为 $20 \times 2‰ = 0.04$m

渠边上每 20m 处，平台设计高程是：

0 +020　　　$69.50 - 0.04 = 69.46$m

0 +040　　　$69.46 - 0.04 = 69.42$m

0 +060　　　$69.42 - 0.04 = 69.38$m

……　　　　……………………………

在水准点（*BM*）上读得后视读数是 1.422m，则视线高为
$69.831 + 1.422 = 71.253$m。

用视线高 71.2 +3 分别减法 0 + 000 ~ 0 + 100 的设计高程，
得到各桩应读前视读数是 1.75m，1.79m，1.83m，1.87m，
1.91m 和 1.95m。

0 +120 以后，须搬动仪器，以 0 + 100 已定桩为转点，认真

读前视读数为 1.953m，搬动仪器，读后视读数为 1.319m，得视线高为 70.619m，然后求出以后各桩号的应读前视，继续实测至终点。

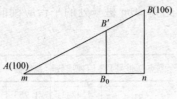

图 3.2-33 题图

33. 如图 3.2-33 题图所示，B' 点位于两等高线 AB 之间，$AB'/B'B=2/1$。求 B' 点的高程。

【解】过 B' 点作直线 mn 大到垂直于两相邻等高线，作 mn 的剖面。

$$(AB'/AB) = (2BB'/3BB') = 2/3$$
$$h'_{AB} = (2/3) \times (106 - 100) = 4m$$
$$H'_B = 100 + 4 = 104m$$

答：B' 点的高程为 105m。

34. 如图 3.2-34 题图所示，已知 A 点的高程 $H_A = 65.416m$，$KL = 100m$，$\alpha = 30°$，求 B 点高程。

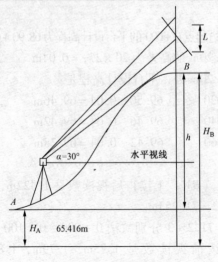

图 3.2-34 题图

278

【解】 根据测距原理

得 $H_B = H_A + h = H_A + (1/2) KL \sin 2\alpha$
$$= 65.416 + (1/2) \times 100 \sin 60° = 108.716 m$$

答：B 点高程为 108.716m。

35. 如图 3.2-35 题图，为复合水准测量，采用视线高法计算各测站视线高，和各转点的高程。

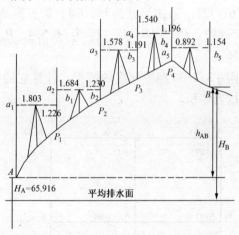

图 3.2-35 题图

【解】 第一测站视线高 $H_1 = H_A + a_1 = 65.116 + 1.803$
$$= 66.919 m$$

P_1 高程 $H_{P1} = H - b_1 = 66.919 - 1.226 = 65.693 m$

$H_2 = H_{P1} + a_2 = 65.693 + 1.684 = 67.377 m$

$H_{P2} = H_2 - b_2 = 67.377 - 1.230 = 66.147 m$

$H_3 = H_{P2} + a_3 = 66.147 + 1.578 = 67.725 m$

$H_{P3} = H_3 - b_3 = 67.725 - 1.191 = 66.534 m$

$H_4 = H_{P3} + a_4 = 66.534 + 1.540 = 68.074 m$

$H_{P4} = H_4 - b_4 = 68.074 - 1.196 = 66.878 m$

$H_5 = H_{P4} + a_5 = 66.878 + 0.892 = 67.77 m$

$$H_{P5} = H_5 - b_5 = 67.77 - 1.514 = 66.256 = H_B$$

$$\Sigma a = 7.497\text{m} \qquad \Sigma b = 6.357\text{m}$$

$$\Sigma a - \Sigma b = +1.140\text{m}$$

$$H_B - H_A = 66.256 - 65.116 = +1.140\text{m}$$

$$\therefore \Sigma a - \Sigma b = H_B - H_A \text{计算无误}$$

答：测点视线高为第一测站为66.919，第二测站为67.377，第三测站为67.127，第四测站为68.074，第五测站为67.770，高程 P_1 为65.693，P_2 为66.147，P_3 为66.534，P_4 为66.878，B 点为66.256。

36. 根据图3.2-36题图列出的数据，计算它的自然地面平均高程及填挖方体积。

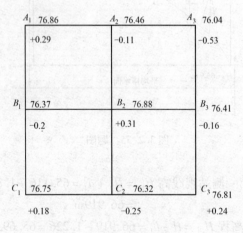

图3.2-36 题图

【解】 $H_1 = (76.86 + 76.46 + 76.37 + 76.88/4) = 76.74\text{m}$

$H_2 = (76.46 + 76.04 + 76.88 + 76.41/4) = 76.45\text{m}$

$H_3 = (76.37 + 76.75 + 76.88 + 76.32/4) = 76.58\text{m}$

$H_4 = (76.88 + 76.41 + 76.32 + 76.81/4) = 76.61\text{m}$

$H_0 = H_1 + H_2 + H_3 + H_4/4 = 76.57\text{m}$

各点挖填方高差依次为：+0.29，+0.31，+0.24，+0.18，

280

-0.11，-0.53，-0.20，-0.16，-0.25。

设每一方格的面积为 400m^2

$V_{A1} = 0.29 \times 1/4 \times 400 = +29$ $V_{B1} = -0.2 \times 2/4 \times 400 = -40$

$V_{A2} = -0.11 \times 2/4 \times 400 = -22$ $V_{B2} = +0.31 \times 400 = +142$

$V_{A3} = -0.53 \times 1/4 \times 400 = -53$ $V_{B3} = -0.16 \times 2/4 \times 400 = -32$

$V_{C1} = +0.18 \times 1/4 \times 400 = +18$

$V_{C2} = -0.25 \times 2/4 \times 400 = -50$

$V_{C3} = 0.24 \times 1/4 \times 400 = +24$

$V_{挖} = +213\text{m}^3$ $V_{填} = -197\text{m}^3$

答：自然地平面平均高程为 76.57m，挖方体积为 213m^3，填方体积为 197m^3。

37. 如图 3.2-37 题图所示，已知直线 1~2 的坐标方位角 $\alpha_{12} = 75°10'25''$，用经纬仪测得水平角 $\beta_2 = 201°10'10''$，$\beta_3 = 170°20'30''$，求直线 2~3，3~4 的坐标方位角并换算成坐标象限角。

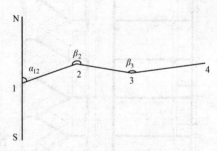

图 3.2-37　题图

【解】 $\alpha_{23} = 201°10'10'' - (180° - 75°10'25'')$

$\qquad\quad = 200°69'70'' - 180° + 75°10'25''$

$\qquad\quad = 95°59'45''$

$\qquad R = 84°1'15''$

$\alpha_{34} = 170°20'30'' - 180° + 95°59'45'' = 85°79'75''$

$$= 86°20'15''$$
$$R = 86°20'15''$$

答：直线 2 ~ 3 的坐标方位角是 95°59'45''，坐标象限角为 84°1'15''；直线 3 ~ 4 的坐标方位角是 86°20'15''，坐标象限角为 86°20'15''。

3.3 简答题

1. 识读建筑图

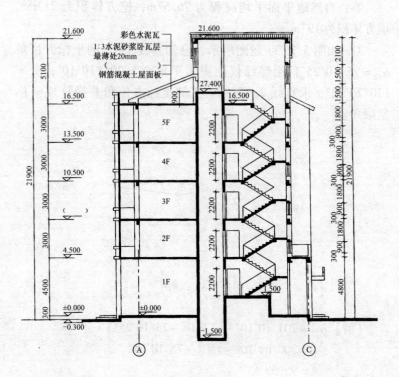

图 3.3-1 题图

（1）补全该施工图 3F 处的楼面标高（7.500），楼梯间顶层高度（5.10）。

（2）该工程的剖面图中的楼梯为（板）式楼梯，为（平行）双跑楼梯。

（3）本工程的室外踏步，共有（2）级，每级踏步高度（150）mm。

（4）该工程图的室内标高有一处错误，请改正（17.400）；电梯井机房楼面比屋面要高出（0.9）m。

（5）在该剖面图坡屋面的做法中；请补全括号内的做法（1:3 水泥砂浆找平层），顶层楼梯间的窗户的高度是（1.50）m。

（6）该工程建筑总高度自室外地面起为（21.900）m，楼梯间屋顶高程（21.600）m。

（7）电梯间的井道包括地坑总高（18.900）m，电梯井机坑板面标高为（-1.500）m。

（8）该剖面图中的楼梯入口处的门斗高度为（4.800）m，电梯井各层门洞高度为（2.20）m。

（9）从该剖面图中可知从二层到五层的层高均为（3.00）m，二层到四层间的楼梯为（等跑）双跑楼梯。

（10）本工程的屋顶做法为（坡屋面盖水泥瓦），屋顶结构层做法为（钢筋混凝土）屋面。

2. 识读道路平面图

（1）道路路线平面图的图示方法是（道路中线及沿线地貌、地物在水平面上的投影图）。

（2）该道路路线平面图表达路段的起点为（K0+220）、终点为（K0+364.17）。

（3）该段道路的走向是（由西至东南）。道路路线用（粗实线）来表示。

（4）该道路路线的平面线型为（直线+圆曲线+直线）；JD3 表示（第 3 个曲线的交点）。该曲线的转角为（56°10′30.7″），半径为（55m）。

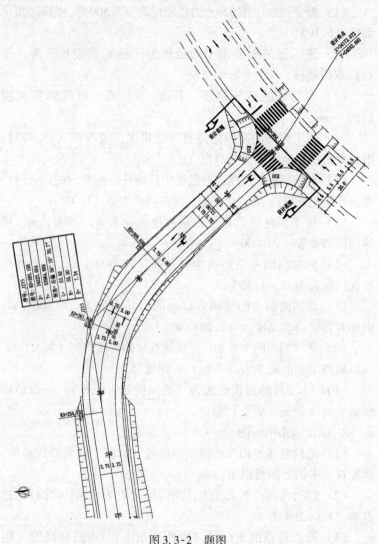

图 3.3-2　题图

3. 根据某大比例尺地形图测量案例背景资料回答下列问题。

某水库规划为城市供水，需进行水库地区地形测量。测区面积 $15km^2$，为丘陵地区，海拔高 50～120m。山上灌木丛生，通视较差。需遵照《城市测量规范》1:1000 地形图，工期 60 天。

已有资料：国家二等三角点 1 个，D 级 GPS 点 1 个，国家一等水准点 2 个。作为平面和高程控制起算点。

坐标和高程系统、基本等高距、图幅分幅：采用 1954 年北京坐标系和 1956 年黄海高程系。基本等高距 1.0m。50×50 矩形分幅。

提交成果资料有：①技术设计书。②仪器检验校正资料。③控制网图。④控制测量外业观测资料。⑤控制测量计算及成果资料。⑥地形图。⑦所有测量成果及图件电子文件。

（1）在测区范围内有一六边形地块 $ABCDEF$，坐标分别为 A（500，500）、B（920，700）、C（1350，760）、D（1300，940）、E（400，1000）、F（360，780），坐标单位米，计算该地块面积。

【解】$S = (920+500) \times (700-500) + (1350+920)$
$$\times (760-700) + \cdots\cdots + (500+360) \times (500-780)$$
$$= 295600 \text{m}^2$$

（2）地形图的地形要素指什么？等高线有什么特性？

答：地形要素包括各种地物（以比例符号、非比例符号、半比例符号表示）、地貌（以等高线表示）。图内注记要素和图廓整饰要素。等高线特性有：在同一条等高线上的各点的高程都相等；等高线是闭合曲线；除了陡崖和悬崖处之外，等高线既不会重合，亦不会相交；等高线与山脊线和山谷线成正交；等高线平距的大小与地面坡度大小成反比。

（3）图根平面控制点测量常用哪些方法？简要叙述一种图根平面控制测量的作业流程。

答：图根平面控制点测量常用图根导线测量或 GPS RTK 测量，确定图根点坐标。图根导线测量的作业流程：收集测区的控制点资料；现场踏勘、布点；导线测量观测；导线点坐标计算；成果整理。

（4）解释"两级检查、一级验收"的含义。

答：检查验收的主要依据是技术设计书和国家有关规范。遵循"两级检查、一级验收"的原则，测绘生产单位对产品质量实行过程检查和最终检查。过程检查是在作业组自查、互查基础上由项目部进行全面检查。最终检查是在全面检查基础上，由生产单位质检人员进行的再一次全面检查。验收是由任务委托单位组织实施或其委托具有检验资格的机构验收。验收包括概查和详查，概查是对样本以外的影响质量的重要质量特性和带倾向性问题的检查，详查是对样本（从批中抽取 5% ~10%）作全面检查。

4. 根据以下对某工程进行变形监测情况回答问题。

某地铁将通过正在施工的住宅小区工地，工地地质条件差。目前工地基坑开挖已完成，正进行工程桩施工。住宅小区周边较大范围内地面有明显沉降。

地铁采用盾构施工，从工程桩中间穿过，两者最近距离 1.7 ~1.8m。地铁施工可能引起周边土体、工程桩位移和周边地面、建筑物沉降。基于上述考虑，在采取相关的加固工程措施的同时，应进行变形监测，确保周边建筑物安全。

变形监测项目和测点布置：①周边建筑物、地面（管线）沉降测量。在监测范围内，根据到地铁隧道的远近，在每栋楼分别布设 2 ~12 个基础沉降测点和 1 ~4 个地面沉降测点；在基坑南侧管线位置布设 8 个地面沉降测点；在隧道与止水幕墙交叉的 2 个位置各布设 6 ~8 个地面沉降测点。总共布设沉降测点165 个。②基坑止水幕墙顶部位移和沉降测量。在基坑止水幕墙顶部共布设 21 个位移和沉降测点，间距 15 ~30m。③工程桩顶部水平位移测量。在隧道两侧的 82 条工程桩中选择 20 条桩，在其桩顶布设水平位移测点。沉降观测按二等水准测量建立高程基准点，埋设 6 个水准测量基准点，线路长 25km。沉降观测按三等变形测量的精度要求施测，变形观测点的高程中误差1.0mm。水准测量采用精密水准仪观测。水平位移观测按二等水平位移标准建立基准网，共布设 12 个基准点和工作基点，测角中误差 1.8″。采用精密全站仪用极坐标法施测变形点的位移,变形点的点位中误差≤3mm。变形监测频率:监测时间 6 个月,分三个阶段,地铁施工前、施工中和施工后。由于监测时间短,基准网不进行复测。测点在初测后,按其变形速度确定监测频率。变形速度 w,当 $w > 10\text{mm/d}$ 每天 2 次,当 $5 < w \leqslant 10\text{mm/d}$ 每天 1 次,当 $1 < w \leqslant 5\text{mm/d}$ 每 2 天 1 次,当 $w < 1\text{mm/d}$ 每 $1 \sim 2$ 周 1 次。地铁施工后每月测量 $1 \sim 2$ 次,直至变形体稳定。

(1) 请简要回答变形监测的定义?

答:变形监测是对变形体进行多次观测,以确定其空间位置随时间的变化特征。变形分为两类,变形体自身的变形和变形体的刚体位移。变形体自身的变形包括伸缩、错动、弯曲和扭转四种变形。变形体的刚体位移包括整体平移、转动、升降、倾斜四种变形。根据变形随时间变化的特性可分为静态和动态变形,静态变形通过周期性的监测得到,动态变形通过连续监测得到。

变形监测包括水平位移、垂直位移监测以及倾斜、挠度、弯曲、扭转、震动、裂缝等观测,还包括与变形有关的物理量的测定,如应力、应变、温度、气压、水位、渗流、渗压、扬压力等的测定。

(2) 请简要回答变形监测的特点?

答:周期性、高精度、综合应用多种方法进行监测、数据处理和分析需结合变形体的结构。

(3) 变形监测有哪些主要方法?变形监测实施技术方案编制依据有哪些?

答:①常规大地测量方法,有精密高程测量、精密距离测量和角度测量等。空间测量技术,有 GPS 测量、InSAR 技术。专门的测量技术和手段,有液体静力水准测量、准直测量、正倒垂线测量、裂缝测量、应变测量和倾斜测量等。摄影测量和激光扫描技术等。

②变形监测实施技术方案编制依据有:

《建筑地基基础设计规范》、《地下铁道、轻轨交通工程测量规范》、《建筑变形测量规范》、《工程测量规范》、《国家一、二等水准测量规范》、《城市测量规范》、《建筑工程设计手册》、该工程相关图纸。

（4）多项选择题。

变形观测周期的确定与下列因素有关：

（B、C、D）。

A. 观测的精度　　B. 变形的速度　　C. 变形的大小

D. 观测目的　　　E. 观测方法

（5）变形监测除布设监测点外，还布设测量基准点和工作基点。布设测量基准点和工作基点的目的是什么？

答：布设测量基准点是保证变形监测的起始值稳定，有统一的测量基准。工作基点相对于监测点有较好的稳定性，方便对监测点进行测量，并减少测量误差。

（6）对变形监测资料进行分析是变形监测的主要工作之一，常用的方法有哪几种？

答：变形监测资料分析的常用方法有：作图分析、统计分析、对比分析和建模分析等。作图分析是将观测资料绘制成各种曲线，常将观测资料按时间顺序绘制成过程线。统计分析是用数理统计方法（多元线性回归）分析计算各种观测物理量的变化规律和变化特征，分析其周期性、相关性和发展趋势。对比分析是观测值与设计值或模型试验值进行比较分析。建模分析是建立数学模型（统计模型、确定性模型、混合模型）研究观测物理量的变化规律。

（7）变形监测项目完成后，提供给甲方的成果应包含哪些内容？

答：变形测量工程提交的成果资料有：技术设计书和测量方案、监测网和监测点布置图、标石和标志规格埋设图、仪器的检校资料、原始观测记录、平差计算和成果质量评定资料、变形观测数据处理分析和预报成果资料、变形过程和变形分布图表、变形监测及分析和预报的技术报告。

5. 请结合某建筑工程施工背景回答问题。

某建筑施工场地，设计楼层为 25 层，楼高为 75m，在施工项目部的现场技术会议上，现场测量负责人陈述了测量方案的主要内容，而项目部总工认为施工测量方案的误差处理部分过于简单，要求加强该部分内容，因为楼层高要更加注重误差的处理。测量负责人在了解了总工的意见后，准备在测量方案误差处理的部分增加消除系统误差、偶然误差的方法，并在现场各施工阶段的准备工作和实测工作中分别做好消除误差的各种工作，并为方便施工测量工作，将测量坐标系转换为建筑施工坐标系。

（1）请简要说明偶然误差（随机误差）及其特性。

答：在一定的观测条件下进行大量的观测，所产生的误差在大小和符号上从表面上看没有明显的规律性，但通过大量的统计分析却发现存在着一定的统计规律性，这种误差称为偶然误差，也叫随机误差。

偶然误差具有如下特性：

①小误差的密集性。

②大误差的有界性。

③正负误差的对称性。

④全部误差的抵消性。

（2）说明系统误差的定义，并举例。

答：在一定的观测条件下对某物理量进行一系列观测，所出现的误差在大小和符号趋向一致或保持一定的函数关系，这种误差称为系统误差。

如，钢尺量距时，若实际尺长大于名义尺长，每量一个尺段就会产生一个正误差，所量尺段越多，累积的误差越大。

（3）在工程施工测量中，为了减少误差、保证最终成果的正确性，应在审核起始依据与实测校核两方面采取哪些措施？

答：

1）施测前应严格审核起始依据的正确性

①检定与检校仪器与钢尺，取得正确的检定与检校数据。

②校核定位依据桩（红线桩或中线桩及水准点）的正确性。

③校核设计图纸取得正确的设计数据［定位依据、定位条件及设计建（构）筑物自身数据］。

2）在实测中坚持步步有校核的作业方法，常用的测量校核方法有 4 种

①复测校核。例如，往返测距、往返测高差。

②几何条件校核。例如，闭合导线测量、符合水准测量。

③变换测法校核。例如，直角坐标法定位、极坐标法校核，距离交会法定位、角度交会法校核。

④概略估测校核。例如，在一般平地测水准，前视读数出现 2.6m，则可估测判断不是读数错误就是使用塔尺上节脱落。

（4）在工程施工测量中，为保证最终成果的正确性，在保证起始依据正确与实测中测量步步有校核的条件下，还必须坚持计算工作的步步有校核，常用的计算校核方法有哪 5 种？各举例说明。

①复算校核。例如，变换次序核算，换人核算。

②几何条件校核。例如，闭合水准 $\Sigma h = 0$，闭合多边形内角和 $\Sigma \beta = (n-2) \times 180°$。

③变换计算方法校核。例如，坐标正、反算中，使用程序计算与函数值公式计算。

④总和校核。例如，水准测量中

$$\Sigma h = \Sigma a - \Sigma b = H_{终（计算）} - H_{始}。$$

⑤概略估算校核，先正确判断符号，再估算结果。例如，AB 边方位角 $\alpha = 179°$、边长 200m，则 Δy 为正、Δx 为负，$\Delta y \approx 3.5m$，Δx 比 200m 略小（实算结果 $\Delta y = 3.490m$，$\Delta x = -199.970m$）。

说明：计算校核无误，一般只能说明计算过程中没有差错，但不能说明测量起始数据、观测数据及记录有无差错，故施测中最好采用附合测法。

（5）保证建（构）筑物定位的正确性，这是工程施工测量中的头等大事。为此在放线前的准备工作阶段与定位放线阶段

应做好哪些工作?

答:

1)在放线前的准备工作阶段

①检定与检校测量仪器与钢尺，取得正确的检定与检校数据。

②严格校测并通过甲方确认定位依据点位与数据的正确性。

③校核并通过设计单位确认设计图上的定位依据、定位条件及设计数据的正确性。

2)在定位放线阶段

①检测并确认定位依据（若为桩点应稳定无位移）的正确性。

②根据定位依据与定位条件测定建（构）筑物控制网，并校测对边与对角线等相关尺寸。

③在建（构）筑物控制网的四边上测定轴线控制桩，再据此测设出建（构）筑物各大角的轴线交点，并校测对边与对角线等相关尺寸。

④对建（构）筑物控制网及其上主要轴线控制桩进行妥善的保护。

⑤根据基础图以轴线控制桩为准撒挖槽灰线，自检互检合格后，提请有关部门和监理验线。

(6)保证建（构）筑物竖向铅直的正确性，是建筑施工测量到±0.000之后的头等大事。为此在施工中应采取什么措施?

答:

1)在±0.000面上测设竖向轴线控制网，应以建（构）筑物控制网为准，进行测设并进行闭合校核。

2)竖向投测的方法

①外控法——即在建（构）筑物外侧控制竖向，常用的测法有：延长轴线法、平行借线法及正倒镜挑直法。

②内控法——即在建（构）筑物内部控制竖向，常用的测法有：吊线坠法、天顶法及天底法。

3）施测中的要点

①以首层轴线为准，直接向各施工层投测"井"字线，尽量不采取分段接力测。

②所用仪器要检定、检校，施测中要严格对中、定平，并取盘左、盘右分中的测法。

③对投测到施工层上的"井"字线，要校测并做适当调整后，提请有关部门和监理验线。

（7）施工测量验线工作的基本准则是什么？

答：

1）验线工作应主动预控。验线工作要从审核施工测量方案开始，在施工的各主要阶段前，均应对施工测量工作提出预防性的要求，以做到防患于未然。

2）验线的依据应原始、正确、有效。主要是设计图纸、变更洽商与定位依据点位（如红线桩、水准点等）及其数据（如坐标、高程等）要原始，最后定案要有有效并正确的资料，因为这些是施工测量的基本依据，若其中有误，在测量放线中多是难以发现的，一旦使用后果是不堪设想的。

3）仪器与钢尺必须按计量法有关规定进行检定和检校。

4）验线的精度应符合规范要求主要包括：

①仪器的精度应适应验线要求，有检定合格证并校正完好。

②必须按规程作业，观测误差必须小于限差，观测中的系统误差应采取措施进行改正。

③验线成果应先行附合（或闭合）校核。

5）验线必须独立，尽量与放线工作不相关主要包括：

①观测人员。②仪器。③测法及观测路线等。

6）验线部位应为关键环节与最弱部位，主要包括：

①定位依据桩及定位条件。

②场区平面控制网、主轴线及其控制桩（引桩）。

③场区高程控制网及 ±0.000 高程线。

④控制网及定位放线中的最弱部位。

7）验线方法及误差处理：

①场区平面控制网与建筑定位，应在平差计算中评定其最弱部位的精度，并实地检测，精度不符合要求时应重测。

②细部测量，可用不低于原测量放线的精度进行检测，验线成果与原放线成果之间的误差应按以下原则处理：

A. 两者之差小于 $1/\sqrt{2}$ 限差时，对放线工作评为优良。

B. 两者之差略小于或等于 $\sqrt{2}$ 限差时，对放线工作评为合格（可不改正放线成果，或取两者的平均值）。

C. 两者之差超过 $\sqrt{2}$ 限差时，原则上不予验收，尤其是要害部位。若次要部位可令其局部返工。

（8）简述建筑坐标与测量坐标相互转换的目的。

答：建筑坐标系的坐标轴一般是与建筑物主轴线相一致的（平行或垂直），建筑设计往往又是按照测量坐标进行表示的；而定位放线测量有时是根据场地控制点位（测量坐标系统）来进行的，有时为了便于测量，又是依据建筑坐标系统来进行的，因此就要根据需要将建筑坐标和测量坐标进行相互转换。

（9）测量放线人员如何做好图纸自审和参加图纸会审？

答：①图纸自审是测量放线班组收到图纸后，要把全套图纸和有关的技术资料仔细全面查阅一遍，把图中"错、漏、碰、缺"、尺寸不交圈、标高不对应等差错与问题要——记出，尤其是对总平面图中的建设用地界限（即建筑红线）、建筑总体布局、定位依据和定位条件要搞清楚。要以轴线图为准，校核建施图与结施图尺寸、标高是否交圈、对应等。

②图纸会审是由建设单位（甲方）组织召集，有建设单位、监理单位、设计单位、施工单位及相应的其他单位的技术人员参加的会议。进行设计图纸交底、核对图纸内容、解决图纸中存在的问题与施工中可能出现的问题。测量人员参加会审一定要在会上明确解决：定位依据、定位条件、图上有关尺寸及标高问题，以取得正确的设计数据。

6. 请结合以下建筑工程施工测量案例回答问题。

某商务综合楼，楼高88层，高度450m，位于商业核心区。为保证工程质量，由第三方进行检测，测量内容包括：首级GPS平面控制网复测、施工控制网复测、电梯井与核心筒垂直度测量、外筒钢结构测量、建筑物主体工程沉降监测、建筑物主体工程日周期摆动测量。

（1）作为第三方监测单位，为完成案例中所要求的监测项目，应投入哪些仪器设备，针对进行哪项测量工作？

答：双频GPS接收机，用于首级GPS平面控制网复测、建筑物主体日周期摆动测量、施工控制网复测；高精度全站仪，用于建筑物主体日周期摆动测量、施工控制网复测、电梯井与核心筒垂直度测量、外筒钢结构测量等；数字水准仪，用于建筑物主体沉降监测；激光投点仪，用于轴线控制点的竖向传递。

（2）如何利用激光投点仪进行竖向传递？

答：在±0层上以主轴线为中心建立矩形（或十字线）控制网；在各控制点上分别用激光投点仪向上投点，为消除投点仪的轴系误差，可按四等分（或三等分）位置投点后取中点位置；投点后进行投点间的距离检查，与±0层相应控制点间的距离比较，距离之差应在测量误差范围内。

（3）使用全站仪放样与使用GPS RTK放样有何异同？各自的优势和使用场合？

答：全站仪放样要求测站与放样点之间通视，其放样精度随视距长度的增加而降低。而GPS RTK放样时不需要彼此通视，能远距离测设点的三维坐标，点位精度均匀。采用高精度全站仪放样，点位精度可达到毫米级。因此，需要高精度放样或在室内、地下工程中放样时，只能用全站仪放样。在野外具有良好的GPS信号，点位精度为厘米级时用GPS RTK放样有很好的优势。

7. 根据以下市政工程测量资料回答问题。

某市由于城市的迅速发展，中心城市与东部卫星城间交通压力日益加重，为此拟建一条按高速公路标准，时速80km/h的城市快速路，线路长 12km。初测阶段，需测绘规划路沿线 1:500 带状地形图，宽度为规划红线外 50m，遇规划及现状路口加宽 50m，同时调查绘图范围内地下管线。定测阶段，进行中线测量和纵横断面测量。测绘成果采用地方坐标系和地方高程系。城市已建 GNSS 网络，已有资料：城市一级导线点和三、四等 GPS 点以及二、三等水准点。

测绘单位在接受该项测量任务后，应收集现有资料，组织人员进行踏勘，进行各种测量工作的技术设计、组织测量人员和准备测量仪器设备及仪器的检验。控制测量在建筑区，平面控制测量可采用导线测量，有条件时也可采用网络 RTK、GPS 测量方法建立。本项目沿线路施测城市一级附合导线，作为首级控制，用网络 RTK 或图根导线加密图根点。高程控制测量可采用水准测量和全站仪三角高程测量。本项目布设四等水准测量引测一级导线点，用图根水准测定加密图根点的高程。确定测图范围，按城市测量规范要求测图。居民地和工矿的建筑物应测注散水处、小区门口和单位门口的高程。高架道路、桥梁的桥墩要实测表示。测注桥面、地面高程。永久性电力线、通信线电杆、铁塔位置应实测，道路中线与高压线交叉时应测注交叉处地面高及对应最低线、最高线的高程，并标注电压。地下管线检修井应分类表示，并测注高程。实测有特征意义的独立树表示，实测古树并标注编号、树种及胸径。

（1）地下管线的实地调查方法有哪些？

答：地下管线实地调查有测井法、探测法和坑探法。测井法是量取检修井面到管外顶和管内底、沟内底的埋深，量取井中心到管中心线的偏距。探测法是利用地下管线探测仪，探测各种管线在地面上的投影位置及埋深。坑探法是通过开挖进行实地调查和量测。

（2）简述市政工程建设规划设计阶段的测量任务及作业流程。

答：市政工程建设勘测设计测量任务及作业流程。

市政工程建设的勘测设计、施工和运营管理阶段进行的各种测量工作总称为市政工程测量。案例任务是勘测设计阶段，提供道路设计带状地形图。作业流程为踏勘和测量设计、平面和高程控制测量、地形图测绘、专项测绘（包括地下管线调查测量、中线测量和纵横断面测量）、质量检查和验收、产品交付和资料归档。

（3）在中线测量中，由于分段、局部改线等原因，造成中线里程不连续，称为中线断链。简述在市政工程中线测量中中线断链的定义及处理方法。

答：当断链靠近线路的起点、终点时，可将断链点移至起、终点。断链不应设在建（构）筑物上和曲线内，宜设在直线段的整里程桩处，实地应钉断链桩，桩上注记线路的来向、去向里程和应增减的长度。断链应在各有关资料和图表中注明。

（4）简述线路中线测量。

答：中线测量是将设计线路放样到实地上，为工程的详细测量工作打下基础，为线路工程平面测量、纵横断面测量、各项调查测量和施工详细放样提供依据。线路放样是将线路起点、交点、曲线主点、终点在现场实地标定。直线段间隔 150 ~ 250m，曲线段间隔 40 ~ 60m。

（5）简述纵横断面测量。

答：纵横断面测量是在水准测量和中线测量之后进行，根据控制点的高程，施测线路中桩的地面高程，中线穿越道路、建筑物、水域、坡坎等地形变化处应加桩。横断面测量是测量垂直于线路中线方向的地面高程。横断面测量后按一定比例绘制纵横断面图。

8. 请结合以下隧道控制测量案例回答问题。

在某新建地铁路线上，已有首级控制网数据。有一隧道长 10km，平均海拔 500m，进出洞口以桥梁和另外两标段的隧道相连。为保证双向施工，需要按 GPSC 级布设平面控制网和进行二等水准测量。

仪器设备：单、双频 GPS 各 6 台套、S3 光学水准仪 5 台、数字水准仪 2 台（0.3mm/km）、2 秒级全站仪 3 台。

计算软件：GPS 数据处理软件、水准测量平差软件。

（1）长度大于 4km 的隧道地面平面控制测量优先采用（C）。

A. 导线测量　　　B. 三角形网测量　　　C. GPS 测量

（2）二等水准测量往返测高差不符值为（A）。

A. $4\sqrt{K}$　　　　B. $6\sqrt{K}$　　　　C. $8\sqrt{K}$

（3）在控制测量观测之前，需要做哪些准备工作？

答：资料收集、现场踏勘、选点埋石、方案设计。

（4）为满足工程需要，应选用哪些仪器进行测量？并写出观测方案。

答：采用 6 台双频 GPS 接收机和 2 台数字水准仪。

6 台双频 GPS 接收机分别安置在进出洞口处的平面控制点上进行同步观测，观测时间不小于 90min，有效观测卫星数不少于 5 个，观测数据应经同步环、异步环基线检验。2 台数字水准仪由两个作业组按二等水准测量要求进行测量。最大视线长 50m，前后视距较差不大于 1m，较差累积不大于 3m。往返较差和附合闭合差不大于 $4\sqrt{L}$。

（5）最终提交的成果应包括哪些内容？

答：

①技术设计书。

②仪器检验校正资料。

③控制网图、点之记。

④控制测量外业观测资料。

⑤控制测量计算及成果资料。

⑥所有测量成果及图件电子文件。

⑦技术总结报告。

9. 如表 3.3-9 所示，闭合水准测量记录和计算，简答下面问题。

视线高法水准记录表 表3.3-9

测点	后视读数 a	视线高 H_i	前视读数 b	高程 H	备注
BM_1	1.801	45.515		43.714	已知高程
转点	1.465	45.616	1.364	44.151	
甲	1.514	45.474	1.656	43.960	
乙	1.583	45.395	1.662	43.812	
BM_1			1.684	43.711	
计算校核	$\Sigma a = 6.363$ $\Sigma a - \Sigma b = \Sigma h = -0.003$		$\Sigma b = 6.366$ $H_{终} - H_{始} = -0.003$		
成果校核	实测闭合差 $= 43.711m - 43.714m = -0.003m$ 允许闭合差 $= \pm 6mm \sqrt{4} = \pm 12mm$ 精度合格				

（1）表中计算校核能说明什么？不能说明什么？

（2）闭合测法成果校核能说明什么？不能说明什么？

（3）在实测中尽量不使用闭合测法的原因是什么？

答：（1）只能说明按记录表中数字计算没有错，不能说明观测、记录和起始点的高程没有错。

（2）只能说明观测精度合格（或不合格），不能说明起始依据是否正确。

（3）只有一个已知点位，如果该点点位动了、高程错了，或用错了点位，在成果中都不能发现。故闭合测法成果校核，只能说观测质量，不能说明成果可靠性。

10. 如表3.3-10所示符合水准测量记录和计算，简答下面问题。

视线高法水准记录表　　　　　表3.3-10

测点	后视读数 a	视线高 H_i	前视读数 b	高程 H	备注
BM_1	1.801	45.515		43.714	已知高程
转点	1.465	45.616	1.364	44.151	
甲	1.514	45.474	1.656	43.960	

测点	后视读数 a	视线高 H_i	前视读数 b	高程 H	备注
乙	1.583	45.395	1.662	43.812	
BM_6			1.070	44.325	已知高程 44.332
计算校核	$\Sigma a = 6.363$ $\Sigma a - \Sigma b = \Sigma h = 0.611$		$\Sigma b = 5.752$ $H_{终} - H_{始} = 0.611$		
成果校核	实测闭合差 $= 44.325m - 44.332m = -0.007m$ 允许闭合差 $= \pm 6mm \sqrt{4} = \pm 12mm$ 精度合格				

（1）表中计算校核能说明什么？

（2）附合测法成果校核能说明什么？

（3）在实测中尽量使用附合测法的原因是什么？

答：（1）由于精度合格，既说明按记录表中数字计算没有错，又能说明观测、记录和起始点的高程没有错。

（2）既能说明观测精度合格（或不合格），又能说明起始依据是否正确。

（3）附合测法成果校核，既能说明观测质量，又能说明两端起始依据是否正确可靠。

11. 精密光学水准仪与因瓦精密水准尺的特点是什么？

答：（1）精密光学水准仪的特点

①望远镜光学性能好，放大倍数一般大于 40 倍。

②视准轴水平精度高，一般高于 $\pm 0.2''$。

③具有精密测微装置，一般能读至 $0.1 \sim 0.01mm$。

④结构坚固，受温度影响小。

（2）因瓦精密水准尺的特点

①因瓦尺带是镍铁合金制成，其膨胀系数为普通钢尺的 1/24，故温度影响小。②有左右两排分划可以提高读数精度和校核用。

12. 在附合导线计算中，回答以下问题。

表 3.3-11

点号	观测角(右角)(° ′ ″)	改正数(″)	改正角(° ′ ″)	坐标方位角α(° ′ ″)	距离 D(m)	增量计算值 Δx(m)	增量计算值 Δy(m)	改正后增量 Δx(m)	改正后增量 y(m)	坐标值 x(m)	坐标值 Δy(m)	点号
A				236 44 28								A
B	205 36 48	-13	205 36 35	211 07 53	125.36	+0.04 -107.31	-0.02 -64.81	-107.27	-64.83	1536.86	837.54	B
1	290 40 54	-12	290 40 42	100 27 11	98.76	+0.03 -17.92	-0.02 +97.12	-17.89	+97.10	1429.59	772.71	1
2	202 47 08	-13	202 46 55	77 40 16	144.63	+0.04 +30.88	-0.02 +141.29	+30.92	+141.27	1411.70	869.81	2
3	167 21 56	-13	167 21 43	90 18 33	116.44	+0.03 -0.63	-0.02 +116.44	-0.06	+116.42	1442.62	1011.08	3
4	175 31 25	-13	175 31 12	94 47 21	156.25	+0.05 -13.05	-0.03 +155.70	-13.00	+155.67	1442.02	1127.50	4
C	214 09 33	-13	214 09 20	80 38 01						1429.02	1283.17	C
D												D
Σ	1256 07 44	-77	1256 06 25		641.44	-108.03	+445.74	+107.84	+445.63			

辅助计算

$f_\beta = \Sigma\beta_{测} - \alpha_{始} + \alpha_{终} - m180° = +41'17''$

$f_{\beta容} = \pm 60''\sqrt{6} = \pm 146''$

$f_x = -0.19$

$f_y = +0.11$

$f = \sqrt{f_x^2 + f_y^2} = \pm 0.22$

$K = \dfrac{0.22}{641.44} = \dfrac{1}{2900}$

$K_容 = \dfrac{1}{2000}$

（1）方位角 α 的推算校核无误，能说明什么？不能说明什么？

（2）横坐标、纵坐标 $(y_i，x_i)$ 的计算校核无误，能说明什么？

（3）由以上两项计算校核中，对比闭合导线，说明附合导线的优越性是什么？

答：（1）由起始边方位角 $\alpha_{起}$ 开始通过调整后的各左角 β_i，推算到终端边方位角 $\alpha_{终}$ 闭合校核后，能说明：①计算无误。②两端已知方位角正确。③各左角 β_i 观测值精度合格。但不能说明各左角的次序是否颠倒。

（2）由起始端点坐标 $(y_{始}，x_{始})$，通过调整后的各边增量 Δy_i、Δx_i，推算到终端点坐标 $(y_{终}，x_{终})$ 闭合校核后，能说明：①计算无误。②两端点已知坐标正确。③各边长 D 与左角 β 的观测值均精度合格，且次序没有颠倒。

（3）由以上两项计算校核中，对比闭合导线来说明，附合导线能说明两端起始依据是否正确可靠。

13. 保证建（构）筑物高程定位的正确性，是工程施工测量中仅次于平面定位的大事。为此，在施工放线前的准备阶段与测设场地高程控制阶段各应做好哪些工作？

答：（1）放线前的准备工作阶段

①检定与检校所用水准仪，取得正确的检定与检校数据。

②严格校测并通过甲方确认高程依据点及其高程的正确性。

③校核并通过设计单位确认设计图上建（构）筑物 ± 0.000 的绝对高程值的合理性与正确性。

（2）测设场地高程控制网

①在每个主要建（构）筑物附近埋设 3 个施工用水准点，整个场地内每 100m 左右埋设施工用水准点组成场地高程控制网，并采取妥善措施保护好点位。

②用附合测法或结点测法进行施测（尽量不用闭合或往返测法）以保证成果的正确性，并提请有关部门和监理检测。

③用附合测法或结点测法在每年春融与雨季后应各复测一次。

14. 保证建（构）筑物高程定位的正确性，是工程施工测量中仅次于平面定位的大事。为此，在施工基础放线阶段与工程到±0.000前、后阶段各应做好哪些工作？

（1）在基础放线阶段

①当基坑较浅时，可直接使用水准尺，以基坑上的两个水准点为准，向基坑下测设高程。

②当基坑较深又较大时，应在基坑内设2～3个临时水准点，以基坑上的两个水准点为准，用附合测法将高程引下，必要时还可用全站仪进行校测。

③打混凝土垫层前，应对垫层标高控制点进行校测。

（2）在建（构）筑物施工到±0.000前及以后

①在建（构）筑物施工到±0.000前应及时在建（构）筑物四廓外墙面上，以基坑上两个水准点为准，测设－1.000m标高线以控制±0.000施工面标高。

②当建（构）筑物施工到地上一层后，及时在建（构）筑物四廓外墙面上，以基坑上两个水准点为准，测设＋1.000m标高线，作为向上传递标高的依据。

15. 保证建（构）筑物竖向铅直的正确性，是建筑施工测量到±0.000之后的头等大事。为此在施工中应采取什么措施？

答：（1）在±0.000面上测设竖向轴线控制网，应以建（构）筑物控制网为准，进行测设并进行闭合校核。

（2）竖向投测的方法

①外控法——即在建（构）筑物外侧控制竖向，常用的测法有：延长轴线法、平行借线法及正倒镜挑直法。

②内控法——即在建（构）筑物内部控制竖向，常用的测法有：吊线坠法、天顶法及天底法。

（3）施测中的要点

①以首层轴线为准，直接向各施工层投测"井"字线，尽

量不采取分段接力测。

②所用仪器要检定、检校，施测中要严格对中、定平，并取盘左、盘右分中的测法。

③对投测到施工层上的"井"字线，要校测并做适当调整后，提请有关部门和监理验线。

16. 如图 3.3-16 题图所示，AB 为建筑红线，1 号楼为原有建筑，2 号楼为拟建建筑，设计定位条件为 $NR /\!/ AB$、$MQ /\!/ RS$ 且间距为 y，施工现场通视、可量，简述只用钢尺、小线与线坠对 $MNPQ$ 进行定位的步骤。

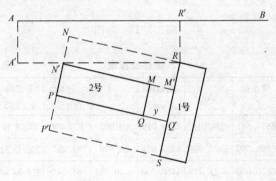

图 3.3-16 题图

答：（1）以 R 为圆心向 AB 线上划弧，得两交点，取分中即可定出 R 在 AB 线的垂足 R'，并可量出 RR'；

（2）在 A 点用"3-4-5"法向外做垂线，并在垂线上量 $AA' = RR'$，用小线连 A' 与 R 得出 $A'R /\!/ AB$。

（3）以 RS 为准，用距离交会法测设 $RSP'N'$ 矩形，并实量对角线应相等（因 RS 可实量出、SP' 为已知，故对角线长度可算出）。

（4）$P'N'$ 与 $A'R$ 相交即定出 N 点，之后又可定出 P 点。

（5）在 RS 上定出 M' 与 Q'，则 NM' 线上可定出 M 点，PQ' 线上可定出 Q 点。

（6）实量 *NM* 与 *PQ*，对角线 *PM* 与 *NQ* 做校核。

17. 如图 3.3-17 题图所示，*AB* 为建筑红线，现以 *AB* 两点为依据，用极坐标和直角坐标验测 *M* 点位。按表 3.3-17 中给定的（括号内）*A*、*B*、*M* 各点坐标计算验测所需数据。

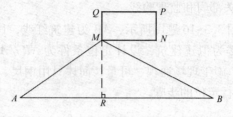

图 3.3-17　题图

坐标反算表　　　　　　　　　　　　　　　　　表 3.3-17

点名	横坐标 y (m)	Δy	纵坐标 x (m)	Δx	边长 D (m)	方位角 α (°′″)	左夹角 β (°′″)
A	6574.581	124.018	4419.719	10.902	124.496	84 58 34	
B	6698.599	−78.599	4430.621	29.879	84.087	290 48 51	25 50 17
M	6620.000	−45.419	4460.500	−40.781	61.041	228 04 47	117 15 56
A	6574.581		4419.719			84 58 34	36 53 47
Σ	$\Sigma \Delta y = 0.000$, $\Sigma \Delta x = 0.000$, $\Sigma \beta = 180\ 00\ 00$						

若 *AM*、*BM* 均不通视，只能由 *A*、*B* 两点用直角坐标法验测 *M* 点，计算验测所需数据。

（1）在 Rt△*ARM* 中

$AR = AM \cdot \cos\angle A = 61.041 \cdot \cos 36\ 53\ 47 = 48.816 \text{m}$

$RM = AM \cdot \sin\angle A = 61.041 \cdot \sin 36\ 53\ 47 = 36.647 \text{m}$

（2）在 Rt△*MRB* 中

$BR = BM \cdot \cos\angle B = 84.087 \cdot \cos 25\ 50\ 17 = 75.680 \text{m}$

$RM = BM \cdot \sin\angle B = 84.087 \cdot \sin 25\ 50\ 17 = 36.647 \text{m}$

（3）计算校核 $AB = AR + BR = 48.816 \text{m} + 75.680 \text{m} = 124.496 \text{m}$

18. 已知交点的里程桩号为 K21 + 476.21，转角 $\alpha_{右} = 37°$ 16′，圆曲线半径 $R = 300\text{m}$，缓和曲线长 $l_s = 60\text{m}$。

（1）简述缓和曲线的特点。

（2）试计算该曲线的测设元素、主点里程。

（3）说明主点的测设方法。

答：（1）缓和曲线的特点

为了行车的安全与舒适，而在直线与圆曲线之间设置一段半径 $R = \infty \rightarrow R = R$ 的缓和曲线，曲线上任何一点的曲率半径 ρ 都与该点到曲线起点的弧长 l 成反比。

$$(2)\, p = \frac{l_s^2}{24R} = \frac{60^2}{24 \times 300} = 0.5$$

$$q = \frac{l_s}{2} - \frac{l_s^3}{240R^2} = \frac{60}{2} - \frac{60^3}{240 \times 300^2} = 29.99$$

$$\beta_0 = \frac{l_s}{2R} \cdot \frac{180°}{\pi} = \frac{60}{2 \times 300} \cdot \frac{180°}{\pi} = 5°43'46''$$

$$x_0 = l_s - \frac{l_s^3}{40R^2} = 60 - \frac{60^3}{40 \times 300^2} = 59.94$$

$$y_0 = \frac{l_s^2}{6R} = \frac{60^2}{6 \times 300} = 2.00$$

$$T_H = (R + p)\tan\frac{\alpha}{2} + q$$

$$= (300 + 0.5)\tan\frac{37°16'}{2} + 29.99$$

$$= 131.31\text{m}$$

$$L_H = R(\alpha - 2\beta_0)\frac{\pi}{180°} + 2l_s$$

$$= 300 \times (37°16' - 2 \times 5°43'46'')\frac{\pi}{180°} + 2 \times 60$$

$$= 255.13\text{m}$$

$$L_Y = R(\alpha - 2\beta_0)\frac{\pi}{180°} = 300 \times (37°16' - 2 \times 5°43'46'')\frac{\pi}{180°}$$

$$= 135.13\text{m}$$

$$E_H = (R + p)\sec\frac{\alpha}{2} - R = (300 + 0.5)\sec\frac{37°16'}{2} - 300$$

$$= 17.12\text{m}$$

$$D_H = 2T_H - L_H = 2 \times 131.31 - 255.13 = 7.49\text{m}$$

$$ZH = JD - T_H = \text{K21} + 476.21 - 131.31 = \text{K21} + 344.90$$

$$HY = ZH + l_s = \text{K21} + 344.90 + 60 = \text{K21} + 404.90$$

$$YH = HY + L_Y = \text{K21} + 404.90 + 135.13 = \text{K21} + 540.03$$

$$HZ = YH + l_s = \text{K21} + 540.03 + 60 = \text{K21} + 600.03$$

$$QZ = HZ - \frac{L_H}{2} = \text{K21} + 600.03 - 255.13/2$$

$$= \text{K21} + 472.465$$

$$JD = QZ + \frac{D_H}{2} = \text{K21} + 472.465 + 7.49/2 = \text{K21} + 476.21$$

（3）曲线主点测设步骤

①在交点 JD 安置仪器，瞄准直线转点或相邻交点，归零；沿切线方向量出 $T - X_C$ 分别打入木桩得点 x_C。

②从 x_C 点向曲线起点或终点方向量取 x_0 值，打入木桩即得到直缓点 ZH 或缓直点 HZ；距离要往返丈量，精度应到达 1/2000。

③转动照准部，使水平读数为 $90° - \frac{\alpha_L}{2}$ 或 $270° + \frac{\alpha_R}{2}$，此时沿望远镜视线方向，量取外矢距 E_0，打桩即得到曲中点 QZ。

④将经纬仪移至 x_C 桩上，瞄准交点 JD，使水平度盘读数对到 $0°00'00''$，转动照准部，使读数对到 $90°$（或 $270°$），从 x_C 沿望远镜视线方向量 y_0 值，打木桩即得缓圆点 HY 或圆缓点 YH。

19. 简述路线平面图的内容。

答：（1）地形部分

路线平面图上地形部分不仅帮助我们了解沿线两侧一定范围内的地物地形，而且还可以在设计路线时，借助它进行纸上定线移线之用。

①比例。为了反映路线全貌，又使图形清晰，通常根据地形起伏情况选用不同的比例，在山岭区采用 1:2000；丘陵区和平原区采用 1:5000。

②指北针。路线平面图上应画出指北针，作为指出路线所在地区的方位与走向；同时指北针在拼接图纸时又可用作核对之用。

③地物地形。地形图表达了沿线的地物地形，即地面的起伏情况和河流、房屋、桥梁、铁路、农田、陡坎等位置。

（2）路线部分

这部分表达了路线的长度和平曲线情况。

①路线的走向。由路中线与转折角可看出路线走向。

②里程桩号。为了清楚地看出路线总长及各路段之间的长度，一般在路中心线上从路线起点到终点沿前进方向的左侧编写里程桩号。

③平曲线要素。公路路线转折处，在平面图上标有转折点号即交角编号，如 JD18 表示 18 号交点。在交点处按设计半径画有弧线（弯道），曲线的起点（ZY）、中点（QZ）及终点（YZ）。

20. 简述道路纵断面图的主要内容。

答：①道路纵断面图。沿道路中心线所作的竖向断面叫做道路纵断面图。它分上下两部分，上面是图形、下面是数据资料。

②原地面高程。在路中线上各里程桩与加桩处的原地面高程叫做地面高程（因用黑字书写故也叫黑色高程），是用纵断面水准测量测出的。

③设计高程。沿路中线所作的纵坡设计线叫做纵断面设计线，在纵断面设计线上各里程桩与加桩处的高程叫做设计高程（因用红字书写故也叫做红色高程）。

④填、挖高度。设计高程线与原地面线高程之差，叫做填挖高度（或叫施工高度），设计线高出地面线要填方、低于地面线要挖方，设计线与地面重合处，即不填、不挖。

⑤路中线要素。在资料表的最下一行为路中线要素，包括直线部分与曲线部分。

21. 竣工图的编制，必须做到准确、完整及时、图面清晰。当编制竣工图时，如何正确采用贴图更改法来完成竣工图？

答：采用贴图更改法来完成竣工图，是将需修改的部分用别的图纸书写绘制好，然后粘贴到被修改的位置上。如果设计管道轴线发生偏移，检查并增减，管底标高有变更或管径发生变化等均应注明实测实量数据外，还应在竣工图中注明变更的依据及附件，共同汇集在竣工资料内以备查考。

当检查井仍在原设计管线的中心线位置上，只是沿中心方向略有位移，且不影响支连管的连接时，则只需在竣工图中注明实测实量的井距及标高即可。

22. 施工测量验线工作的基本准则是什么？

答：（1）验线工作应主动预控。验线工作要从审核施工测量方案开始，在施工的各主要阶段前，均应对施工测量工作提出预防性的要求，以做到防患于未然。

（2）验线的依据应原始、正确、有效。主要是设计图纸、变更洽商与定位依据点位（如红线桩、水准点等）及其数据（如坐标、高程等）要原始，最后定案要有有效并正确的资料，因为这些是施工测量的基本依据，若其中有误，在测量放线中多是难以发现的，一旦使用后果是不堪设想的。

（3）仪器与钢尺必须按计量法有关规定进行检定和检校。

（4）验线的精度应符合规范要求主要包括：

①仪器的精度应适应验线要求，有检定合格证并校正完好。

②必须按规程作业，观测误差必须小于限差，观测中的系统误差应采取措施进行改正。

③验线成果应先行附合（或闭合）校核。

（5）验线必须独立，尽量与放线工作不相关主要包括：

①观测人员。②仪器。③测法及观测路线等。

（6）验线部位应为关键环节与最弱部位，主要包括：

①定位依据桩及定位条件。

②场区平面控制网、主轴线及其控制桩（引桩）。

③场区高程控制网及±0.000高程线。

④控制网及定位放线中的最弱部位。

（7）验线方法及误差处理：

1）场区平面控制网与建筑定位，应在平差计算中评定其最弱部位的精度，并实地验测，精度不符合要求时应重测。

2）细部测量，可用不低于原测量放线的精度进行验测，验线成果与原放线成果之间的误差应按以下原则处理：

①两者之差小于 $1/\sqrt{2}$ 限差时，对放线工作评为优良。

②两者之差略小于或等于 $\sqrt{2}$ 限差时，对放线工作评为合格（可不改正放线成果，或取两者的平均值）。

③两者之差超过 $\sqrt{2}$ 限差时，原则上不予验收，尤其是要害部位。若次要部位可令其局部返工。

23. 认真贯彻全面质量管理方针，预防质量事故、确保测量放线工作质量是施工测量中的头等大事，为此在施工的不同阶段应做好哪5项工作？

答：①进行全员质量教育，强化质量意识主要是根据国家法令、规范、规程要求与《质量管理体系》GB/T 19000—2008 规定，把好质量关、做到测量班组所交出的测量成果正确、精度合格，这是测量班组管理工作的核心，也是荣誉所在。要做到人人从内心理解：观测中产生误差是不可避免的，工作中出现错误也是难以杜绝的客观现实。因此能自觉地做到：作业前要严格审核起始依据的正确性，在作业中坚持测量、计算工作步步有校核的工作方法。以真正达到：错误在我手中发现并剔除，精度合格的成果由我手中交出，测量放线工作的质量由我保证。

②充分做好准备工作，进行技术交底与有关规范学习主要是按"三校核"要求，即校核设计图纸、校测测量依据点位与数据、检定与检校仪器与钢尺，以取得正确的测量起始依据，

这是准备工作的核心。要针对工程特点进行技术交底与学习有关规范、规章，以适应工程的需要。

③制定测量放线方案，采取相应的质量保证措施主要是按"三了解"要求，做好制定测量放线方案前的准备工作；按"制定施工测量方案"的要求，制定好切实可行又能预控质量的测量放线方案；按工程实际进度要求，执行好测量放线方案，并根据工程现场情况，不断修改、完善测量放线方案；并针对工程需要，制定保证质量的相应措施。

④安排工程阶段检查与工序管理主要是建立班组内部自检、互检的工作制度与工程阶段检查制度，强化工序管理。并严格执行的测量验线工作的基本准则，防止不合格成果进入下一道工序。

⑤及时总结经验，不断完善与提高班组工作质量主要是注意及时总结经验，累积资料，每天记好工作日志，做到班组生产与管理等工作均有原始记载，要记简要过程与经验教训，以发扬成绩、克服缺点，改进工作，使班组工作质量不断提高。

24. 高级测量放线工在业务上应具备的基本能力有哪些？

答：高级测量放线工在业务上应具备的基本能力应有以下7项：

①识图、审图及绘图的能力。

②掌握不同工程类型，不同施工方法对测量放线不同要求的能力。

③了解仪器构造、原理、掌握仪器使用、检校与一般维修能力。

④各种形体的计算与校核能力。

⑤了解误差基本理论，处理误差及观测数据的能力。

⑥了解工程测量基本理论，针对不同工程采取不同精度不同测法及校测能力。

⑦综合分析、处理问题、保障安全生产、防止事故与预估预控能力。

25. 高级测量放线工在工作中应能解决的疑难问题？

答：高级测量放线工与测量放线技师应是组织大型、复杂工程施工测量的骨干力量。因此，应能较好地解决工作中出现的疑难问题，而使工作顺利进行。

①解决审校图纸、校测放线起始依据中的疑难问题。

②解决普通水准仪、经纬仪在检校中遇到的问题并能进行一般的维修。

③能编制复杂、大型工程施工测量方案，并能组织实施。

④能努力学习新知识，推广应用新技术、新设备。

26. 什么是我国安全生产管理的基本方针？建筑业是有较大危险的行业，什么是建筑行业中的"五大伤害"？什么是"三级"安全教育？什么是处理事故中的"四不放过"？

答：①我国安全生产管理的基本方针。"安全第一、预防为主"。

②建筑行业中的"五大伤害"。高处坠落、触电事故、物体打击、机械伤害与坍塌事故。

③"三级"安全教育。对新进场或转换工作岗位和离岗后重新上岗人员，必须进行上岗前的"三级"安全教育，即公司教育、项目教育与班组教育，以使从业人员学到必要的劳保知识与规章制度要求。

④处理事故中的"四不放过"。万一施工现场发生事故，要立即向上级报告，不得隐瞒不报，并按"四不放过"原则进行调查分析和处理。"四不放过"是指：事故原因没有查清楚不放过，事故责任人没有严肃处理不放过，广大职工没有受到教育不放过，针对事故的防范措施没有真正落实不放过。

27. 什么是我国公民的基本道德规范？什么是职工职业道德规范？什么是劳动和社会保障部与建设部共同规定的职业守则？

答：①2001年9月20日中共中央印发《公民道德建设实施纲要》的第4条规定公民的基本道德规范为：爱国守法、明礼诚信、团结友善、勤俭自强、敬业奉献。

②上述文件的16条中规定职工职业道德规范为：爱岗敬

业、诚实守信、办事公道、服务群众、奉献社会。

③劳动部与建设部共同规定的职业守则为：热爱本职、忠于职守，遵章守纪、安全生产，尊师爱徒、团结协作，勤俭节约、关心企业，精心操作、重视质量，钻研技术、勇于创新。

3.4 实操操作题

1. S1 水准仪 i 角检验

（1）考核场地：操作考核场地一。

（2）考核时间：40 分钟。

（3）考核内容：①仪器安置。②检验操作方法步骤。③检验记录、计算。

（4）考核要求：①仪器安置正确。②观测方法、步骤、程序正确。③记录、计算规范、正确。④取位合乎规定。⑤所有记录、计算在表 3.4-1-1 中进行。

S1 水准仪 i 角检验　　　　　　　　　表 3.4-1-1

测站	观测顺序	标尺读数		高差 $a-b$ (mm)	i 角计算	标尺正确读数 a'_2、b'_2 计算
		A 尺读数（a）	B 尺读数（b）			
Ⅰ	1					
	2					
	3				$\Delta=$	$a'_2=$
	4					
	中数	$a_1=$	$b_1=$			
Ⅱ	1					
	2					
	3				$i=$	b'_2
	4					
	中数	$a_2=$	$b_2=$			

312

（5）观测略图

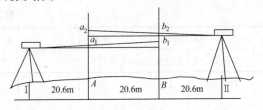

图 3.4-1 题图

（6）技术要求

1）仪器安置：高度适中，架头水平，踩实脚架，圆气泡严格居中。

2）观测：先后分别在Ⅰ、Ⅱ两测站上观测。每测站上先后分别照准后尺和前尺基本分划读数（每次照准后 4 次读数）读至 0.01mm。

3）计算：标尺读数中数计算、高差计算、标尺正确读数计算取至 0.01mm，角度取至 0.1″。

4）限差：4 次读数互差 ≤ ±0.5mm。

（7）计算公式

1）i 角计算：$\Delta = [(a_2 - b_2) - (a_1 - b_1)]/2 = (h_2 - h_1)/2$
$$i = 10\Delta''$$

2）正确读数计算：$a_2' = a_2 - 2\Delta$；$b_2' = b_2 - \Delta$

（8）检验方法（见图 3.4-1 题图）

1）安置仪器于Ⅰ处，照准 A 点水准尺，用楔形丝卡因瓦尺上某一刻划线四次读数；用同样方法照准 B 点水准尺进行四次读数，计算四次测定的平均数，并计算Ⅰ处观测高差。

2）安置仪器于Ⅱ处，照准 A 点水准尺，用楔形丝卡因瓦尺上某一刻划线四次读数；用同样方法照准 B 点水准尺进行四次读数。计算四次测定的平均数，并计算Ⅰ处观测高差。

3）计算 i 角和在 A、B 尺上的正确读数 a_2'、b_2'。

（9）算例

表 3.4-1-2

测站	观测顺序	标尺读数		高差 b(mm)	i角计算	标尺正确读数 a'₂、b'₂计算
		A尺读数(a)	B尺读数(b)			
I	1	139.365	145.812			
	2	363	813			
	3	364	816	−64.50		
	4	365	815			$a'_2 = 140.288$
	中数	$a_1 = 139.364$	$b_1 = 145.814$		$\Delta = -1.18$ (mm)	
II	1	140.052	146.736		$i = -11.8''$	$b'_2 = 146.856$
	2	053	737	−66.86		
	3	052	738			
	4	052	739			
	中数	$a_2 = 140.052$	$b_2 = 146.738$			

2. 用全站仪测量点的三维坐标（x、y、H），不少于40个点

实验通知书

（1）题目

用全站仪测量点的三维坐标（x、y、H），不少于40个点。

（2）仪器工具准备表

见表 3.4-2-1 所示。

仪器工具准备表　　　　表 3.4-2-1

序号	名　称	规格	单位	数量	备　注
1	全站仪	2″	台	1	
2	三脚架	木质	副	1	

序号	名　称	规格	单位	数量	备　注
3	对中杆	带支架	根	2	
4	对讲机		台	2	
5	棱镜		只	1	
6	记录夹		个	1	
7	记录手簿		本	1	
8	铅笔	H	根	2	
9	小刀		把	1	
10	计算器		个	1	非编程计算器
11	钢尺	50m	把	1	
12	遮阳伞		把	1	

（3）考核注意事项

1）考核场地要满足考核基本要求。

2）注考核过程中要注意仪器操作安全和人身安全。

3）不宜选择在人流量比较大的位置安排考核。

4）考核过程应安排专人负责维持考场秩序。

5）实验考核老师应具有相关专业知识和工作经验。

（4）考核内容

1）全站仪的检查和维护

①检查仪器箱锁、提手、背带是否配套且牢固可靠。

②检查全站仪各种轴系转动是否灵活自如。

③检查各种螺旋转动是否自由上下。

④检查物镜、目镜是否能够清晰照准目标。

⑤检查三角架和水准仪的连接螺栓是否配套。

2）全站仪的对中和整平

①是否正确打开安放三脚架。

②是否正确打开仪器箱并正确取出仪器。

③是否正确连接全站仪并放稳三脚架。

④是否正确使用全站仪脚螺旋。

⑤是否使圆水准气泡在圆水准器的分划圆圈内。

⑥正确取下仪器并放置仪器箱内。

3）全站仪的观测和读数

①是否严格按照规定的观测程序观测并读取数据。

②各观测成果均应在限差范围内。

③是否将数据大声读两遍，并由记录员重复、确认。

4）数据的记录与计算校核

①字体工整，书写清楚，卷面整洁。

②记录手簿中规定应填写的项目不得留有空白。

③记录数字如有错误，不可用橡皮拭擦、涂改或挖补，应以横线划去，而将正确数字写在原数上方，并在备注内说明错误原因。

④禁止连环涂改；如改了平均数，则不准再改正任何一原始读数，假如两个读数均错误，则应重测重记，对于尾部读数不准修改，应将部分观测结果废去重测。

⑤各观测成果均应在限差范围内。

⑥按测量计算原则正确计算测量成果（奇数进位偶数不进位）。

（5）考核要求

1）时间：准备时间：3min；操作时间：60min；从正式操作开始计时；考试时，提前完成操作不加分。

2）操作仪器严格按操作和观测程序作业，不得违反操作规程。

3）记录、计算完整、卷面清洁、字体工整，无错误。

4）实地标定的点位清晰稳固。

（6）考核评分

①本考试应由考评员负责安排考场事务，组织考试。

②考试采用百分制，本题满分为 100 分，采用扣分制评分。

③考评员应具有本工种的大专以上专业知识水平和相应实际操作经验。

④考评员可根据考生考试的实际情况，对评分标准作适当调整。

⑤各项配分依难易程度、精度高低、完成时间和重要程度制定。

⑥评分方法：按单项扣分评分，单项扣分不突破所配分值。

⑦考评员应严格按照考试标准，公正公平准确评分。

⑧考试方式说明：实际操作，以操作过程，操作时间和结果精度进行评分。

1）以时间 T 为评分主要依据，如表 3.4-2-2，评分标准分四个等级制定，具体分数由所在等级内插评分，表中 M 代表分数。

评分标准表　　　　　　　表 3.4-2-2

考核项目	评分标准（以时间 T 分钟为评分主要依据）			
	$M \geqslant 85$	$8 > M \geqslant 75$	$75 > M \geqslant 60$	$M < 60$
全站仪野外数据采集	$T \leqslant 60'$	$60' < T \leqslant 65'$	$65' < T \leqslant 70'$	$T > 70'$

2）根据仪器操作符合操作规程情况，扣 1~5 分。

3）根据卷面整洁、字体清晰、记录准确情况，扣 1~5 分（记录划去 1 处，扣 1 分，合计不超过 5 分）。

4）当值考评员可以根据考核现场所使用仪器、学生水平以及其他实际情况制定相关考核标准。

（7）考核说明

1）考核过程中任何人不得对他人做出提示，参加考核个人应独立完成仪器操作、记录、计算及校核等工作。

2）考评员有权随时检查考核人员是否符合操作规程及技术要求，但应相应扣除所影响的时间。

3）考核人员若有作弊行为，一经发现一律按零分处理，且不得参加补考。

4）考核前考生应准备好钢笔或圆珠笔、计算器，考核者应提前找好扶尺人。

5）考核时间自架立仪器开始，至递交记录表并拆卸仪器放进仪器箱为终止。

6）考核仪器应为2″全站仪。

7）数据记录、计算及校核均填写在相应记录表中，记录表不可用橡皮擦修改，记录表以外的数据不作为考核结果。

8）主考人应在考核结束前检查并填写仪器对中误差及水准管气泡偏差情况，在考核结束后填写考核所用时间并签名。

3. 用全站仪进行三级闭合导线外业测量，总站数不少于8站实验通知书

（1）题目

用全站仪进行三级闭合导线外业测量，总站数不少于8站。

（2）仪器工具准备表

见表3.4-3-1所示。

仪器工具准备表 表3.4-3-1

序号	名　称	规格	单位	数量	备　注
1	全站仪	2″	台	1	
2	三脚架	木质	副	1	
3	对中杆	带支架	根	2	
4	对讲机		台	2	
5	棱镜		只	1	

序号	名　称	规格	单位	数量	备　注
6	记录夹		个	1	
7	记录手簿		本	1	
8	铅笔	H	根	2	
9	小刀		把	1	
10	计算器		个	1	非编程计算器
11	钢尺	50m	把	1	
12	遮阳伞		把	1	

（3）考核注意事项

1）考核场地要满足考核基本要求。

2）注考核过程中要注意仪器操作安全和人身安全。

3）不宜选择在人流量比较大的位置安排考核。

4）考核过程应安排专人负责维持考场秩序。

5）实验考核老师应具有相关专业知识和工作经验。

（4）考核内容

1）全站仪的检查和维护

①检查仪器箱锁、提手、背带是否配套且牢固可靠。

②检查全站仪各种轴系转动是否灵活自如。

③检查各种螺旋转动是否自由上下。

④检查物镜、目镜是否能够清晰照准目标。

⑤检查三角架和水准仪的连接螺栓是否配套。

2）全站仪的对中和整平

①是否正确打开安放三脚架。

②是否正确打开仪器箱并正确取出仪器。

③是否正确连接全站仪并放稳三脚架。

④是否正确使用全站仪脚螺旋。

⑤是否使圆水准气泡在圆水准器的分划圆圈内。

⑥正确取下仪器并放置仪器箱内。

3）全站仪的观测和读数

①是否严格按照规定的观测程序观测并读取数据。

②各观测成果均应在限差范围内。

③是否将数据大声读两遍，并由记录员重复、确认。

4）数据的记录与计算校核

①字体工整，书写清楚，卷面整洁。

②记录手簿中规定应填写的项目不得留有空白。

③记录数字如有错误，不可用橡皮拭擦、涂改或挖补，应以横线划去，而将正确数字写在原数上方，并在备注内说明错误原因。

④禁止连环涂改；如改了平均数，则不准再改正任何一原始读数，假如两个读数均错误，则应重测重记，对于尾部读数不准修改，应将部分观测结果废去重测。

⑤各观测成果均应在限差范围内往返测距离和高差相比较不超过 10mm。

⑥按测量计算原则正确计算测量成果（奇数进位偶数不进位）。

（5）考核要求

1）时间：准备时间：3min；操作时间：60min；从正式操作开始计时；考试时，提前完成操作不加分。

2）操作仪器严格按操作和观测程序作业，不得违反操作规程。

3）记录、计算完整、卷面清洁、字体工整，无错误。

4）实地标定的点位清晰稳固。

（6）考核评分

①本考试应由考评员负责安排考场事务，组织考试。

②考试采用百分制，本题满分为 100 分，采用扣分制评分。

③考评员应具有本工种的大专以上专业知识水平和相应实

际操作经验。

④考评员可根据考生考试的实际情况，对评分标准作适当调整。

⑤各项配分依难易程度、精度高低、完成时间和重要程度制定。

⑥评分方法：按单项扣分评分，单项扣分不突破所配分值。

⑦考评员应严格按照考试标准，公正公平准确评分。

⑧考试方式说明：实际操作，以操作过程，操作时间和结果精度进行评分。

1）以时间 T 为评分主要依据，如表 3.4-3-2，评分标准分四个等级制定，具体分数由所在等级内插评分，表中 M 代表分数。

评分标准表   表 3.4-3-2

考核项目	评分标准（以时间 T 分钟为评分主要依据）			
	$M \geqslant 85$	$85 > M \geqslant 75$	$75 > M \geqslant 60$	$M < 60$
三级导线测量	$T \leqslant 60'$	$60' < T \leqslant 65'$	$65' < T \leqslant 70'$	$T > 70'$

2）根据仪器操作符合操作规程情况，扣 1~5 分。

3）根据卷面整洁、字体清晰、记录准确情况，扣 1~5 分（记录划去 1 处，扣 1 分，合计不超过 5 分）。

4）当值考评员可以根据考核现场所使用仪器、学生水平以及其他实际情况制定相关考核标准。

（7）考核说明

1）考核过程中任何人不得对他人做出提示，参加考核个人应独立完成仪器操作、记录、计算及校核等工作。

2）考评员有权随时检查考核人员是否符合操作规程及技术要求，但应相应扣除所影响的时间。

3）考核人员若有作弊行为，一经发现一律按零分处理，且不得参加补考。

4）考核前考生应准备好钢笔或圆珠笔、计算器，考核者应提前找好扶尺人。

5）考核时间自架立仪器开始，至递交记录表并拆卸仪器放进仪器箱为终止。

6）考核仪器应为2″全站仪。

7）数据记录、计算及校核均填写在相应记录表中，记录表不可用橡皮擦修改，记录表以外的数据不作为考核结果。

8）主考人应在考核结束前检查并填写仪器对中误差及水准管气泡偏差情况，在考核结束后填写考核所用时间并签名。

（8）样表

导线测量外业记录表　　　　表 3.4-3-3

单位_____　　姓名_____　　评分_____　　时间：_____

测点	盘位	目标	水平度盘读数（°′″）	水平角		示意图及边长记录	精度校核
				半测回值（°′″）	一测回值（°′″）		
						边长名： 第一次： 第二次： 平均：	
						边长名： 第一次： 第二次： 平均：	
校　核			三角形闭合差 =				

主考人填写：

①对中误差：_____ mm，扣分：_____。

②水准管气泡偏差：_____格，扣分：_____。

③卷面整洁情况，扣分：_____。

主考人：_____　考试日期：_____年____月____日

322

4. 全站仪放样三维坐标点，不少于 10 个点

实验通知单

（1）题目

全站仪放样三维坐标点，不少于 10 个点。

（2）仪器工具准备表

见表 3.4-4-1 所示。

仪器工具准备表　　　　　表 3.4-4-1

序号	名　称	规格	单位	数量	备　注
1	全站仪	2″	台	1	
2	三脚架	木质	副	1	
3	对中杆	带支架	根	2	
4	对讲机		台	2	
5	棱镜		只	1	
6	记录夹		个	1	
7	记录手簿		本	1	
8	铅笔	H	根	2	
9	小刀		把	1	
10	计算器		个	1	非编程计算器
11	钢尺	50m	把	1	
12	遮阳伞		把	1	

（3）考核注意事项

1）考核场地要满足考核基本要求。

2）考核过程中要注意仪器操作安全和人身安全。

3）不宜选择在人流量比较大的位置安排考核。

4）考核过程应安排专人负责维持考场秩序。

5）实验考核老师应具有相关专业知识和工作经验。

（4）考核内容

1）全站仪的检查和维护

①检查仪器箱锁、提手、背带是否配套且牢固可靠。

②检查全站仪各种轴系转动是否灵活自如。

③检查各种螺旋转动是否自由上下。

④检查物镜、目镜是否能够清晰照准目标。

⑤检查三脚架和水准仪的连接螺栓是否配套。

2）全站仪的对中和整平

①是否正确打开安放三脚架。

②是否正确打开仪器箱并正确取出仪器。

③是否正确连接全站仪并放稳三脚架。

④是否正确使用全站仪脚螺旋。

⑤是否使圆水准气泡在圆水准器的分划圆圈内。

⑥正确取下仪器并放置仪器箱内。

3）全站仪的观测和读数

①是否严格按照规定的观测程序观测并读取数据。

②各观测成果均应在限差范围内。

③是否将数据大声读两遍，并由记录员重复、确认。

4）数据的记录与计算校核

①字体工整，书写清楚，卷面整洁。

②记录手簿中规定应填写的项目不得留有空白。

③记录数字如有错误，不可用橡皮拭擦、涂改或挖补，应以横线划去，而将正确数字写在原数上方，并在备注内说明错误原因。

④禁止连环涂改；如改了平均数，则不准再改正任何一原始读数，假如两个读数均错误，则应重测重记，对于尾部读数不准修改，应将部分观测结果废去重测。

⑤各观测成果均应在限差范围内。

⑥按测量计算原则正确计算测量成果（奇数进位偶数不进位）。

（5）考核要求

1）时间：准备时间：3min；操作时间：60min；从正式操作开始计时；考试时，提前完成操作不加分。

2）操作仪器严格按操作和观测程序作业，不得违反操作规程。

3）记录、计算完整、卷面清洁、字体工整，无错误。

4）实地标定的点位清晰稳固。

（6）考核评分

①本考试应由考评员负责安排考场事务，组织考试。

②考试采用百分制，本题满分为 100 分，采用扣分制评分。

③考评员应具有本工种的大专以上专业知识水平和相应实际操作经验。

④考评员可根据考生考试的实际情况，对评分标准作适当调整。

⑤各项配分依难易程度、精度高低、完成时间和重要程度制定。

⑥评分方法：按单项扣分评分，单项扣分不突破所配分值。

⑦考评员应严格按照考试标准，公正公平准确评分。

⑧考试方式说明：实际操作，以操作过程，操作时间和结果精度进行评分。

1）以时间 T 为评分主要依据，如表 3.4-4-2，评分标准分四个等级制定，具体分数由所在等级内插评分，表中 M 代表分数。

评分标准表

表 3.4-4-2

考核项目	评分标准（以时间 T 分钟为评分主要依据）			
	$M \geqslant 85$	$85 > M \geqslant 75$	$75 > M \geqslant 60$	$M < 60$
全站仪放样	$T \leqslant 60'$	$60' < T \leqslant 65'$	$65' < T \leqslant 70'$	$T > 70'$

2）根据仪器操作符合操作规程情况，扣 1~5 分。

3）根据卷面整洁、字体清晰、记录准确情况，扣 1~5 分（记录划去 1 处，扣 1 分，合计不超过 5 分）。

4）当值考评员可以根据考核现场所使用仪器、学生水平以及其他实际情况制定相关考核标准。

（7）考核说明

1）考核过程中任何人不得对他人做出提示，参加考核各人应独立完成仪器操作、记录、计算及校核等工作。

2）考评员有权随时检查考核人员是否符合操作规程及技术要求，但应相应扣除所影响的时间。

3）考核人员若有作弊行为，一经发现一律按零分处理，且不得参加补考。

4）考核前考生应准备好钢笔或圆珠笔、计算器，考核者应提前找好扶尺人。

5）考核时间自架立仪器开始，至递交记录表并拆卸仪器放进仪器箱为终止。

6）考核仪器应为 2″全站仪。

7）数据记录、计算及校核均填写在相应记录表中，记录表不可用橡皮擦修改，记录表以外的数据不作为考核结果。

8）主考人应在考核结束前检查并填写仪器对中误差及水准管气泡偏差情况，在考核结束后填写考核所用时间并签名。

（8）样题

考核时，现场任意标定两点为 O、B，在 O 点设站后视 B

点，放样出 P 点平面位置及填挖高度。已知点 O（5678.231，2451.392），OB 边的坐标方位角 $\alpha_{OB} = 221°37'45''$，点 P（5691.416，2453.664），放样时要输入以上已知量及仪器高和棱镜高。

5. 用 J6 光学经纬仪法测绘碎部点，不少于 40 个特征点

实验通知书

（1）题目

用 J6 光学经纬仪法测绘碎部点，不少于 40 个特征点

（2）仪器工具准备表

见表 3.4-5-1。

仪器工具准备表 表 3.4-5-1

序号	名　称	规格	单位	数量	备　注
1	经纬仪	J6	台	1	
2	三脚架	木质	副	1	
3	对中杆	带支架	根	2	
4	对讲机		台	2	
5	遮阳伞		把	1	
6	记录夹		个	1	
7	记录手簿		本	1	
8	铅笔	H	根	2	
9	小刀		把	1	
10	计算器		个	1	非编程计算器
11	钢尺	50m	把	1	

（3）考核注意事项

1）考核场地要满足考核基本要求。

2）考核过程中要注意仪器操作安全和人身安全。

3）不宜选择在人流量比较大的位置安排考核。

4）考核过程应安排专人负责维持考场秩序。

5）实验考核老师应具有相关专业知识和工作经验。

（4）考核内容

1）经纬仪的检查和维护

①检查仪器箱锁、提手、背带是否配套且牢固可靠。

②检查水准仪各种轴系转动是否灵活自如。

③检查各种螺旋转动是否自由上下。

④检查物镜、目镜是否能够清晰照准目标。

⑤检查三脚架和水准仪的连接螺栓是否配套。

2）经纬仪的对中和整平

①是否正确打开安放三脚架。

②是否正确打开仪器箱并正确取出仪器。

③是否正确连接水准仪并放稳三脚架。

④是否正确使用水准仪脚螺旋。

⑤是否使圆水准气泡在圆水准器的分划圆圈内。

⑥正确取下仪器并放置仪器箱内。

3）经纬仪的观测和读数

①是否严格以测回法按照三级导线水平角的观测程序观测并读取数据。

②各观测成果均应在限差范围内。

③是否将数据大声读两遍，并由记录员重复、确认。

4）数据的记录与计算校核

①字体工整，书写清楚，卷面整洁。

②记录手簿中规定应填写的项目不得留有空白。

③记录数字如有错误，不可用橡皮拭擦、涂改或挖补，应以横线划去，而将正确数字写在原数上方，并在备注内说明错

误原因。

④禁止连环涂改；如改了平均数，则不准再改正任何一原始读数，假如两个读数均错误，则应重测重记，对于尾部读数不准修改，应将部分观测结果废去重测。

⑤各观测成果均应在限差范围内。

⑥按测量计算原则正确计算测量成果（奇数进位偶数不进位）。

（5）考核要求

①时间：准备时间：3min；操作时间：60min；从正式操作开始计时；考试时，提前完成操作不加分。

②操作仪器严格按操作和观测程序作业，不得违反操作规程。

③记录、计算完整、卷面清洁、字体工整，无错误。

④实地标定的点位清晰稳固。

（6）考核评分

①本考试应由考评员负责安排考场事务，组织考试。

②考试采用百分制，本题满分为100分，采用扣分制评分。

③考评员应具有本工种的大专以上专业知识水平和相应实际操作经验。

④考评员可根据考生考试的实际情况，对评分标准作适当调整。

⑤各项配分依难易程度、精度高低、完成时间和重要程度制定。

⑥评分方法：按单项扣分评分，单项扣分不突破所配分值。

⑦考评员应严格按照考试标准，公正公平准确评分。

⑧考试方式说明：实际操作，以操作过程，操作时间和结果精度进行评分。

1）以时间 T 为评分主要依据，如表34-5-2，评分标准分四个等级制定，具体分数由所在等级内插评分，表中 M 代表分数。

评分标准表 表3.4-5-2

考核项目	评分标准（以时间 T 分钟为评分主要依据）			
	$M \geqslant 85$	$85 > M \geqslant 75$	$75 > M \geqslant 60$	$M < 60$
经纬仪碎步测量	$T \leqslant 60'$	$60' < T \leqslant 65'$	$65' < T \leqslant 70'$	$T > 70'$

2）根据仪器操作符合操作规程情况，扣1~5分。

3）根据卷面整洁、字体清晰、记录准确情况，扣1~5分（记录划去1处，扣1分，合计不超过5分）。

4）当值考评员可以根据考核现场所使用仪器、学生水平以及其他实际情况制定相关考核标准。

（7）考核说明

1）考核过程中任何人不得对他人做出提示，参加考核各人应独立完成仪器操作、记录、计算及校核等工作。

2）考评员有权随时检查考核人员是否符合操作规程及技术要求，但应相应扣除所影响的时间。

3）考核人员若有作弊行为，一经发现一律按零分处理，且不得参加补考。

4）考核前考生应准备好钢笔或圆珠笔、计算器，考核者应提前找好扶尺人。

5）考核时间自架立仪器开始，至递交记录表并拆卸仪器放进仪器箱为终止。

6）考核仪器应为 J6 经纬仪。

7）数据记录、计算及校核均填写在相应记录表中，记录表不可用橡皮擦修改，记录表以外的数据不作为考核结果。

8）主考人应在考核结束前检查并填写仪器对中误差及水准管气泡偏差情况，在考核结束后填写考核所用时间并签名。

（8）样表，见表3.4-5-3所示。

碎部点观测记录与计算表　　　　表3.4-5-3

单位_____姓名_____评分_____时间：_____

测站点：_____后视点：_____仪器高：_____测站高程：10.000m

点号	视距读数(m)			中丝读数 v (m)	竖盘读数 L (° ′ ″)	水平读数 β (° ′ ″)	水平距离 (m)	碎部点高程 (m)
	上丝读数 (m)	下丝读数 (m)	上下丝之差 (m)					

主考人填写：

①对中误差：_____ mm,扣分：_____。

②水准管气泡偏差：_____格,扣分：_____。

③卷面整洁情况,扣分：_____。

主考人：_____考试日期：____年___月___日

331

6. 用全站仪直角坐标法放样点的平面位置,不少于10个点

实验通知书

(1)题目

用全站仪直角坐标法放样点的平面位置,不少于10个点

(2)仪器工具准备表

见表3.4-6-1所示。

仪器工具准备表　　　　　　　　表3.4-6-1

序号	名　称	规格	单位	数量	备　注
1	全站仪	2″	台	1	
2	三脚架	木质	副	1	
3	对中杆	带支架	根	2	
4	对讲机		台	2	
5	棱镜		只	1	
6	记录夹		个	1	
7	记录手簿		本	1	
8	铅笔	H	根	2	
9	小刀		把	1	
10	计算器		个	1	非编程计算器
11	钢尺	50m	把	1	
12	遮阳伞		把	1	

(3) 考核注意事项

1) 考核场地要满足考核基本要求。

2) 考核过程中要注意仪器操作安全和人身安全。

3) 不宜选择在人流量比较大的位置安排考核。

4) 考核过程应安排专人负责维持考场秩序。

5) 实验考核老师应具有相关专业知识和工作经验。

（4）考核内容

1）全站仪的检查和维护

①检查仪器箱锁、提手、背带是否配套且牢固可靠。

②检查全站仪各种轴系转动是否灵活自如。

③检查各种螺旋转动是否自由上下。

④检查物镜、目镜是否能够清晰照准目标。

⑤检查三脚架和水准仪的连接螺栓是否配套。

2）全站仪的对中和整平

①是否正确打开安放三脚架。

②是否正确打开仪器箱并正确取出仪器。

③是否正确连接全站仪并放稳三脚架。

④是否正确使用全站仪脚螺旋。

⑤是否使圆水准气泡在圆水准器的分划圆圈内。

⑥正确取下仪器并放置仪器箱内。

3）全站仪的观测和读数

①是否严格按照规定的观测程序观测并读取数据。

②各观测成果均应在限差范围内。

③是否将数据大声读两遍，并由记录员重复、确认。

4）数据的记录与计算校核

①字体工整，书写清楚，卷面整洁。

②记录手簿中规定应填写的项目不得留有空白。

③记录数字如有错误，不可用橡皮拭擦、涂改或挖补，应以横线划去，而将正确数字写在原数上方，并在备注内说明错误原因。

④禁止连环涂改；如改了平均数，则不准再改正任何一原始读数，假如两个读数均错误，则应重测重记，对于尾部读数不准修改，应将部分观测结果废去重测。

⑤各观测成果均应在限差范围内往返测距离和高差相比较不超过10mm。

⑥按测量计算原则正确计算测量成果（奇数进位偶数不进

位）。

（5）考核要求

1）时间：准备时间：3min；操作时间：60min；从正式操作开始计时；考试时，提前完成操作不加分。

2）操作仪器严格按操作和观测程序作业，不得违反操作规程。

3）记录、计算完整、卷面清洁、字体工整，无错误。

4）实地标定的点位清晰稳固。

（6）考核评分

①本考试应由考评员负责安排考场事务，组织考试。

②考试采用百分制，本题满分为100分，采用扣分制评分。

③考评员应具有本工种的大专以上专业知识水平和相应实际操作经验。

④考评员可根据考生考试的实际情况，对评分标准作适当调整。

⑤各项配分依难易程度、精度高低、完成时间和重要程度制定。

⑥评分方法：按单项扣分评分，单项扣分不突破所配分值。

⑦考评员应严格按照考试标准，公正公平准确评分。

⑧考试方式说明：实际操作，以操作过程，操作时间和结果精度进行评分。

1）以时间 T 为评分主要依据，如表3.4-6-2，评分标准分四个等级制定，具体分数由所在等级内插评分，表中 M 代表分数。

评分标准表　　　　　　　　　　　表3.4-6-2

考核项目	评分标准（以时间 T 分钟为评分主要依据）			
	$M \geqslant 85$	$85 > M \geqslant 75$	$75 > M \geqslant 60$	$M < 60$
全站仪平面测设	$T \leqslant 60'$	$60' < T \leqslant 65'$	$65' < T \leqslant 70'$	$T > 70'$

2）根据仪器操作符合操作规程情况，扣 1～5 分。

3）根据卷面整洁、字体清晰、记录准确情况，扣 1～5 分（记录划去 1 处，扣 1 分，合计不超过 5 分）。

4）当值考评员可以根据考核现场所使用仪器、学生水平以及其他实际情况制定相关考核标准。

（7）考核说明

1）考核过程中任何人不得对他人做出提示，参加考核各人应独立完成仪器操作、记录、计算及校核等工作。

2）考评员有权随时检查考核人员是否符合操作规程及技术要求，但应相应扣除所影响的时间。

3）考核人员若有作弊行为，一经发现一律按零分处理，且不得参加补考。

4）考核前考生应准备好钢笔或圆珠笔、计算器，考核者应提前找好扶尺人。

5）考核时间自架立仪器开始，至递交记录表并拆卸仪器放进仪器箱为终止。

6）考核仪器应为 2″ 全站仪。

7）数据记录、计算及校核均填写在相应记录表中，记录表不可用橡皮擦修改，记录表以外的数据不作为考核结果。

8）主考人应在考核结束前检查并填写仪器对中误差及水准管气泡偏差情况，在考核结束后填写考核所用时间并签名。

（8）样题

如图 3.4-6 题图，考核时现场任意标定两点为 O、M，O 点设站，后视 M 点，用直角坐标法在实地标定 P、Q、R、S，再在 Q 点设站检查其垂直度。

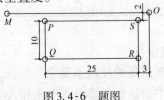

图 3.4-6　题图

7. 用 DS1 精密水准仪按二等水准测量要求测一条闭合水准路线，总站数不少于 6 站

实验通知书

（1）题目

用 DS1 精密水准仪按二等水准测量要求测一条闭合水准路线，总站数不少于 6 站。

（2）仪器工具准备表

见表 3.4-7-1 所示。

仪器工具准备表　　　　　　　　　　表 3.4-7-1

序号	名　称	规格	单位	数量	备　注
1	全站仪	2″	台	1	
2	三脚架	木质	副	1	
3	对中杆	带支架	根	2	
4	对讲机		台	2	
5	棱镜		只	1	
6	记录夹		个	1	
7	记录手簿		本	1	
8	铅笔	H	根	2	
9	小刀		把	1	
10	计算器		个	1	非编程计算器
11	钢尺	50m	把	1	
12	遮阳伞		把	1	

（3）考核注意事项

1）考核场地要满足考核基本要求。

2）考核过程中要注意仪器操作安全和人身安全。

336

3）不宜选择在人流量比较大的位置安排考核。

4）考核过程应安排专人负责维持考场秩序。

5）实验考核老师应具有相关专业知识和工作经验。

（4）考核内容

1）水准仪的检查和维护

①检查仪器箱锁、提手、背带是否配套且牢固可靠。

②检查水准仪各种轴系转动是否灵活自如。

③检查各种螺旋转动是否自由上下。

④检查物镜、目镜是否能够清晰照准目标。

⑤检查三脚架和水准仪的连接螺栓是否配套。

2）水准仪的架立和整平

①是否正确打开安放三脚架。

②是否正确打开仪器箱并正确取出仪器。

③是否正确连接水准仪并放稳三脚架。

④是否正确使用水准仪脚螺旋。

⑤是否使圆水准气泡在圆水准器的分划圆圈内。

⑥正确取下仪器并放置仪器箱内。

3）水准仪的观测和读数

①是否严格按照水准测量的观测程序进行观测并读取数据。

②读数前是否要求扶尺员将尺立直。

③是否将数据大声读两遍，并由记录员重复、确认。

4）数据的记录与计算校核

①字体工整，书写清楚，卷面整洁。

②记录手簿中规定应填写的项目不得留有空白。

③记录数字如有错误，不可用橡皮拭擦、涂改或挖补，应以横线划去，而将正确数字写在原数上方，并在备注内说明错误原因。

④禁止连环涂改；如改了平均数，则不准再改正任何一原始读数假如两个读数均错误，则应重测重记，对于尾部读数不准修改，应将部分观测结果废去重测。

⑤各观测成果均应在限差范围内。

⑥按测量计算原则正确计算测量成果（奇数进位偶数不进位）。

（5）考核要求

1）时间：准备时间：3min；操作时间：60min；从正式操作开始计时；考试时，提前完成操作不加分。

2）操作仪器严格按观测程序作业。

3）记录、计算完整、清洁、字体工整，无错误。

4）实地标定的点位清晰。

5）各项限差要求：

①视线高度不得低于 0.5m，视线长度一般取不大于 50m，前后视距差应小于 1m。测段距离累积差小于 3m。

②一测段的测站数布置成偶数，仪器和前后标尺应尽量在一条直线上。

③观测时要注意消除视差，气泡严格居中，各种螺旋均应旋进方向终止。

④视距读至 1mm，基辅分划读至 0.1mm，基辅高差之差 ≤0.6mm。

⑤上丝与下丝的平均值与中丝基本分划之差，对于 0.5cm 刻划标尺应 ≤1.5mm，对于 1.0cm 刻划标尺应 ≤3.0mm。

⑥测完一闭合环计算环线闭合差，其值应小于 $\pm 4\sqrt{L}$mm，L 为环线长度，以公里为单位。

（6）考核评分

①监考员负责考场事务。

②考试采用实分制，本题满分为 100 分。

③考评员应具有本工种的实际操作经验，评分公正准确。

④考评员可根据考生考试的实际情况，对评分标准作适当调整。

⑤各项配分依难易程度、精度高低和重要程度制定。

⑥评分方法：按单项扣分、得分。单项扣分不突破配分。

⑦考试方式说明：实际操作，以操作过程与操作标准进行评分。

1）以时间 T 为评分主要依据，如表3.4-7-2，评分标准分四个等级制定，具体分数由所在等级内插评分，表中 M 代表分数。

2）根据仪器操作、圆水准气泡和补偿器工作情况，扣 1～5 分。

3）根据卷面整洁情况，扣 1～5 分（记录划去 1 处，扣 1 分，合计不超过 5 分）。

评分标准表　　　　　　　　　表3.4-7-2

考核项目	评分标准（以时间 T 为评分主要依据）			
	$M \geq 85$	$85 > M \geq 75$	$75 > M \geq 60$	$M < 60$
二等闭合水准路线测量	$T \leq 60'$	$60' < T \leq 65'$	$65' < T \leq 70'$	$T > 70'$

4）当场考评员可以根据现场使用仪器、学生水平以及其他实际情况制定相关考核标准。

(7) 考核说明

1）考核过程中任何人不得提示，各人应独立完成仪器操作、记录、计算及校核工作。

2）主考人有权随时检查是否符合操作规程及技术要求，但应相应折减所影响的时间。

3）若有作弊行为，一经发现一律按零分处理，不得参加补考。

4）考核前考生应准备好钢笔或圆珠笔、计算器，考核者应提前找好扶尺人。

5）考核时间自架立仪器开始，至递交记录表并拆卸仪器放进仪器箱为终止。

6）考核仪器经纬仪为 DJ2 型或全站仪。

7）数据记录、计算及校核均填写在相应记录表中，记录表不可用橡皮擦修改，记录表以外的数据不作为考核结果。

8）主考人应在考核结束前检查并填写仪器对中误差及水准管气泡偏差情况，在考核结束后填写考核所用时间并签名。

（8）样表

见表3.4-7-3。

二等水准记录表　　　　表3.4-7-3

单位_____　姓名_____　评分_____　时间：_____

测点编号	后尺	上丝	前尺	上丝	方向及尺号	标尺读数		K+基−辅(mm)	高差中数(m)	备注
		下丝		下丝		基面(m)	辅面(m)			
	后距		前距							
	视距差		累加差							
										已知BM_1的高程为10.00000m

主考人填写：

①圆水准气泡居中和补偿指标线不脱离小三角形情况，扣分：_____。

②卷面整洁情况，扣分：_____。

主考人：_____　考试日期：____年____月____日

340

8. 用经纬仪和钢尺测设圆曲线主点

实验通知书

（1）题目

用经纬仪和钢尺对测设圆曲线主点。

（2）仪器工具准备表

见表3.4-8-1所示。

仪器工具准备表　　　　　表3.4-8-1

序号	名　称	规格	单位	数量	备　注
1	经纬仪	J6	台	1	
2	三脚架	木质	副	1	
3	对中杆	带支架	根	2	
4	对讲机		台	2	
5	遮阳伞		把	1	
6	记录夹		个	1	
7	记录手簿		本	1	
8	铅笔	H	根	2	
9	小刀		把	1	
10	计算器		个	1	非编程计算器
11	钢尺	50m	把	1	

（3）考核注意事项

1）考核场地要满足考核基本要求。

2）考核过程中要注意仪器操作安全和人身安全。

3）不宜选择在人流量比较大的位置安排考核。

4）考核过程应安排专人负责维持考场秩序。

5）实验考核老师应具有相关专业知识和工作经验。

（4）考核内容

1）经纬仪的检查和维护

①检查仪器箱锁、提手、背带是否配套且牢固可靠。

②检查水准仪各种轴系转动是否灵活自如。

③检查各种螺旋转动是否自由上下。

④检查物镜、目镜是否能够清晰照准目标。

⑤检查三脚架和水准仪的连接螺栓是否配套。

2）经纬仪的对中和整平

①是否正确打开安放三脚架。

②是否正确打开仪器箱并正确取出仪器。

③是否正确连接水准仪并放稳三脚架。

④是否正确使用水准仪脚螺旋。

⑤是否使圆水准气泡在圆水准器的分划圆圈内。

⑥正确取下仪器并放置仪器箱内。

3）经纬仪的观测和读数

①是否严格以测回法按照三级导线水平角的观测程序观测并读取数据。

②各观测成果均应在限差范围内。

③是否将数据大声读两遍，并由记录员重复、确认。

4）数据的记录与计算校核

①字体工整，书写清楚，卷面整洁。

②记录手簿中规定应填写的项目不得留有空白。

③记录数字如有错误，不可用橡皮拭擦、涂改或挖补，应以横线划去，而将正确数字写在原数上方，并在备注内说明错误原因。

④禁止连环涂改；如改了平均数，则不准再改正任何一原始读数，假如两个读数均错误，则应重测重记，对于尾部读数不准修改，应将部分观测结果废去重测。

⑤各观测成果均应在限差范围内；

⑥按测量计算原则正确计算测量成果（奇数进位偶数不进位）。

（5）考核要求

1）时间：准备时间：3min；操作时间：60min；从正式操作开始计时；考试时，提前完成操作不加分。

2）操作仪器严格按操作和观测程序作业，不得违反操作规程。

3）记录、计算完整、卷面清洁、字体工整，无错误。

4）实地标定的点位清晰稳固。

（6）考核评分

①本考试应由考评员负责安排考场事务，组织考试。

②考试采用百分制，本题满分为100分，采用扣分制评分。

③考评员应具有本工种的大专以上专业知识水平和相应实际操作经验。

④考评员可根据考生考试的实际情况，对评分标准作适当调整。

⑤各项配分依难易程度、精度高低、完成时间和重要程度制定。

⑥评分方法：按单项扣分评分，单项扣分不突破所配分值。

⑦考评员应严格按照考试标准，公正公平准确评分。

⑧考试方式说明：实际操作，以操作过程，操作时间和结果精度进行评分。

1）以时间 T 为评分主要依据，如表3.4-8-2，评分标准分四个等级制定，具体分数由所在等级内插评分，表中 M 代表分数。

评分标准表   表3.4-8-2

考核项目	评分标准（以时间 T 分钟为评分主要依据）			
	$M \geqslant 85$	$85 > M \geqslant 75$	$75 > M \geqslant 60$	$M < 60$
圆曲线主点测设	$T \leqslant 60'$	$60' < T \leqslant 65'$	$65' < T \leqslant 70'$	$T > 70'$

2）根据仪器操作符合操作规程情况，扣1~5分。

3）根据卷面整洁、字体清晰、记录准确情况，扣 1 ~ 5 分（记录划去 1 处，扣 1 分，合计不超过 5 分）。

4）当值考评员可以根据考核现场所使用仪器、学生水平以及其他实际情况制定相关考核标准。

（7）考核说明

1）考核过程中任何人不得对他人做出提示，参加考核各人应独立完成仪器操作、记录、计算及校核等工作。

2）考评员有权随时检查考核人员是否符合操作规程及技术要求，但应相应扣除所影响的时间。

3）考核人员若有作弊行为，一经发现一律按零分处理，且不得参加补考。

4）考核前考生应准备好钢笔或圆珠笔、计算器，考核者应提前找好扶尺人。

5）考核时间自架立仪器开始，至递交记录表并拆卸仪器放进仪器箱为终止。

6）考核仪器应为 J6 经纬仪或者全站仪。

7）数据记录、计算及校核均填写在相应记录表中，记录表不可用橡皮擦修改，记录表以外的数据不作为考核结果。

8）主考人应在考核结束前检查并填写仪器对中误差及水准管气泡偏差情况，在考核结束后填写考核所用时间并签名。

（8）样题

考核时，在现场任意标定一点为 JD，已知单圆曲线的转角 $\alpha_y = 34°12'$、半径 $R = 150\text{m}$，试放样出 ZY、YZ、QZ 三点。

答案：计算得 $T = R\,\text{tg}\,\dfrac{\alpha}{2} = 46.15\text{m}$，$L = R\alpha\dfrac{\pi}{180°} = 89.54\text{m}$，

$E = R\left(\sec\dfrac{\alpha}{2} - 1\right) = 6.94\text{m}$，$D = 2T - L = 2.76\text{m}$。在 JD 点上进行 ZY、YZ、QZ 点的标定。

9. 用经纬仪钢尺对单圆曲线切线支距法详细测设

实验通知书

（1）题目

用 J6 光学经纬仪钢尺以切线支距法每隔 20m 放样圆曲线上一个点。

（2）仪器工具准备表

见表 3.4-9-1。

仪器工具准备表　　　　　　　表 3.4-9-1

序号	名　称	规格	单位	数量	备　注
1	经纬仪	J6	台	1	
2	三脚架	木质	副	1	
3	对中杆	带支架	根	2	
4	对讲机		台	2	
5	遮阳伞		把	1	
6	记录夹		个	1	
7	记录手簿		本	1	
8	铅笔	H	根	2	
9	小刀		把	1	
10	计算器		个	1	非编程计算器
11	钢尺	50m	把	1	

（3）考核注意事项

1）考核场地要满足考核基本要求。

2）考核过程中要注意仪器操作安全和人身安全。

3）不宜选择在人流量比较大的位置安排考核。

4）考核过程应安排专人负责维持考场秩序。

5）实验考核老师应具有相关专业知识和工作经验。

（4）考核内容

1）经纬仪的检查和维护

①检查仪器箱锁、提手、背带是否配套且牢固可靠。

②检查水准仪各种轴系转动是否灵活自如。

③检查各种螺旋转动是否自由上下。

④检查物镜、目镜是否能够清晰照准目标。

⑤检查三脚架和水准仪的连接螺栓是否配套。

2）经纬仪的对中和整平

①是否正确打开安放三脚架。

②是否正确打开仪器箱并正确取出仪器。

③是否正确连接水准仪并放稳三脚架。

④是否正确使用水准仪脚螺旋。

⑤是否使圆水准气泡在圆水准器的分划圆圈内。

⑥正确取下仪器并放置仪器箱内。

3）经纬仪的观测和读数

①是否严格以测回法按照三级导线水平角的观测程序观测并读取数据。

②各观测成果均应在限差范围内。

③是否将数据大声读两遍，并由记录员重复、确认。

4）数据的记录与计算校核

①字体工整，书写清楚，卷面整洁。

②记录手簿中规定应填写的项目不得留有空白。

③记录数字如有错误，不可用橡皮拭擦、涂改或挖补，应以横线划去，而将正确数字写在原数上方，并在备注内说明错误原因。

④禁止连环涂改；如改了平均数，则不准再改正任何一原始读数，假如两个读数均错误，则应重测重记，对于尾部读数不准修改，应将部分观测结果废去重测。

⑤各观测成果均应在限差范围内。

⑥按测量计算原则正确计算测量成果（奇数进位偶数不进位）。

（5）考核要求

1）时间：准备时间：3min；操作时间：60min；从正式操

作开始计时；考试时，提前完成操作不加分。

2）操作仪器严格按操作和观测程序作业，不得违反操作规程。

3）记录、计算完整、卷面清洁、字体工整，无错误。

4）实地标定的点位清晰稳固。

（6）考核评分

①本考试应由考评员负责安排考场事务，组织考试。

②考试采用百分制，本题满分为 100 分，采用扣分制评分。

③考评员应具有本工种的大专以上专业知识水平和相应实际操作经验。

④考评员可根据考生考试的实际情况，对评分标准作适当调整。

⑤各项配分依难易程度、精度高低、完成时间和重要程度制定。

⑥评分方法：按单项扣分评分，单项扣分不突破所配分值。

⑦考评员应严格按照考试标准，公正公平准确评分。

⑧考试方式说明：实际操作，以操作过程，操作时间和结果精度进行评分。

1）以时间 T 为评分主要依据,如表 3.4-9-2，评分标准分四个等级制定，具体分数由所在等级内插评分，表中 M 代表分数。

评分标准表　　　　　　表 3.4-9-2

考核项目	评分标准（以时间 T 分钟为评分主要依据）			
	$M \geqslant 85$	$85 > M \geqslant 75$	$75 > M \geqslant 60$	$M < 60$
圆曲线详细测设	$T \leqslant 60'$	$60' < T \leqslant 65'$	$65' < T \leqslant 70'$	$T > 70'$

2）根据仪器操作符合操作规程情况，扣 1~5 分。

3）根据卷面整洁、字体清晰、记录准确情况，扣 1~5 分（记录划去 1 处，扣 1 分，合计不超过 5 分）。

4）当值考评员可以根据考核现场所使用仪器、学生水平以及其他实际情况制定相关考核标准。

（7）考核说明

1）考核过程中任何人不得对他人做出提示，参加考核个人应独立完成仪器操作、记录、计算及校核等工作。

2）考评员有权随时检查考核人员是否符合操作规程及技术要求，但应相应扣除所影响的时间。

3）考核人员若有作弊行为，一经发现一律按零分处理，且不得参加补考。

4）考核前考生应准备好钢笔或圆珠笔、计算器，考核者应提前找好扶尺人。

5）考核时间自架立仪器开始，至递交记录表并拆卸仪器放进仪器箱为终止。

6）考核仪器应为 J6 经纬仪或者全站仪。

7）数据记录、计算及校核均填写在相应记录表中，记录表不可用橡皮擦修改，记录表以外的数据不作为考核结果。

8）主考人应在考核结束前检查并填写仪器对中误差及水准管气泡偏差情况，在考核结束后填写考核所用时间并签名。

（8）样题

考核时，在现场任意标定两点为 ZY、JD，已知 ZY 点桩号为 K2 + 906.90，单圆曲线的半径 $R = 200$m，试用切线支距法放样出 K2 + 920 中桩。

答案：计算出 $\phi_i = \dfrac{l_i 180°}{R\pi}$，$x_i = R\sin\phi_i = 13.09$m，$y_i = R(1 - \cos\phi_i) = 0.43$m。在 ZY 点架仪进行测设。

10. 用全站仪详细测设缓和曲线

实验通知书

（1）题目

用全站仪详细测设缓和曲线。

（2）仪器工具准备表

见表 3.4-10-1 所示。

仪器工具准备表   表 3.4-10-1

序号	名　称	规格	单位	数量	备　注
1	全站仪	2″	台	1	
2	三脚架	木质	副	1	
3	对中杆	带支架	根	2	
4	对讲机		台	2	
5	遮阳伞		把	1	
6	记录夹		个	1	
7	记录手簿		本	1	
8	铅笔	H	根	2	
9	小刀		把	1	
10	计算器		个	1	非编程计算器
11	钢尺	50m	把	1	

（3）考核注意事项

1）考核场地要满足考核基本要求。

2）考核过程中要注意仪器操作安全和人身安全。

3）不宜选择在人流量比较大的位置安排考核。

4）考核过程应安排专人负责维持考场秩序。

5）实验考核老师应具有相关专业知识和工作经验。

（4）考核内容

1）全站仪的检查和维护

①检查仪器箱锁、提手、背带是否配套且牢固可靠。

②检查全站仪各种轴系转动是否灵活自如。

③检查各种螺旋转动是否自由上下。

④检查物镜、目镜是否能够清晰照准目标。

⑤检查三脚架和水准仪的连接螺栓是否配套。

2）全站仪的对中和整平

①是否正确打开安放三脚架。

②是否正确打开仪器箱并正确取出仪器。

③是否正确连接水准仪并放稳三脚架。

④是否正确使用水准仪脚螺旋。

⑤是否使圆水准气泡在圆水准器的分划圆圈内。

⑥正确取下仪器并放置仪器箱内。

3）全站仪的观测和读数

①是否严格按照观测程序观测并读取数据。

②各观测成果均应在限差范围内。

③是否将数据大声读两遍，并由记录员重复、确认。

4）数据的记录与计算校核

①字体工整，书写清楚，卷面整洁。

②记录手簿中规定应填写的项目不得留有空白。

③记录数字如有错误，不可用橡皮拭擦、涂改或挖补，应以横线划去，而将正确数字写在原数上方，并在备注内说明错误原因。

④禁止连环涂改；如改了平均数，则不准再改正任何一原始读数，假如两个读数均错误，则应重测重记，对于尾部读数不准修改，应将部分观测结果废去重测。

⑤各观测成果均应在限差范围内。

⑥按测量计算原则正确计算测量成果（奇数进位偶数不进位）。

（5）考核要求

1）时间：准备时间：3min；操作时间：60min；从正式操作开始计时；考试时，提前完成操作不加分。

2）操作仪器严格按操作和观测程序作业，不得违反操作规程。

3）记录、计算完整、卷面清洁、字体工整，无错误。

4）实地标定的点位清晰稳固。

（6）考核评分

①本考试应由考评员负责安排考场事务，组织考试。

②考试采用百分制，本题满分为 100 分，采用扣分制评分。

③考评员应具有本工种的大专以上专业知识水平和相应实际操作经验。

④考评员可根据考生考试的实际情况，对评分标准作适当调整。

⑤各项配分依难易程度、精度高低、完成时间和重要程度制定。

⑥评分方法：按单项扣分评分，单项扣分不突破所配分值。

⑦考评员应严格按照考试标准，公正公平准确评分。

⑧考试方式说明：实际操作，以操作过程，操作时间和结果精度进行评分。

1）以时间 T 为评分主要依据，如表 3.4-10-2，评分标准分四个等级制定，具体分数由所在等级内插评分，表中 M 代表分数。

评分标准表　　　　　　　　　　　表 3.4-10-2

考核项目	评分标准（以时间 T 分钟为评分主要依据）			
	$M \geqslant 85$	$85 > M \geqslant 75$	$75 > M \geqslant 60$	$M < 60$
全站仪放样缓和曲线	$T \leqslant 60'$	$60' < T \leqslant 65'$	$65' < T \leqslant 70'$	$T > 70'$

2）根据仪器操作符合操作规程情况，扣 1～5 分。

3）根据卷面整洁、字体清晰、记录准确情况，扣 1～5 分（记录划去 1 处，扣 1 分，合计不超过 5 分）。

4）当值考评员可以根据考核现场所使用仪器、学生水平以及其他实际情况制定相关考核标准。

（7）考核说明

1）考核过程中任何人不得对他人做出提示，参加考核各人应独立完成仪器操作、记录、计算及校核等工作。

2）考评员有权随时检查考核人员是否符合操作规程及技术

要求，但应相应扣除所影响的时间。

3）考核人员若有作弊行为，一经发现一律按零分处理，且不得参加补考。

4）考核前考生应准备好钢笔或圆珠笔、计算器，考核者应提前找好扶尺人。

5）考核时间自架立仪器开始，至递交记录表并拆卸仪器放进仪器箱为终止。

6）考核仪器应为全站仪。

7）数据记录、计算及校核均填写在相应记录表中，记录表不可用橡皮擦修改，记录表以外的数据不作为考核结果。

8）主考人应在考核结束前检查并填写仪器对中误差及水准管气泡偏差情况，在考核结束后填写考核所用时间并签名。

11. 用 J2 光学经纬仪以全圆观测法对四个方向进行一测回角度测量

实验通知书

（1）题目

用 J2 光学经纬仪以全圆观测法对四个方向进行一测回角度测量。

（2）仪器工具准备表

见表 3.4-11-1 所示。

（3）考核注意事项

仪器工具准备表　　　　　　　　　表 3.4-11-1

序号	名　称	规格	单位	数量	备　注
1	经纬仪	J2	台	1	
2	三脚架	木质	副	1	
3	对中杆	带支架	根	2	
4	对讲机		台	2	
5	遮阳伞		把	1	

続表

序号	名　称	规格	单位	数量	备　注
6	记录夹		个	1	
7	记录手簿		本	1	
8	铅笔	H	根	2	
9	小刀		把	1	
10	计算器		个	1	非编程计算器
11	钢尺	50m	把	1	

1）考核场地要满足考核基本要求。

2）考核过程中要注意仪器操作安全和人身安全。

3）不宜选择在人流量比较大的位置安排考核。

4）考核过程应安排专人负责维持考场秩序。

5）实验考核老师应具有相关专业知识和工作经验。

（4）考核内容

1）经纬仪的检查和维护

①检查仪器箱锁、提手、背带是否配套且牢固可靠。

②检查水准仪各种轴系转动是否灵活自如。

③检查各种螺旋转动是否自由上下。

④检查物镜、目镜是否能够清晰照准目标。

⑤检查三脚架和水准仪的连接螺栓是否配套。

2）经纬仪的对中和整平

①是否正确打开安放三脚架。

②是否正确打开仪器箱并正确取出仪器。

③是否正确连接水准仪并放稳三脚架。

④是否正确使用水准仪脚螺旋。

⑤是否使圆水准气泡在圆水准器的分划圆圈内。

⑥正确取下仪器并放置仪器箱内。

353

3）经纬仪的观测和读数

①是否严格以测回法按照三级导线水平角的观测程序观测并读取数据。

②各观测成果均应在限差范围内。

③是否将数据大声读两遍，并由记录员重复、确认。

4）数据的记录与计算校核

①字体工整，书写清楚，卷面整洁。

②记录手簿中规定应填写的项目不得留有空白。

③记录数字如有错误，不可用橡皮拭擦、涂改或挖补，应以横线划去，而将正确数字写在原数上方，并在备注内说明错误原因。

④禁止连环涂改；如改了平均数，则不准再改正任何一原始读数，假如两个读数均错误，则应重测重记，对于尾部读数不准修改，应将部分观测结果废去重测。

⑤各观测成果均应在限差范围内。

⑥按测量计算原则正确计算测量成果（奇数进位偶数不进位）。

（5）考核要求

1）时间：准备时间：3min；操作时间：60min；从正式操作开始计时；考试时，提前完成操作不加分。

2）操作仪器严格按操作和观测程序作业，不得违反操作规程。

3）记录、计算完整、卷面清洁、字体工整，无错误。

4）实地标定的点位清晰稳固。

（6）考核评分

①本考试应由考评员负责安排考场事务，组织考试。

②考试采用百分制，本题满分为100分，采用扣分制评分。

③考评员应具有本工种的大专以上专业知识水平和相应实际操作经验。

④考评员可根据考生考试的实际情况，对评分标准作适当

调整。

⑤各项配分依难易程度、精度高低、完成时间和重要程度制定。

⑥评分方法：按单项扣分评分，单项扣分不突破所配分值。

⑦考评员应严格按照考试标准，公正公平准确评分。

⑧考试方式说明：实际操作，以操作过程，操作时间和结果精度进行评分。

1）以时间 T 为评分主要依据，如表 3.4-11-2，评分标准分四个等级制定，具体分数由所在等级内插评分，表中 M 代表分数。

评分标准表　　　　表 3.4-11-2

考核项目	评分标准（以时间 T 分钟为评分主要依据）			
	$M \geqslant 85$	$85 > M \geqslant 75$	$75 > M \geqslant 60$	$M < 60$
全圆方向法测角	$T \leqslant 60'$	$60' < T \leqslant 65'$	$65' < T \leqslant 70'$	$T > 70'$

2）根据仪器操作符合操作规程情况，扣 1~5 分。

3）根据卷面整洁、字体清晰、记录准确情况，扣 1~5 分（记录划去 1 处，扣 1 分，合计不超过 5 分）。

4）当值考评员可以根据考核现场所使用仪器、学生水平以及其他实际情况制定相关考核标准。

（7）考核说明

1）考核过程中任何人不得对他人做出提示，参加考核各人应独立完成仪器操作、记录、计算及校核等工作。

2）考评员有权随时检查考核人员是否符合操作规程及技术要求，但应相应扣除所影响的时间。

3）考核人员若有作弊行为，一经发现一律按零分处理，且不得参加补考。

4）考核前考生应准备好钢笔或圆珠笔、计算器，考核者应提前找好扶尺人。

5）考核时间自架立仪器开始，至递交记录表并拆卸仪器放进仪器箱为终止。

6）考核仪器应为 J6 经纬仪或者全站仪。

7）数据记录、计算及校核均填写在相应记录表中，记录表不可用橡皮擦修改，记录表以外的数据不作为考核结果。

8）主考人应在考核结束前检查并填写仪器对中误差及水准管气泡偏差情况，在考核结束后填写考核所用时间并签名。

12. 用全站仪进行数字化地形图测绘

实验通知书

（1）题目

用全站仪进行约 200m×200m 的数字化地形图测绘。

（2）仪器工具准备表

见表 3.4-12-1 所示。

仪器工具准备表　　　　表 3.4-12-1

序号	名　称	规格	单位	数量	备　注
1	全站仪	2″	台	1	
2	三脚架	木质	副	1	
3	对中杆	带支架	根	2	
4	对讲机		台	2	
5	棱镜		只	1	
6	记录夹		个	1	
7	记录手簿		本	1	
8	铅笔	H	根	2	
9	小刀		把	1	
10	计算器		个	1	非编程计算器
11	钢尺	50m	把	1	
12	遮阳伞		把	1	

（3）考核注意事项

1）考核场地要满足考核基本要求。

2）考核过程中要注意仪器操作安全和人身安全。

3）不宜选择在人流量比较大的位置安排考核。

4）考核过程应安排专人负责维持考场秩序。

5）实验考核老师应具有相关专业知识和工作经验。

（4）考核内容

1）全站仪的检查和维护

①检查仪器箱锁、提手、背带是否配套且牢固可靠。

②检查全站仪各种轴系转动是否灵活自如。

③检查各种螺旋转动是否自由上下。

④检查物镜、目镜是否能够清晰照准目标。

⑤检查三脚架和水准仪的连接螺栓是否配套。

2）全站仪的对中和整平

①是否正确打开安放三脚架。

②是否正确打开仪器箱并正确取出仪器。

③是否正确连接全站仪并放稳三脚架。

④是否正确使用全站仪脚螺旋。

⑤是否使圆水准气泡在圆水准器的分划圆圈内。

⑥正确取下仪器并放置仪器箱内。

3）全站仪的观测和读数

①是否严格按照规定的观测程序观测并读取数据。

②各观测成果均应在限差范围内。

③是否将数据大声读两遍，并由记录员重复、确认。

4）数据的记录与计算校核

①字体工整，书写清楚，卷面整洁。

②记录手簿中规定应填写的项目不得留有空白。

③记录数字如有错误，不可用橡皮拭擦、涂改或挖补，应以横线划去，而将正确数字写在原数上方，并在备注内说明错误原因。

④禁止连环涂改；如改了平均数，则不准再改正任何一原始读数，假如两个读数均错误，则应重测重记，对于尾部读数不准修改，应将部分观测结果废去重测。

⑤各观测成果均应在限差范围内往返测距离和高差相比较不超过 10mm。

⑥按测量计算原则正确计算测量成果（奇数进位偶数不进位）。

（5）考核要求

1）操作仪器严格按操作和观测程序作业，不得违反操作规程。

2）记录、计算完整、卷面清洁、字体工整，无错误。

3）实地标定的点位清晰稳固。

（6）考核评分

①本考试应由考评员负责安排考场事务，组织考试。

②考试采用百分制，本题满分为 100 分，采用扣分制评分。

③考评员应具有本工种的大专以上专业知识水平和相应实际操作经验。

④考评员可根据考生考试的实际情况，对评分标准作适当调整。

⑤各项配分依难易程度、精度高低、完成时间和重要程度制定。

⑥评分方法：按单项扣分评分，单项扣分不突破所配分值。

⑦考评员应严格按照考试标准，公正公平准确评分。

⑧考试方式说明：实际操作，以操作过程，操作时间和结果精度进行评分。

1）以时间 T 为评分主要依据，如表 3.4-12-2，评分标准分四个等级制定，具体分数由所在等级内插评分，表中 M 代表分数。

评分标准表   表 3.4-12-2

考核项目	评分标准（以时间 T 分钟为评分主要依据）			
	$M \geqslant 85$	$85 > M \geqslant 75$	$75 > M \geqslant 60$	$M < 60$
数字化地形图测量	$T \leqslant 20$	$20 < T \leqslant 25$	$25 < T \leqslant 30$	$T > 30$

2）根据仪器操作符合操作规程情况，扣 1 ~ 5 分。

3）根据卷面整洁、字体清晰、记录准确情况，扣 1 ~ 5 分（记录划去 1 处，扣 1 分，合计不超过 5 分）。

4）当值考评员可以根据考核现场所使用仪器、学生水平以及其他实际情况制定相关考核标准。

（7）考核说明

1）考核过程中任何人不得对他人做出提示，参加考核各人应独立完成仪器操作、记录、计算及校核等工作。

2）考评员有权随时检查考核人员是否符合操作规程及技术要求，但应相应扣除所影响的时间。

3）考核人员若有作弊行为，一经发现一律按零分处理，且不得参加补考。

4）考核前考生应准备好钢笔或圆珠笔、计算器，考核者应提前找好扶尺人。

5）考核时间自架立仪器开始，至递交记录表并拆卸仪器放进仪器箱为终止。

6）考核仪器应为 2″ 全站仪。

7）数据记录、计算及校核均填写在相应记录表中，记录表不可用橡皮擦修改，记录表以外的数据不作为考核结果。

8）主考人应在考核结束前检查并填写仪器对中误差及水准管气泡偏差情况，在考核结束后填写考核所用时间并签名。

3.5 高级工操作考试评分标准

见表 3.5-1、表 3.5-2 所示。

1. 水准测量评分标准

表 3.5-1

序号	考试项目	考试内容	评分标准	配分	扣分	得分
1	准备工作	准备工具、用具	每少一件扣0.5分	3		
	仪器检查及维护	检查仪器	漏检任一项轴系扣0.5分	1		
			漏检任一项螺旋或制动扣0.5分	1		
			漏检目镜或物镜一项扣0.5分	1		
			漏检度盘及分划一项扣0.5分	1		
		检查仪器附件	漏检仪器箱、提手及背带任一项扣0.5分	1		
			漏检连接螺旋或固定螺旋任一项扣0.5分	1		
			漏检标尺扣0.5分	1		
	合　　计			10		
2	仪器安置与整平	仪器操作	未正确安放三脚架扣0.5分	1		
			未正确取出仪器扣0.5分	1		
			未正确连接仪器扣0.5分	1		
			未稳定脚架扣0.5分	1		
			气泡不在圆气泡圈内扣0.5分	2		
			管水准气泡不符合扣0.5分	2		
			未正确收放仪器扣0.5分	1		
			未收拢三脚架扣0.5分	1		
	合　　计			10		

序号	考试项目	考试内容	评分标准	配分	扣分	得分
3	水准测量观测和记录	仪器操作	正确操作，完成整个过程得20分，违反操作规程一次扣1分。 a. 正确安置仪器； b. 严格按照水准测量的观测程序进行观测并读取数据； c. 正确搬运仪器； d. 正确收放仪器并放置仪器箱内； e. 正确收放好三脚架	20		
			质量合格得40分，单站精度合格得5分，每超一项限差扣1分。 各观测成果均应在限差范围内：线路测量成果满足限差要求不扣分，超出限差扣20分	40		
		合　计		60		
4	记录与计算	记录	记录正确得10分，出现一处修改或涂改扣1分	10		
		计算	计算正确得10分，每错（漏）算一处扣0.5分	10		
		合　计		20		
	总　计			100		

2. 经纬仪或全站仪水平角观测、测设评分标准

表 3.5-2

序号	考试内容	考试要求	评分标准	配分	扣分	得分
1	准备工作	准备工具	每少一件扣0.5分	3		
	仪器检查	检查仪器	漏检任一项轴系扣0.5分	1		
			漏检任一项螺旋或制动扣0.5分	1		
			漏检目镜或物镜一项扣0.5分	1		
			漏检度盘及分划一项扣0.5分	1		
		检查仪器附件	漏检仪器箱、提手及背带任一项扣0.5分	1		
			漏检连接螺旋或固定螺旋任一项扣0.5分	1		
			漏检标尺扣0.5分	1		
	合　计			10		
2	经纬仪的安置及对中整平	仪器操作	未正确安放三脚架扣0.5分	1		
			未正确取出仪器扣0.5分	1		
			未正确连接仪器扣0.5分	1		
			未稳定脚架扣0.5分	1		
			气泡不在圆气泡圈内扣0.5分	1		
			对中点不在对中圆圈内扣0.5分	1		
			未正确收放仪器并收拢三脚架扣0.5分	1		
	合　计			10		

序号	考试内容	考试要求	评分标准	配分	扣分	得分
3	水平角观测	仪器操作	正确操作，完成整个过程得20分，违反操作规程一次扣1分。 a. 正确安置仪器； b. 严格以测回法按照图根导线水平角的观测程序观测并读取数据； c. 正确收放仪器并放置仪器箱内； d. 正确收放好三脚架	20		
			成果质量合格得40分，单角精度合格得5分，每超过一项限扣1分。 各观测成果均应在限差范围内：每个水平角半测回较差小于等于$\pm30''$，内角和差小于等于$\pm60''$	40		
	合　计			60		
4	记录计算	记录	记录正确得10分，出现一处修改或涂改扣1分	10		
		计算	计算正确得10分，错（漏）算一处扣0.5分	10		
	合　计			20		
	总　计			100